国家示范性高等职业院校核心课程"十三五"规划教材
——电子电气类

单片机技术与项目训练
（C语言版）

主　编 ○ 肖前军　李会军
副主编 ○ 王　政

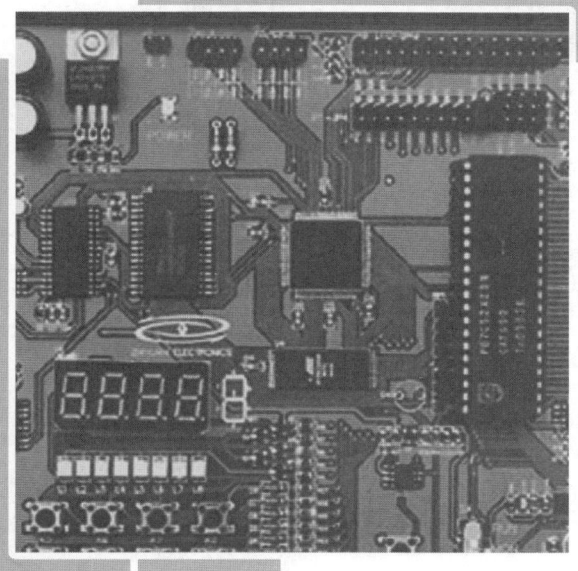

西南交通大学出版社
·成　都·

图书在版编目（CIP）数据

单片机技术与项目训练：C语言版 / 肖前军，李会军主编. —成都：西南交通大学出版社，2017.7（2024.7重印）

国家示范性高等职业院校核心课程"十三五"规划教材.电子电气类

ISBN 978-7-5643-5626-2

Ⅰ.①单… Ⅱ.①肖… ②李… Ⅲ.①单片微型计算机–C语言–程序设计–高等职业教育–教材 Ⅳ.①TP368.1②TP312.8

中国版本图书馆 CIP 数据核字（2017）第 179981 号

国家示范性高等职业院校核心课程"十三五"规划教材·电子电气类

单片机技术与项目训练（C语言版）

肖前军　李会军　主编

责任编辑	张华敏
特邀编辑	蒋雨杉　陈正余
封面设计	何东琳设计工作室
出版发行	西南交通大学出版社 （四川省成都市金牛区二环路北一段 111 号 西南交通大学创新大厦 21 楼）
邮政编码	610031
发行部电话	028-87600564
官网	http://www.xnjdcbs.com
印刷	成都勤德印务有限公司
成品尺寸	185 mm×260 mm
印张	14.75
字数	387 千
版次	2017 年 7 月第 1 版
印次	2024 年 7 月第 5 次
定价	38.00 元
书号	ISBN 978-7-5643-5626-2

课件咨询电话：028-81435775
图书如有印装质量问题　本社负责退换
版权所有　盗版必究　举报电话：028-87600562

前　言

单片机应用技术是高职高专电类专业的重要专业课程，也是电子领域技术人员必备的核心基本技能。本书是根据国家对高职高专人才培养的总体目标要求，通过开展广泛的行业调研，并邀请行业一线专家共同研究编写而成的。

本书以实际的单片机项目开发流程为主线，将单片机课程教学内容分解、重构为五个教学项目和工作情景，以项目为单位组织教学，通过具体典型的应用案例，依照单片机产品项目开发实施的实际逐步展开，让学生在学习相关专业理论知识的同时，牢固掌握单片机应用开发技能，在项目技能训练过程中加深对专业知识、职业技能的理解并提高综合应用能力，满足今后职业生涯发展的需要。

在内容安排上，以日常生活中的典型案例作为项目载体，将每个项目拆分为若干个学习任务来组织教学，通过逐步完成项目的各个任务，让学生最终掌握单片机各种资源的强大功能，培养学生应用单片机开发设计电子产品的兴趣。在教学实施中，采用以单片机实验开发板为主体的项目化教学模式，实验开发板以可灵活扩展的电路板形式，涵盖了单片机应用系统的各个部分，可以根据需要进行教学扩展，以充分激发学生学习单片机的兴趣和热情。这种创新改变了单片机教学的传统模式，克服了以往实验教学与实际应用脱节的现象，使单片机课程的理论教学与实际工程应用做到了真正的紧密结合。

通过本课程的学习，学生应掌握单片机的内部结构、工作原理、编程技巧和接口技术等方面的知识，获得有关单片机小型应用系统的基本理论知识及应用技能，逐步掌握单片机应用系统各主要环节的设计、制作与调试方法，具备在相关专业领域应用单片机技术的初步能力，能够初步完成单片机小型应用系统的硬件电路设计及应用程序的编写，掌握单片机软硬件联合调试、故障排除的技能，掌握单片机小型系统开发的基本流程，为将来从事与单片机相关的产品设计开发与产品维护工作打下扎实的专业基础。

本书可作为高等职业院校电子、电气、计算机控制、机电一体化等专业的教材，也可供其他专业的师生及有关工程技术人员参考，还可作为中等职业学校相关专业的提高性教材。

本书由重庆工业职业技术学院的肖前军、李会军主编。本书的编写思路与编写大纲由肖前军提出，并编写了项目三、项目四和项目五；李会军编写了项目一和项目二；全书由肖前军统稿。

在本书的编写过程中，中国四联集团的刘裴高级工程师、中国电子科技集团公司44研究所李波工程师、重庆普施康科技发展有限公司技术总监代贞勇等提出了很多宝贵意见，编者所在单位各级领导和很多老师也给予了很大的支持与帮助，在此一并表示衷心的感谢！

在本书的编写过程中，我们还参考了相关领域专家及同行的部分著作和文献资料，在此也表示衷心的感谢。

本书在内容组织方面进行了大胆的创新和尝试，但由于作者水平有限，加之经验不足，书中难免存在欠妥甚至错误之处，恳请同行专家批评指正。

编　者

2017年7月

目 录

项目一　交通灯信号指示电路的设计与制作 ·· 1
  项目描述 ··· 1
  项目分析 ··· 1
  项目分解与实施 ··· 2
    任务一　单片机最小系统的设计与制作 ·· 3
    任务二　单片机编译软件 Keil C51 的使用 ··· 16
    任务三　仿真软件 Proteus 的使用 ·· 33
    任务四　交通灯信号指示电路的设计与制作 ·· 47

项目二　数码管显示音乐盒电路的设计与制作 ·· 63
  项目描述 ·· 63
  项目分析 ·· 63
  项目分解与实施 ·· 63
    任务一　单个数码管静态显示电路的设计与制作 ·· 64
    任务二　多位数码管动态显示电路的设计与制作 ·· 74
    任务三　按钮控制蜂鸣器音乐电路的设计与制作 ·· 85
    任务四　数码管显示音乐盒电路的设计与制作 ··· 91

项目三　可调式数字时钟的设计与制作 ·· 99
  项目描述 ·· 99
  项目分析 ·· 99
  项目分解与实施 ·· 99
    任务一　按钮开关中断控制电路的设计与制作 ·· 100
    任务二　矩阵键盘扫描电路的设计与制作 ··· 109
    任务三　可调式数字时钟的设计与制作 ·· 116

项目四　通信电路的设计与制作 ·· 137
  项目描述 ·· 137
  项目分析 ·· 137
  项目分解与实施 ·· 137
    任务一　单片机点对点通信电路的设计与制作 ·· 137
    任务二　单片机多机通信电路的设计与制作 ··· 148
    任务三　单片机与 PC 机通信电路的设计与制作 ··· 153
    任务四　数据存储电路的设计与制作 ··· 158

项目五　温室控制系统的设计与制作 ··· 169
　项目描述 ·· 169
　项目分析 ·· 169
　项目分解与实施 ·· 169
　　任务一　液晶显示电路的设计与制作 ·· 169
　　任务二　光照强度检测与控制系统的设计与制作 ··· 178
　　任务三　温度检测电路的设计与制作 ·· 205
　　任务四　湿度检测与控制系统的设计与制作 ·· 213
　　任务五　温室控制系统的设计与制作 ·· 221

附录一　实验开发板与元器件清单 ··· 227

附录二　单片机常用 Proteus 元件库 ·· 229

参考文献 ·· 230

项目一　交通灯信号指示电路的设计与制作

☆　项目描述

在城乡街道的很多路口，特别是十字交叉路口，为了保证行人安全和交通秩序顺畅，一般在每条道路和人行横道上各装有一组红、黄、绿交通信号灯。其中红灯亮，表示该条道路禁止通行；黄灯亮，表示该条道路上未过停止线的车辆禁止通行，已过停止线的车辆继续通行；绿灯亮，表示该条道路允许通行。智能的交通信号灯指挥着各种车辆和行人的安全通行，实现红、黄、绿灯的自动指挥是城乡交通管理现代化的重要课题。

本项目采用常见的发光二极管来模拟城乡街道的交通信号指示灯，利用51单片机的输入/输出端口来控制红色、黄色、绿色三种发光二极管的发光状态，模拟实现一个简单的交通指示灯控制电路来自动控制红、黄、绿交通灯的状态转换。

 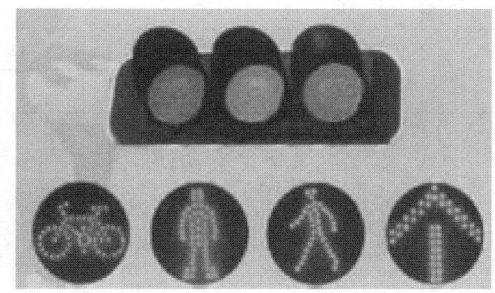

图 1.1　交通信号灯示意图

☆　项目分析

1. 工作任务

设计一个51单片机的最小系统电路，并在此基础上按照项目设计要求构成交通灯信号指示电路，在与本课程配套的实验板上制作出硬件电路并下载相关应用编程软件进行编程调试，使由发光二极管构成的三种指示灯（红色、黄色、绿色）按照要求进行指示。

2. 项目任务和要求

（1）通过学习相关知识，选定合适的51单片机型号和其他需要的元器件，设计一个51单片机的最小系统电路，在此基础上通过单片机输入/输出端口来控制红、黄、绿三种颜色的发光二极管，构成一个简易十字路口交通灯信号指示电路，分别模拟南北方向和东西方向各个路口的交通灯运行状况。

（2）实验板的输入电源电压为直流5 V，红、黄、绿发光二极管均采用 $\phi 5\ mm$ 的高亮度发光二极管，工作电压 1.8~2.1 V，工作电流 15~25 mA，合理选择其他电路元器件，通过学习相关知识或者查找资料了解所选用的电路元器件的主要性能特点及管脚排列。

（3）每次绿灯变换为红灯前，要求先亮黄灯 3 s 后，才能变换，以免造成交通安全隐患。

（4）具有一个启动开关按钮，按下之后进入正常工作模式。

（5）在正常工作模式下，各条道路的红、黄、绿灯光变换按照表 1.1 要求的 10 种状态进行切换，依次循环。

表 1.1　各个方向的指示灯状态表

方向 状态	东西方向			南北方向			各方向 人行道	时间
	左转	直行	右转	左转	直行	右转		
①	红灯	绿灯	绿灯	红灯	红灯	绿灯	红灯	25 s
②	红灯	黄灯	绿灯	红灯	红灯	绿灯	红灯	3 s
③	绿灯	红灯	绿灯	红灯	红灯	绿灯	红灯	20 s
④	黄灯	红灯	绿灯	红灯	红灯	绿灯	红灯	3 s
⑤	红灯	红灯	绿灯	红灯	红灯	绿灯	红灯	25 s
⑥	红灯	红灯	绿灯	红灯	黄灯	绿灯	红灯	3 s
⑦	红灯	红灯	绿灯	绿灯	红灯	绿灯	红灯	20 s
⑧	红灯	红灯	黄灯	黄灯	红灯	黄灯	红灯	3 s
⑨	红灯	红灯	红灯	红灯	红灯	红灯	绿灯	15 s
⑩	红灯	红灯	红灯	红灯	红灯	红灯	黄灯	3 s

（6）设计电路原理图，画出 PCB 版图，看懂项目指导老师给出的装配图。

（7）在配套的实验板上按照给出的装配图进行电路元件装配焊接，编写软件程序，运用 Keil C51 和 Proteus 软件进行软件程序编译、模拟仿真与调试下载，进行软件、硬件联合调试，并根据测试现象分析故障原因。

（8）编写相关的技术文档及工艺文档。包括：产品的功能说明，方案选择报告，产品电路原理图及分析，工具、测试仪器仪表、元器件及材料清单，电路板上的电路布局图（参见附录一的实验开发板），电路装配的工艺流程说明，调整测试记录，测试结果分析，现场介绍所需的幻灯演示文稿。

（9）将实验板上装配的发光二极管模拟城乡街道交通信号灯控制电路上电模拟演示，并现场介绍功能。

★　项目分解与实施

根据以上对项目的分析，依据循序渐进的原则，从能够搭建一个单片机最小系统电路开始，然后到能用 Keil C51 软件对单片机控制发光二极管（LED）电路进行软件的编程与调试，再到能用 Proteus 仿真软件进行仿真，最后实现红、黄、绿发光二极管交通信号指示电路的设计与制作。

因此，按照先简单、后复杂的顺序对本项目进行分解，包括以下四个学习任务：

（1）单片机最小系统电路的设计与制作。

（2）单片机编译软件 Keil C51 的使用训练。
（3）仿真软件 Proteus 的使用训练。
（4）交通灯信号指示电路的设计与制作。

任务一　单片机最小系统的设计与制作

【任务要求】

根据 51 单片机的最小系统电路构成，设计与制作出 51 单片机的最小系统电路主板，并运用单片机的相关理论知识在实验板上对单片机最小系统电路进行调试与检测。

具体任务要求如下：
（1）选出适合本项目的单片机芯片以及其他相关电子元器件。
（2）根据设计要求，设计单片机的电源电路、时钟电路、复位电路以及其他接口电路。
（3）能用装配工具焊接、制作出单片机最小系统电路的电路板。
（4）能用万用表、示波器等仪器仪表检测电子元器件和相关电路，会在实验板上调试单片机最小系统电路。

【相关知识】

一、为什么要学习单片机

当今社会，应用单片机的电子产品已经渗透到日常生活的各个领域，几乎很难找到哪个领域没有单片机的踪迹。现在，单片机的应用领域已十分广泛，比如智能仪表、实时工控、机电一体化、家用电器、通信设备、导航系统等，都离不开单片机的控制。

早期的大部分电子仪器和设备不是成本太高就是电路复杂，工程师设计它们要花很长的时间，维护它们也要花很多的精力，想要更改或者升级它们的功能就更加困难了。而单片机具有强大的功能和扩展性，完成这些工作得心应手。单片机只用一片集成电路，就可以进行简单的逻辑运算和控制。各种产品一旦用上了单片机，就能使产品升级换代，这些产品往往在名称前冠以"智能型"，如智能型洗衣机等，单片机在整个产品装置中起着核心的作用。

目前，应用单片机技术开发智能型产品已经成为电子设计的一种潮流，因为采用单片机技术设计的电路简单、性价比高、功能强大。单片机的广泛应用也是电子产品向智能化方向发展的必然趋势。

二、如何学习单片机

使用单片机需要理解单片机的硬件结构以及内部资源的使用方法，在熟悉编程语言的基础上学会单片机各种接口电路的编程技巧，从而实现对硬件电路各种功能的程序控制。那么，怎样才能学好单片机呢？下面介绍几点技巧。

（一）理论是基础

要掌握理论知识，首先要了解单片机的基本原理以及其寄存器、外部中断、定时器、串口等的功能和特点。建议初学者将 51 单片机作为入门级芯片来学习，因为：

（1）51单片机内部结构简单，非常适合初学者学习，而且它的技术资料比较齐全，用户也比较多，市场占有率也很大。由于其拥有大量的用户和技术资料，不论是入门还是熟练使用它都相对比较容易，能使初学者很快收到事半功倍的学习效果，并且在学习了51内核的单片机之后，再学习使用其他内核的单片机就变得相对简单了。

（2）51内核单片机（指具有MCS-51 CPU的单片机）是20世纪70年代由Intel公司研发并于80年代被广泛应用的单片机，当时Intel公司开放了51内核的授权，至今众多的授权供应商开发了超过万种的51内核或兼容51内核的单片机，而且51内核相当稳定，指令集比较合理，性价比高，适应性强，这使得大多数研发人员都愿意选用它，市场普及率较高。

（二）重视动手实践

单片机这门课是非常重视动手实践的，在掌握理论知识的同时，要积极去动手实践。单片机属于硬件，只有把硬件摆在面前，亲自操作它，才会有深刻的体会，才能掌握它。要把更多的时间放到动手实践中去，在实践过程中有不懂之处再查书，这样记忆才深刻。单片机技术与其说是学出来的，还不如说是做实验练出来的，做实验本身就是一种学习过程。边学边练的学习方法效果特别好。

比如，在单片机开发板上先实现最简单的功能，如做一个流水灯、数码管显示等；实现简单的功能后，再逐步尝试完成稍微复杂的程序，例如矩阵键盘、中断控制、串口通信、液晶显示等；在上述功能都可以实现之后，如果对硬件熟悉，可以自己尝试制作一个多功能的单片机开发板；最后再动手做出一个合格的产品，这是检验自己单片机技能的唯一标准。在这个过程中，遇到不懂的问题要先思考，自己查找硬件和软件上的原因，实在找不到解决办法时，可以请教老师和项目组其他同学，也可以通过在网上众多的单片机学习论坛中和其他人交流学习来获得经验。

（三）选择合适的编程语言

简单地说，使用单片机实际上就是编写软件去控制单片机的各个功能寄存器以及单片机的相应引脚，使其按照时序要求输出高、低变化的电平，并由这些高、低变化的电平来控制外围接口电路，以实现人们需要的各种功能。

单片机编程用C语言或汇编语言都可以，建议用C语言比较好。如果同学们有C语言的基础，则学起来会更快；如果没有C语言基础，也可以边学单片机边学C语言。C语言的可读性好，移植容易，易学易用，是普遍使用的一种计算机语言。汇编语言写程序代码效率高，但相对难度较大，而且很繁琐，尤其是遇到算法方面的问题时编程非常麻烦。现在单片机的主频在不断提高，人们完全不需要那么高效率的代码，同时单片机的ROM空间也在不断提高，足够装下用C语言编写的复杂代码，C语言的资料又多又好找，可移植性非常好，所以建议初学者使用C语言进行单片机编程。

三、单片机以及51单片机概述

（一）什么是单片机

你应该熟悉并经常使用个人电脑吧？个人电脑的另一个名字是微型计算机，微型计算机系统一般包括中央处理单元（CPU）、存储器（Memory）以及输入/输出设备（I/O）三大部分。

CPU控制整个系统的运行；存储器存放运行的程序和数据；输入/输出设备是微型计算机与外部接口沟通和联系的通道。

单片机实际上就相当于一个微型计算机，它的中央处理单元、存储器、输入/输出设备等全部集成在一个芯片里，外面再加上几个电阻器、电容器、晶体管等，构成一个完整的微型计算机系统。图1.2所示就是单片机的外形及内部的结构示意图。

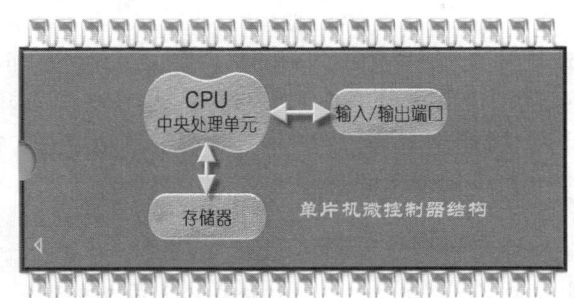

图1.2　单片机内部的外形及结构示意图

所以说，单片机实际上就是一块集成芯片，但这块集成芯片具有强大的特殊功能，可以通过将编写的软件代码（编程）写进它的存储器来控制其输入/输出端口，进而控制与单片机各个引脚相连的外围电路的电气状态，从而达到控制外围电路功能的目的。

（二）51单片机的标号信息与封装

MCS-51单片机是指由美国Intel公司生产的一系列单片机的总称。Intel公司的MCS-51系列单片机是8位的，这一系列单片机包括了很多品种，如8051、8052、8951、8952等。其中8051是MCS-51系列单片机中最早、最典型的产品，该系列其他单片机都是在8051的基础上进行功能增加、改变而来的，所以人们习惯用8051来称呼MCS-51系列单片机。

Intel公司将MCS-51的核心技术授权给了很多其他公司，所以目前有很多公司在生产以8051为内核的单片机，当然功能或多或少有些改变，以满足不同的需求。比如宏晶科技公司开发生产的STC89C51系列芯片是这几年在我国比较流行的8位单片机，本项目将用STC89C51RC（或者STC89C52RC）来完成一系列项目的设计和制作。

有很多芯片生产厂商都在生产51单片机，这些主要生产厂商及其生产的51单片机芯片如表1.2所示。

表1.2　51单片机的主要生产厂商及产品

公司	产品
STC	STC89C51RC，STC89C52RC，STC89C53RC，STC89LE51RC，STC89LE52RC，STC12C5412AD 等
Atmel	AT89C51，AT89C52，AT89C53，AT89C55，AT89LV52，AT89S51，AT89S52 等
Philips	P80C54，P80C58，P87C54，P87C58，P87C524，P87C528 等
Winbond	W78C54，W78C58，W78E54，W78E58 等
Intel	i87C54，i87C58，i87L54，i87L58，i87C5IFB，i87C5IFC 等
Siemens	C501-1R，C501-1E，C513A-H，C503-1R，C504-2R 等
Silicon Labs	C8051F020，C8051F040，C8051F310，C8051F320，C8051F340，C8051F410 等

在 51 单片机的芯片封装上都印有关于芯片的标号信息。下面以 STC 单片机芯片为例介绍其芯片标号信息，其他类型的单片机大同小异。比如，STC 单片机芯片上的全部标号为：STC 89C52RC 40I-PDIP 1308H4W377.90C。其标识意义如下：

STC——前缀，表示芯片为 STC 公司生产的产品。其他前缀还有 AT、i、W、SST 等。

8——表示该芯片为 8051 内核芯片。

9——表示内部含 Flash E^{2}PROM 存储器。还有如 80C51 中的 0 表示内部含 Mask ROM（掩膜 ROM）存储器；87C51 中的 7 表示内部含 EPROM 存储器（紫外线可擦除 ROM）。

C——表示该器件为 CMOS 产品。还有如 89LV52 和 89LE58 中的 LV 和 LE 都表示该芯片为低电压产品（通常为 3.3 V 电压供电）；而 89S52 中的 S 表示该芯片含有可串行下载功能的 Flash 存储器，即具有 ISP 可在线编程功能。

5——固定不变。

1——表示该芯片内部程序存储空间的大小，1 为 4 KB，2 为 8 KB，3 为 12 KB，即该数乘上 4 KB 就是该芯片内部程序存储空间的大小。程序存储空间的大小决定了一个芯片能装入多少执行代码。

RC——STC 单片机内部的 RAM（随机存取存储器）为 512 B。

40——表示芯片外部晶振最高可接入 40 MHz。对于 AT 单片机其数值一般为 24，表示其外部晶振最高为 24 MHz。

I——产品级别，表示芯片的使用温度范围。I 表示工业级，温度范围为 –40 ~+85 ℃；C 表示商业级，温度范围为 0 ~+70 ℃；M 表示军品级，温度范围为 –55 ~+150 ℃。另外还有一些器件为汽车工业级 A，温度范围为 –40 ~+125 ℃。

PDIP——产品封装型号。PDIP 表示双列直插式。

1308——表示本批芯片生产日期为 2013 年第 8 周。

H4W377.90C——表示芯片制造与处理工艺。

89C51 单片机的器件封装方式有 PDIP40 封装、QFP 封装、PLCC 封装三种，而 89S51 的器件封装方式除了这三种外，还有 PDIP42 器件封装。下面对封装方式进行说明。

89C51/89S51 的常见封装为 40 个引脚双列并排直插的 PDIP40，如图 1.3 所示。这种封装与 Intel 公司的 MCS-51 封装完全兼容，PDIP40 刚好可插在面包板或标准 40pin 的底座上。PDIP40 与 PDIP42 除引脚数量不同外，尺寸差异也很大。

除此之外，还有 QFP 和 PLCC 封装的单片机，如图 1.4 所示。

图 1.3 PDIP40 封装的单片机　　　　图 1.4 QFP 和 PLCC 封装的单片机

对于 PDIP40 封装的单片机，它的管脚顺序为：我们正对芯片有标号信息的一面，弧形凹口朝上，左上方有个圆点记号的引脚为第 1 脚，按照逆时针排序，分别为第 2，3，…，40 脚。

相邻两个引脚间距为 2.54 mm（100 mil），器件长度为 52.578 mm，而两排引脚的间距为 15.875 mm，器件厚度为 4.826 mm（不含引脚）。它特别适合学校培训和行业研发使用。不过，由于针脚式封装体积较大，电路板制作成本较高，目前在功能复杂的产品中使用受到限制。

除了 PDIP42 封装的单片机外，89S51 与 89C51 完全兼容，本书将以 PDIP40 封装的 STC89C51RC 为探讨对象来学习 51 单片机。

PDIP40 封装的 STC89C51RC（以下简称 8951）有 40 个引脚，要学习 51 单片机，建议大家记住这 40 个引脚的名称和各自的功能，如图 1.5 所示。以下简要说明。

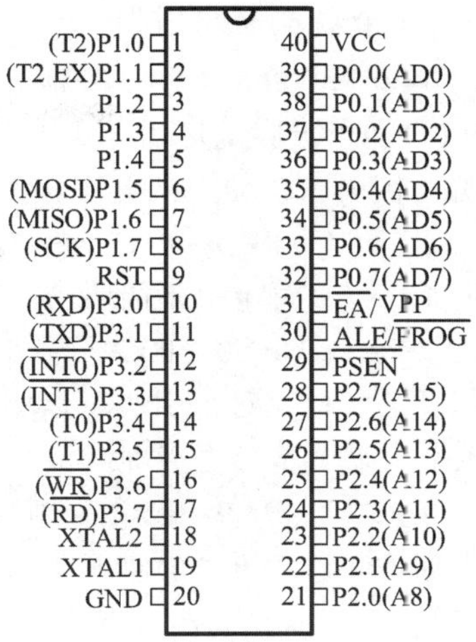

图 1.5　PDIP40 封装的单片机引脚排列

1. 电源引脚（第 20 脚、第 40 脚）

几乎所有的集成电路芯片都需要连接电源，而 8951 的电源引脚与大部分数字 IC 的电源引脚类似，右上角接电源 VCC、左下角接地 GND。所以 8951 的第 40 脚为 VCC 引脚，连接（5±10%）V 直流电源；第 20 脚为 GND 引脚，必须接地。

2. 复位引脚（第 9 脚）

为了防止微控制器在运行过程中死机或者程序跑飞，几乎所有微控制器都需要复位（Reset）的操作。对于 8951 单片机而言，只要复位引脚接高电平超过两个机器周期（约 2 μs），即可产生复位的操作。而 DIP40 封装的 8951 单片机的复位引脚为第 9 脚。

3. 时钟引脚（第 18 脚、第 19 脚）

微控制器都需要时钟脉冲，对于 8951 单片机而言，在接地引脚上方的两个引脚，即第 19、18 引脚就是时钟脉冲引脚，分别是 XTAL1、XTAL2。

4. 程序存储器选择引脚（第 31 脚）

8951 内部有程序存储器，外部也可接程序存储器。使用内部程序存储器还是外部程序存储器，则需要根据第 31 脚的接法决定。第 31 脚就是 $\overline{EA}$ 引脚，当 $\overline{EA}=1$ 时，系统使用内部程序存储器；当 $\overline{EA}=0$ 时，系统使用外部程序存储器。由于大多数情况下编程人员编写的程序代码不是非常复杂，只需要使用内部程序存储器就够用了，所以通常把第 31 脚直接接 VCC。

5. 外部存储器控制引脚（第 29 脚、第 30 脚）

$\overline{EA}$ 引脚下面的两个引脚（第 29、30 脚）是外部存储器控制引脚，这两个引脚与 $\overline{EA}$ 引脚有点类似，是针对外部存储器的控制引脚。相对于其他引脚，第 29 脚和第 30 脚比较难以说明。不过只要不使用外部存储器，就可以当它们不存在（不接）。

第 29 引脚为 $\overline{PSEN}$ 引脚，即外部程序存储器读选通信号输出端，在从外部程序存储器取指令（或数据）期间，每个机器周期内两次有效。

第 30 引脚 ALE，在系统扩展时用于控制把 P0 口的输出低 8 位地址送入锁存器锁存起来，以实现低位地址和数据的隔离。ALE 引脚以振荡器频率的 1/6 频率，周期性地发出正脉冲信号。因此，它可用于定时的目的，用作对外输出时钟，也可用于检测单片机的工作是否正常。

6. 32 个输入/输出引脚（P0.0 ~ P0.7、P1.0 ~ P1.7、P2.0 ~ P2.7、P3.0 ~ P3.7）

（1）P0 口（P0.0 ~ P0.7 分别对应第 39 引脚 ~ 第 32 引脚），是一个 8 位漏极开路型双向 I/O 口。P0 口能以吸收电流的方式驱动 8 个 LS 型 TTL 负载。当 P0 口用作输出功能时，每个管脚外部需要接 10 kΩ 的上拉电阻。在访问外部存储器时，它是分时传送的低字节地址和数据总线。

（2）P1 口（P1.0 ~ P1.7 分别对应第 1 引脚 ~ 第 8 引脚），是一个带有内部上拉电阻的 8 位准双向 I/O 口，每个引脚能驱动（吸收或输出电流）4 个 LS 型 TTL 负载。

（3）P2 口（P2.0 ~ P2.7 分别对应第 21 引脚 ~ 第 28 引脚），是一个带有内部上拉电阻的 8 位准双向 I/O 口，每个引脚可以驱动（吸收或输出电流）4 个 LS 型 TTL 负载。在访问外部存储器时，它输出高 8 位地址。

（4）P3 口（P3.0 ~ P3.7 分别对应第 10 引脚 ~ 第 17 引脚），是一个带有内部上拉电阻的 8 位准双向 I/O 口，每个引脚能驱动（吸收或输出电流）4 个 LS 型 TTL 负载。

四、单片机的最小系统电路

所谓单片机的"最小系统电路"，是指单片机电路工作不可或缺的基本电路。所以，掌握单片机的最小系统电路对学习使用单片机是十分必要的。单片机的最小系统电路也称为单片机基本电路，包括四个部分，即电源电路、时钟电路、复位电路及存储器设置电路。

（一）外接电源

8951 单片机电路正常工作首先需要外接电源，将第 40 脚接电源 VCC，也就是 +5 V 电源，第 20 脚接地 GND。

（二）时钟电路

8951 内部已具备振荡电路，只要在第 20 引脚（GND）上方的两个引脚（即第 18、19 脚）上连接简单的石英晶体振荡器和大小合适的电容（22 ~ 38 pF）即可。目前的 MCS-51 单片机芯片的工作频率已大幅提高，例如 Atmel 公司的 89C51 的工作频率为 0 ~ 24 MHz，华邦电子（Winbond）的单片机的工作频率为 0 ~ 40 MHz，而 STC89C51RC 的工作频率可达 48 MHz。

第 18、19 引脚在本书多数案例中连接 12 MHz 晶振，在串口通信案例中本书选择的是 11.059 2 MHz 晶振。和晶振相连的两个电容为负载电容，用于晶振的启动。由于单片机的晶振工作于并联谐振状态，可以把这两个电容理解为谐振电容的一部分。两个电容的取值范围为 22 ~ 38 pF。两个电容的取值应相同，否则容易造成停振或者不起振。

时钟脉冲采用 12 MHz 晶振时的时钟电路如图 1.6 所示。

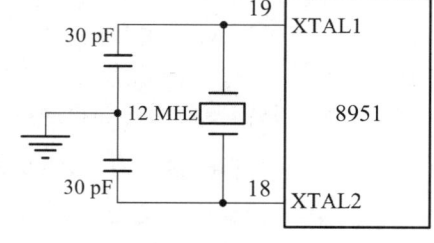

图 1.6 时钟电路

（三）复位电路

8951 的复位引脚（Reset，即 RST）是第 9 脚，当此引脚连接高电平超过 2 个机器周期（1 个机器周期包含 12 个时钟脉冲），即可产生复位的操作。以 12 MHz 的时钟脉冲为例，每个时钟脉冲为 1/12 μs，2 个机器周期为 2 μs。因此，我们在第 9 脚上连接一个可让该引脚产生一个 2 μs 以上高电平脉冲的复位电路，即可产生复位的操作。复位电路如图 1.7 所示。

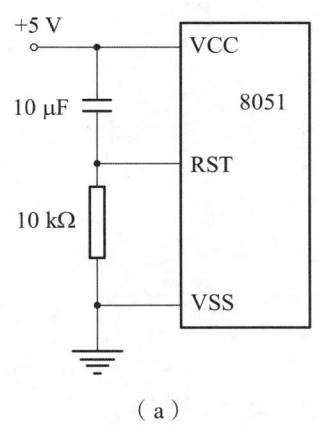 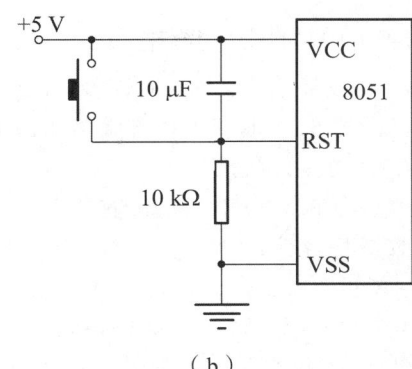

图 1.7 复位电路

单片机加上电源的瞬间，电容上没有电荷，相当于短路，所以第 9 脚直接连接到 VCC，此时 8951 执行复位操作。随着时间的增加，电容上的电压逐渐增加，而第 9 脚上的电压逐渐下降，当第 9 脚上的电压降至低电平时，8951 即恢复到正常工作状态。

（四）存储器设置

基本电路的最后一个部分是存储器的设置电路。如果把第 31 脚（$\overline{EA}$）接 VCC，则采用内部程序存储器；如果把第 31 脚（$\overline{EA}$）接地，则采用外部程序存储器。在本书项目里全部采用内部程序存储器，所以把第 31 脚与 VCC 相连接。

单片机最小系统的整个基本电路如图 1.8 所示。

单片机最小系统采用的元器件及其规格如表 1.3 所示。

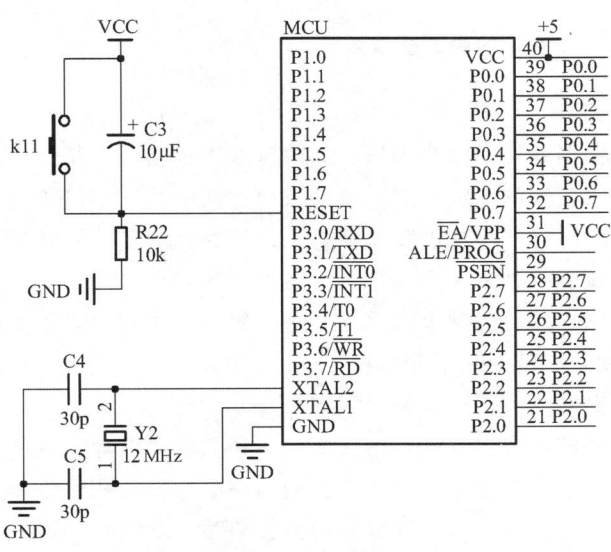

图 1.8 单片机最小系统电路

表 1.3 8951 单片机最小系统电路的元件清单

名　　称	规　　格	数量
STC89C51RC	PDIP40 封装	1
石英振荡晶体	12 MHz	1
陶瓷电容器	30 pF	2
电容器	10 μF/25 V	1
电阻器	10 kΩ	1
按钮开关	a 接点	1

五、单片机的内部结构

（一）51单片机的内部结构

51单片机发展至今，虽然有许多厂商各自开发不同的兼容芯片，但其基本结构并没有多大的变动，标准的51单片机的内部结构如图1.9所示。其中：

（1）CPU为8位微控制器。

（2）程序存储器ROM：内部有4 KB、外部最多可扩展至64 KB。

（3）数据存储器RAM：内部有128 B、外部最多可扩展至64 KB。

（4）4组可位寻址的8位输入/输出端口，即P0、P1、P2及P3。

（5）1个全双工串行口，即UART。

（6）两个16位定时器/计数器，即定时器0/计数器0、定时器1/计数器1。

（7）5个中断源，即INT0、T0、INT1、T1、TXD和RXD。

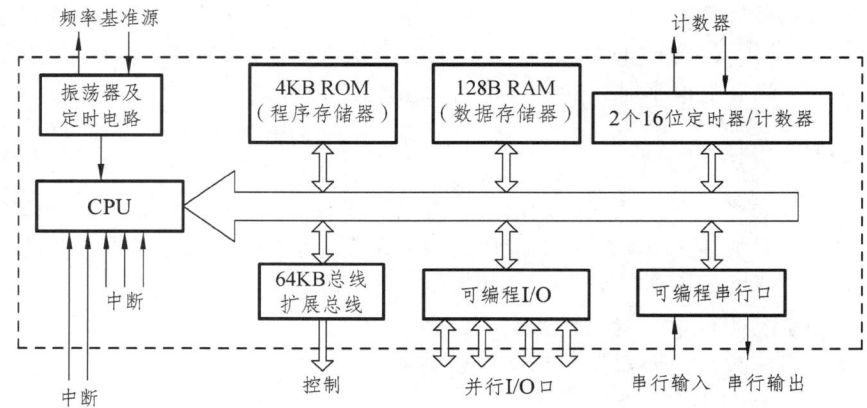

图1.9　51单片机的内部基本结构

（二）51单片机的存储器

单片机内部有各种存储器，每个存储器就像一个小抽屉，其中有8个小格子，每个小格子就是用来存放"电荷"的，电荷通过与它相连的导线传进来或释放掉，那电荷在小格子里是怎样存储的呢？如果你把导线想象成水管，小格子里的电荷就像是水，就好理解了。存储器中的每个小抽屉就是一个存放数据的地方，我们称之为一个"字节"或者"单元"。

有了存储器就可以开始存放数据了。单片机内部全部采用二进制数据，比如想要给存储器存入一个2位的十进制数据"12"，也就是8位的二进制数据"00001100"，只要把第二号和第三号小格子里存满电荷，而其他小格子里的电荷给放掉就行了。

存储器按功能可以分为只读存储器和随机存取存储器两大类。所谓只读存储器，从字面上理解就是只能读里面的数据，不能写进去新的数据，它类似于我们的书本，发给我们之后只能读里面的内容，不能随意更改书本上印刷的内容。只读存储器的英文缩写为ROM（Read Only Memory）。所谓随机存取存储器，即随时能改写，也能读出里面的数据，它类似于我们的黑板，能随时写东西上去，也能用黑板擦擦掉重写。随机存储器的英文缩写为RAM（Random Access Memory）。这两种存储器的英文缩写一定要记牢。

所谓只读和随机存取，都是针对正常工作情况下而言的，也就是指在使用这块存储器的时候，而不是指对这块芯片烧写程序的时候。不然，只读存储器中的数据是怎么有的呢？其实这个道理也很好理解，书本拿到我们手里是不能改了，但当它还是白纸的时候，当然能由印刷厂印刷文字上去了。

除了无 ROM 型的 8031 和 8032 外，51 单片机的存储器包括程序存储器（ROM）和数据存储器（RAM）两部分，这两部分在单片机内部是独立的。标准的 8x51 系列具有 4 KB 程序存储器、128 B 数据存储器，而标准的 8x52 系列具有 8 KB 程序存储器、256 B 数据存储器，刚好是 8x51 系列的两倍，不管是 8x51、8031、8x52 还是 8032，其外部扩展的程序存储器或数据存储器最多为 64 KB。51 单片机的存储器结构如图 1.10 所示。

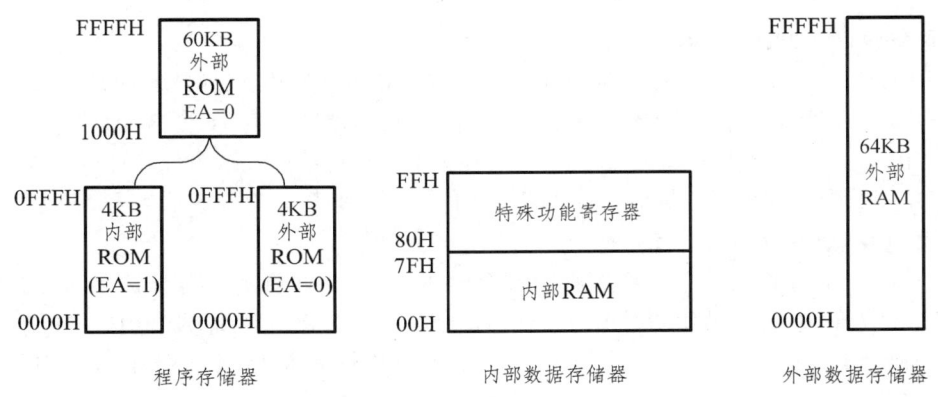

图 1.10　51 单片机的存储器结构

1. 程序存储器（ROM）

一旦用编程器把程序指令写进单片机内部，单片机就可以执行这些指令。如果这些指令保存在单片机内部的只读存储器 ROM（Read Only Memory）内，则单片机掉电后这些程序指令依然不会丢失。

8951 中的 ROM 是一种电可擦除的 ROM，称为 FLASH ROM，可用编程器在特殊条件下由外部设备对 ROM 进行写操作。当单片机正常工作时，只能从 ROM 里面读取数据，不能把数据写进去，所以它仍然称为只读存储器。

顾名思义，程序存储器（ROM）是存放程序的，电路上电后，CPU 将自动从程序存储器中读取所要执行的指令码。单片机可选择使用内部程序存储器或外部程序存储器，具体说明如下：若使用 8031 或 8032，由于内部没有程序存储器，一定要使用外部程序存储器，所以其 $\overline{EA}$ 引脚必须接地。当 $\overline{EA}$ 引脚接高电平时，CPU 将使用内部程序存储器，若程序超过 4 KB（8x51）或 8 KB（8x52），CPU 会自动从外部程序存储器读取超过部分的程序代码。当 $\overline{EA}$ 引脚接地时，CPU 将从外部程序存储器读取所要执行的指令码，而单片机内部的程序存储器不用。对于初学者而言，4 KB 的程序存储器已绰绰有余。当 CPU 复位后，程序将从程序存储器 0000H 位置开始执行。如果没有遇到跳转指令，就按照程序存储器的物理地址顺序执行。

2. 数据存储器（RAM）

51 单片机除了有内部数据存储器外，还可扩展外部数据存储器，这两部分的数据存储器可以并存。8951 的内部数据存储器共有 256 个单元（即 256 字节），通常把这 256 个单元按其功能划分为两部分：低 128 单元（单元地址 00H～7FH）和高 128 单元（单元地址 80H～FFH）。低 128 单元是单片机的真正 RAM 存储器，按其用途划分为寄存器区、位寻址区和用户 RAM 区三个区域。

1）寄存器区（00H～1FH）

8951 共有 4 组寄存器，每组包含 8 个寄存单元，各组都以 R0～R7 作为寄存单元编号。寄存器常用于存放操作数中间结果等，由于它们的功能及使用不作预先规定，因此称之为通用寄存器，有时也叫工作寄存器。4 组通用寄存器占据内部 RAM 的 00H～1FH 单元地址。在任一时刻，CPU 只能使用其中的一组寄存器，并且把正在使用的那组寄存器称之为当前寄存器组。到底使用的是哪一组，由程序状态字寄存器 PSW（21 个 SFR 中的 1 个）中 RS1、RS0 位的状态组合来决定。

2）位寻址区（20H～2FH）

内部 RAM 的 20H～2FH 单元，既可作为一般 RAM 单元使用，进行字节操作，也可以对单元中每一位进行位操作，因此把该区称为位寻址区。位寻址区共有 16 个 RAM 单元，共计 128 位（16 字节），地址为 20H～2FH。MCS-51 具有布尔处理机功能，这个位寻址区可以构成布尔处理机的存储空间。这种位寻址能力是 MCS-51 的一个重要特点。

3）用户 RAM 区（30H～7FH）

在内部 RAM 的低 128 单元中，通用寄存器占去 32 个单元，位寻址区占去 16 个单元，剩下 80 个单元，这就是供用户使用的一般 RAM 区，其单元地址为 30H～7FH。对用户 RAM 区的使用没有任何规定或限制，但在一般应用中常把堆栈开辟在此区中（一般用 60H～7FH）。

内部数据存储器从 0000H～007FH 的 128 B 为可直接寻址或间接寻址的存储器，而"直接寻址"与"间接寻址"在编写 C 语言程序时可以用数据类型来区分。

8951 数据存储器的高 128 单元（单元地址 80H～FFH）不规则地分布着 21 个特殊功能寄存器（简称 SFR），其余空间空闲着，用户也不能使用。21 个特殊功能寄存器在数据存储器 RAM 中的位置及其各个位的详细配置分别如表 1.4 和表 1.5 所示。

表 1.4 8951 的 SFR 在 RAM 中的位置

	0	1	2	3	4	5	6	7	8	9	A	B	C	D	E	F
B																
ACC																
PSW																
P3									IP							
P2									IE							
P1									SCON	SBUF						
P0	SP	DPL	DPH					PCON	TCON	TMOD	TL0	TL1	TH0	TH1		

表 1.5 8951 的特殊功能寄存器

SFR	MSB			位地址/位定义				LSB	字节地址
B	F7	F6	F5	F4	F3	F2	F1	F0	(F0H)
ACC	E7	E6	E5	E4	E3	E2	E1	E0	(E0H)
PSW	D7	D6	D5	D4	D3	D2	D1	D0	(D0H)
	CY	AC	F0	RS1	RS0	OV	F1	P	
IP	BF	BE	BD	BC	BB	BA	B9	B8	(B8H)
	—	—	—	PS	PT1	PX1	PT0	PX0	
P3	B7	B6	B5	B4	B3	B2	B1	B0	(B0H)
	P3.7	P3.6	P3.5	P3.4	P3.3	P3.2	P3.1	P3.0	
IE	AF	AE	AD	AC	AB	AA	A9	A8	(A8H)
	EA	—	—	ES	ET1	EX1	ET0	EX0	
P2	A7	A6	A5	A4	A3	A2	A1	A0	(A0H)
	P2.7	P2.6	P2.5	P2.4	P2.3	P2.2	P2.1	P2.0	
SBUF									(99H)
SCON	9F	9E	9D	9C	9B	9A	99	98	(98H)
	SM0	SM1	SM2	REN	TB8	RB8	TI	RI	
P1	97	96	95	94	93	92	91	90	(90H)
	P1.7	P1.6	P1.5	P1.4	P1.3	P1.2	P1.1	P1.0	
TH1									(8DH)
TH0									(8CH)
TL1									(8BH)
TL0									(8AH)
TMOD	GATE	C/$\overline{T}$	M1	M0	CATE	C/$\overline{T}$	M1	M0	(89H)
TCON	8F	8E	8D	8C	8B	8A	89	88	(88H)
	TF1	TR1	TF0	TR0	IE1	IT1	IE0	IT0	
PCON	SMOD	—	—	—					(87H)
DPH									(83H)
DPL									(82H)
SP									(81H)
P0	87	86	85	84	83	82	81	80	(80H)
	P0.7	P0.6	P0.5	P0.4	P0.3	P0.2	P0.1	P0.0	

以下对 21 个特殊功能寄存器中的一部分进行简单介绍：

（1）程序计数器（PC，即 Program Counter）。它是一个 16 位的计数器，它的作用是控制程序的执行顺序。其内容为将要执行指令的地址，寻址范围达 64 KB。PC 有自动加 1 功能，从而实现程序的顺序执行。PC 没有地址，是不可寻址的，因此用户无法对它进行读写，但可以通过转移、调用、返回等指令改变其内容，以实现程序的转移。因为地址不在 SFR（专用寄存器）之内，一般不计作专用寄存器。

（2）累加器（ACC，即 Accumulator）。它为 8 位寄存器，是最常用的专用寄存器，功能较多，地位重要。它既可用于存放操作数，也可用来存放运算的中间结果。MCS-51 单片机中大部分单操作数指令的操作数就取自累加器，许多双操作数指令中的一个操作数也取自累加器。

（3）B 寄存器。它是一个 8 位寄存器，主要用于乘除运算。乘法运算时，两个乘数分别放在 A、B 寄存器中，乘法运算后，乘积的高 8 位存于 B 寄存器中，低 8 位存于 A 寄存器中。除法运算时，A 寄存器存被除数，B 寄存器存除数，除法运算后，商存放在 A 寄存器中，余数存于 B 寄存器中。在不执行乘、除法操作时，B 寄存器也可作为普通寄存器使用。

（4）程序状态字（PSW，即 Program Status Word）。它是一个 8 位寄存器，用于存放程序运行中的各种状态信息。其中有些位的状态是根据程序执行结果，由硬件自动设置的，而有些位的状态则通过软件方法进行设定。PSW 的位状态可以用专门的汇编指令进行测试，也可以用相应的汇编指令读出。一些条件转移指令将根据 PSW 某些位的状态进行程序转移。PSW 的各位定义如表 1.6 所示。

表 1.6　PSW 的各位定义

PSW 位地址	D7H	D6H	D5H	D4H	D3H	D2H	D1H	D0H
字节地址 D0H	CY	AC	F0	RS1	RS0	OV	F1	P

除 PSW.1 位保留未用外，其余各位的定义及使用说明如下：

CY（PSW.7）——进位标志位。CY 是 PSW 中最常用的标志位。其功能有二：一是存放算术运算的进位标志，在进行加或减运算时，如果操作结果的最高位有进位或借位时，CY 由硬件置"1"，否则清"0"；二是在位操作中，作累加位使用。

AC（PSW.6）——辅助进位标志位。在进行加减运算中，当低 4 位向高 4 位进位或借位时，AC 由硬件置"1"，否则 AC 位被清"0"。在 BCD 码调整中也要用到 AC 位状态。

F0（PSW.5）——用户标志位。这是一个供用户定义的标志位，需要利用软件方法置位或复位，用以控制程序的转向。

RS1 和 RS0（PSW.4，PSW.3）——寄存器组选择位。它们被用于选择 CPU 当前使用的通用寄存器组。通用寄存器共有 4 组，其对应关系如表 1.7 所示。

表 1.7　RS1、RS0 与通用寄存器的对应关系

RS1	RS0	寄存器组	片内 RAM 地址
0	0	第 0 组	00H ~ 07H
0	1	第 1 组	08H ~ 0FH
1	0	第 2 组	10H ~ 17H
1	1	第 3 组	18H ~ 1FH

这两个选择位的状态是由软件设置的，被选中的寄存器组即为当前通用寄存器组。但当单片机上电或复位后，RS1 RS0 = 00。

OV（PSW.2）——溢出标志位。在带符号数加减运算中，OV = 1 表示加减运算超出了累加器 A 所能表示的符号数有效范围（−128 ~ +127），即产生了溢出，因此运算结果是错误的，否

则，OV=0 表示运算正确，即无溢出产生。在乘法运算中，OV=1 表示乘积超过 255，即乘积分别在 B 与 A 中，否则，OV=0 表示乘积只在 A 中。在除法运算中，OV=1 表示除数为 0，除法不能进行，否则，OV=0，除数不为 0，除法可正常进行。

P（PSW.0）——奇偶标志位。表明累加器 A 中内容的奇偶性。如果 A 中有奇数个"1"，则 P 置"1"，否则置"0"。此标志位对串行通信中的数据传输有重要的意义。在串行通信中常采用奇偶校验的办法来校验数据传输的可靠性。

（5）数据指针（DPTR）。数据指针为 16 位寄存器。编程时，DPTR 既可以按 16 位寄存器使用，也可以按两个 8 位寄存器分开使用，即：

DPH　DPTR 高位字节

DPL　DPTR 低位字节

DPTR 通常在访问外部数据存储器时作地址指针使用。由于外部数据存储器的寻址范围为 64 KB，故把 DPTR 设计为 16 位。

（6）堆栈指针（SP，即 Stack Pointer）。堆栈是一个特殊的存储区，用来暂存数据和地址，它是按"先进后出"的原则存取数据的。堆栈共有两种操作：进栈和出栈。由于 MCS-51 单片机的堆栈设在内部 RAM 中，因此 MCS-51 单片机的 SP 是一个 8 位寄存器。系统复位后，SP 的内容为 07H，因此复位后堆栈实际上是从 08H 单元开始的。但 08H~1FH 单元分别属于工作寄存器 1~3 区，如程序要用到这些区，最好把 SP 值改为 5FH（即用 60H-7FH 作为堆栈栈区）。一般在内部 RAM 的 30H~7FH 单元中开辟堆栈。

此处，我们只集中学习了 6 个特殊功能寄存器，其余的特殊功能寄存器（如 IE、IP、TCON、TMOD、SCON、SBUF、PCON 等）将在以后项目中详细介绍。

MCS-51 系列单片机的 21 个特殊功能寄存器中有 11 个寄存器是可以位寻址的。这 11 个特殊功能寄存器分别是：P0、P1、P2、P3、TCON、SCON、IE、IP、PSW、ACC、B。可以发现，凡是地址能被 8 整除的特殊功能寄存器，都具有位寻址功能。

对特殊功能寄存器的字节寻址问题作如下几点说明：

（1）21 个可字节寻址的特殊功能寄存器不连续地分散在内部 RAM 的高 128 单元之中，尽管还余有许多空闲地址，但用户并不能使用。

（2）程序计数器 PC 不占据 RAM 单元，它在物理上是独立的，因此是不可寻址的寄存器。

（3）对特殊功能寄存器只能使用直接寻址方式，书写时既可使用它的相应寄存器符号，也可使用寄存器单元地址。

【任务实施】

1. 实施步骤

（1）单片机芯片的选择：根据本任务的需要，选择芯片以 51 单片机的常用型号为主，这里推荐选择的单片机型号是 DIP40 封装的 STC89C52RC。

（2）各部分电路的设计：

① 电源电路的设计：给单片机芯片供电，需要外接电源，将第 40 脚接电源 VCC，也就是 +5 V 电源，第 20 脚接地 GND。

② 时钟振荡电路的设计：参见本任务中的相关知识。

③ 复位电路的设计：参见本任务中的相关知识。

④ 输入/输出端口的设计：参见本任务中的相关知识。

（3）设计电路原理图：电路原理图可以参考本任务中的图 1.8 所示电路。

（4）画出相应的 PCB 图：使用相应的电路图绘制工具 Altium Designer 或者 Protel 99SE 等软件画出相应的 PCB 图。

（5）制作组装单片机最小系统主板：

① 根据指导老师发放的焊接装配图，参考任务小组设计的电路原理图，领取相应的元器件并熟记元器件的参数和引脚排列，然后通过工具测试元器件的性能是否满足需要。

② 工具准备：电烙铁、焊锡丝、金属镊子、尖嘴钳、斜口钳、吸锡器等焊接工具，万用表、示波器、直流稳压电源等测试工具。

③ 了解制作工艺要求：

·对照给出的焊接装配图，在实验板上找出本任务需要组装的相应电路。

·电子元器件的引脚成形时，其延伸部分尽量与器件本体的中轴平行，安装在焊孔中的元器件引脚应尽量与板面垂直。

·电子元器件的插装要符合插装技能的基本动作要领。

·电子元器件的焊接要符合焊接技能的基本动作要领和焊接要求。

④ 按制作工艺要求安装元器件并焊接。步骤如下：

·在给出的实验板上安装 51 单片机插座并焊接。

·按焊接图插入电源电路的相关元器件并焊接。

·按焊接图插入时钟电路的相关元器件并焊接。

·按焊接图插入复位电路的相关元器件并焊接。

·按焊接图插入输入/输出端口的接线插座并焊接。

注意：在本教材所有的项目中，由外部接口提供给单片机的供电电路和下载程序所需要的硬件电路的相关元器件在实验板中已经预先装配好。

（6）测试电路板。

2. 技术报告及效果评测

将测试点、测试结果及故障原因分析做好相应的记录。本任务的测试点有：电路板供电电源电压、单片机电源管脚（第 20、40 脚）、单片机复位管脚（第 9 脚）、单片机晶体管脚（第 18、19 脚）、单片机 $\overline{EA}$ 管脚（第 31 脚）。

任务完成后撰写技术报告及效果评测。

任务二　单片机编译软件 Keil C51 的使用

【任务要求】

交通灯由发光二极管（LED）组成，根据 51 单片机的最小系统电路构成，应用 Keil C51 软件，在本任务中仿照已给出的程序，设计出单片机控制 LED 的简单程序，并载入单片机可执行的 hex 文件，进行软件、硬件的联合调试。

具体任务要求如下：

（1）在 Keil C51 软件中新建一个项目文件，选择 CPU 芯片，设置项目选项。

（2）根据设计要求新建源程序文件，仿照已给出的程序，编写简单的源程序文件。

（3）将源程序添加到项目中。

（4）设置编译环境，编译检查语法错误，直至产生目标文件。
（5）目标文件仿真，载入单片机可执行 hex 文件，进行软件、硬件联合仿真调试。

【相关知识】
一、Keil C51 软件的安装与启动
Keil C51 软件是众多单片机应用开发的优秀软件之一，它集编辑、编译、仿真于一体，支持汇编和 C 语言的程序设计，界面友好、易学易用。

（一）Keil C51 软件的安装
第一步：在官方网站 http://www.keil.com/ 下载最新的 Keil C51 软件，下载完毕双击安装文件，直到出现如图 1.11 所示界面。

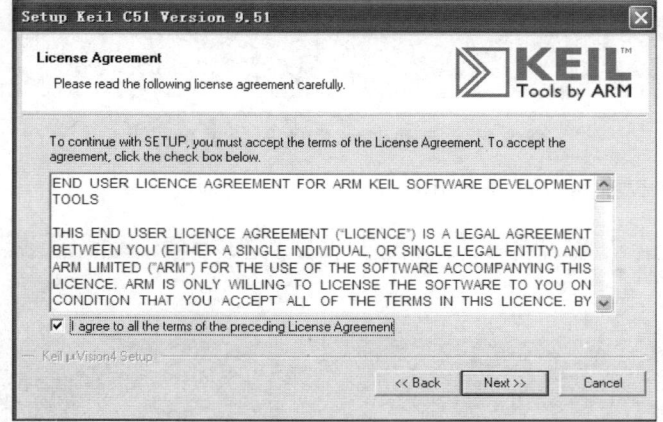

图 1.11 Keil C51 软件安装界面（一）

第二步：勾选同意选项，点击 Next 按钮，进入如图 1.12 所示界面，再点击 Next 按钮即可进行下一步安装。

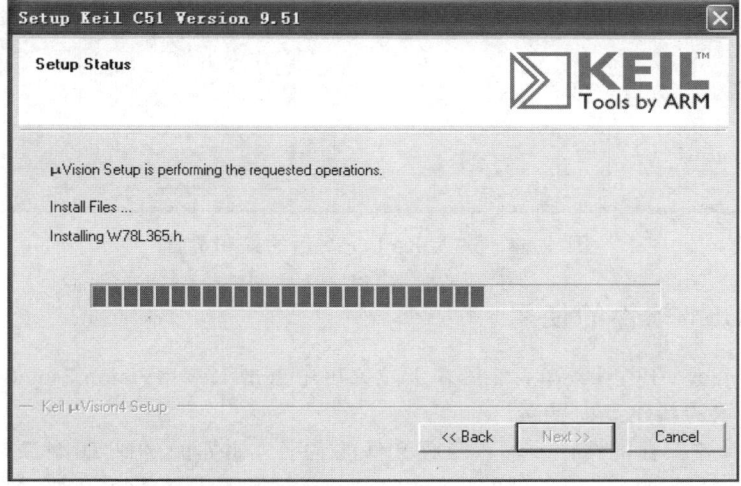

图 1.12 Keil C51 软件安装界面（二）

第三步：在新界面中单击 Finish 按钮加以确认，到此 Keil C51 软件安装结束。安装完毕后，可在桌面上看到 Keil μVision4 软件的快捷图标，双击它就可以进入 Keil C51 集成开发环境。

（二）Keil C51 软件的启动

双击桌面上的 Keil μVision4 图标，出现 Keil C51 启动界面，如图 1.13 所示。

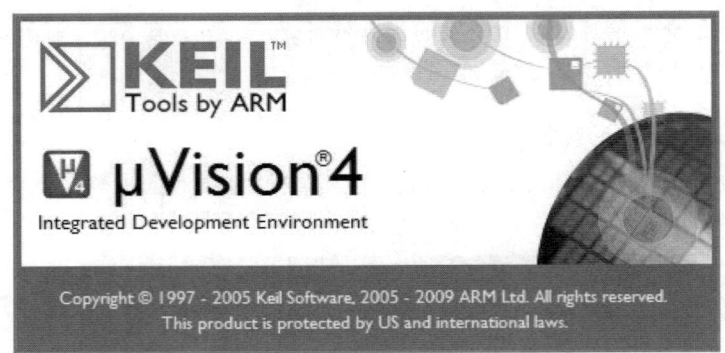

图 1.13　启动 Keil C51 时的屏幕界面

启动后的工作和编辑界面如图 1.14 所示。

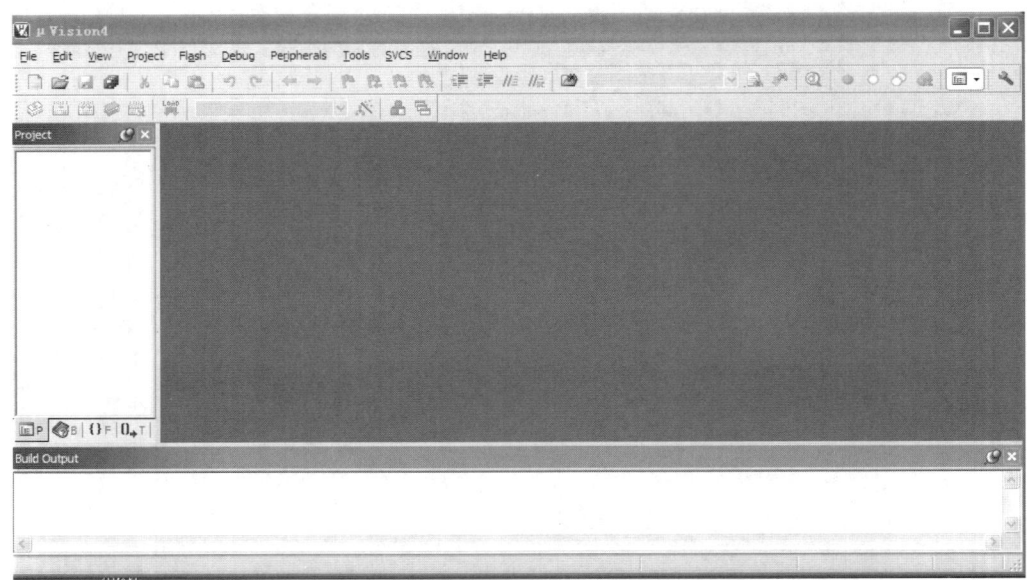

图 1.14　进入 Keil C51 后的编辑界面

二、Keil C51 软件的使用

（1）单击 Project（工程）菜单，然后在下拉菜单中点击 New μVision Project 新建工程选项，出现如图 1.15 所示的新建工程界面。

（2）然后选择要保存的路径，输入工程文件的名字，比如保存到 D 盘新建立的 Project 1 下面的 Led_On 子目录里，工程文件的名字为 Led_On，如图 1.16 所示，然后点击保存。

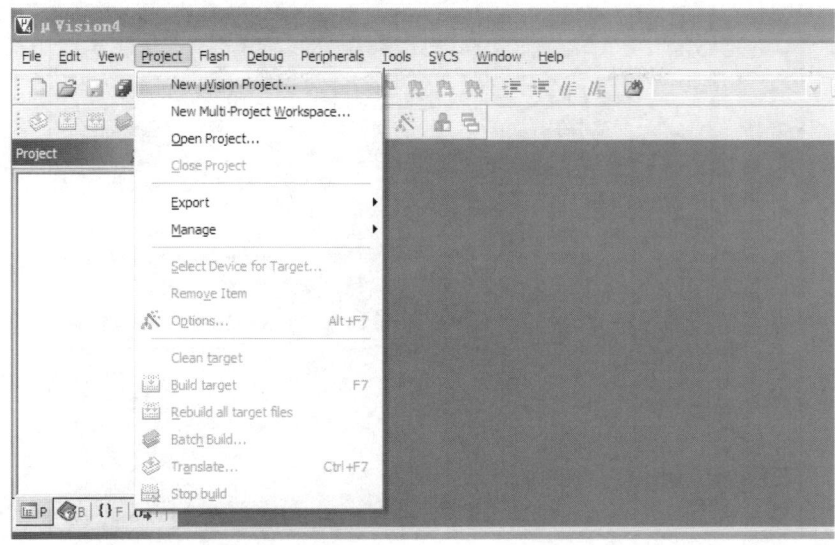

图 1.15　新建工程界面

图 1.16　保存工程文件

（3）这时会弹出一个对话框，要求选择单片机的型号，可以根据使用的单片机来选择，Keil C51 几乎支持所有的 51 单片机，但暂时不支持 STC 系列单片机。STC 系列是基于 8051 内核的，所以用 Keil 编译时，直接选择 Atmel 的 AT89C51 就可以成功编译了。由于 STC89C51/52 单片机和 AT89C51/52 单片机的管脚和内部配置是一样的，选中 Atmel 系列的库就可以了。

当然也可以在安装好的 Keil C51 中增加 STC 系列的单片机型号，方法是首先访问 STC 公司的官方网站：http://www.stcmcu.com/，下载 ISP 软件 V6.67B，下载完成后打开该软件，选择"Keil 仿真设置"，再点击"添加 STC 仿真 MCU 型号到 Keil 中"，如图 1.17 所示。然后会出现 "STC MCU 型号添加成功！"的提示对话框，如图 1.18 所示，点击"确定"，这样就成功地将 STC 系列单片机的型号添加到 Keil C51 中了。添加成功后，选择单片机型号时就可以选择 STC 公司的 51 系列单片机，如图 1.19 所示，选择 STC89C52RC 之后，右边栏是对这个单片机的基本说明，然后点击"OK"按钮关闭对话框。

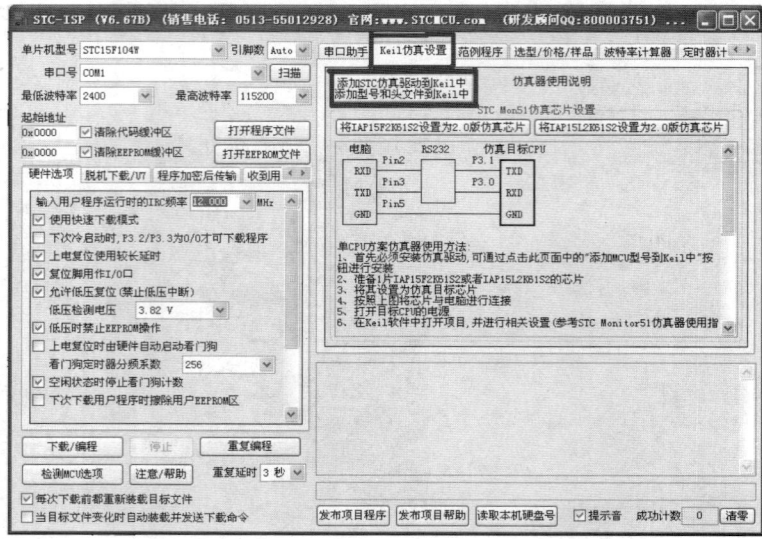

图 1.17 增加 STC 系列单片机的型号到 Keil C51 中

图 1.18 增加 STC 系列的单片机型号成功

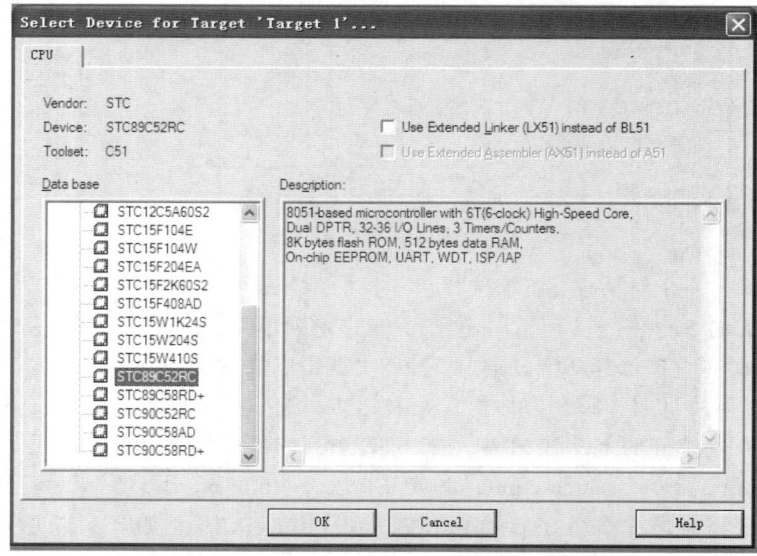

图 1.19 选择所用的芯片

(4)完成以上步骤后,屏幕上会出现如图 1.20 所示的对话框。

项目一　交通灯信号指示电路的设计与制作

图 1.20　添加启动代码

点击"否"按钮关闭此对话框，则在左边产生 Target 1 项目，如图 1.21 所示。

图 1.21　新建项目界面

（5）点击 ![btn] 按钮设置此芯片的选项，屏幕出现如图 1.22 所示的对话框。

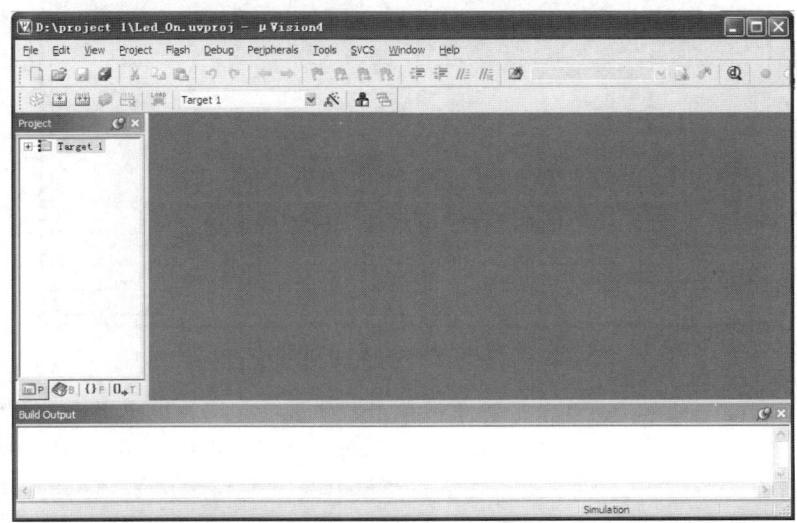

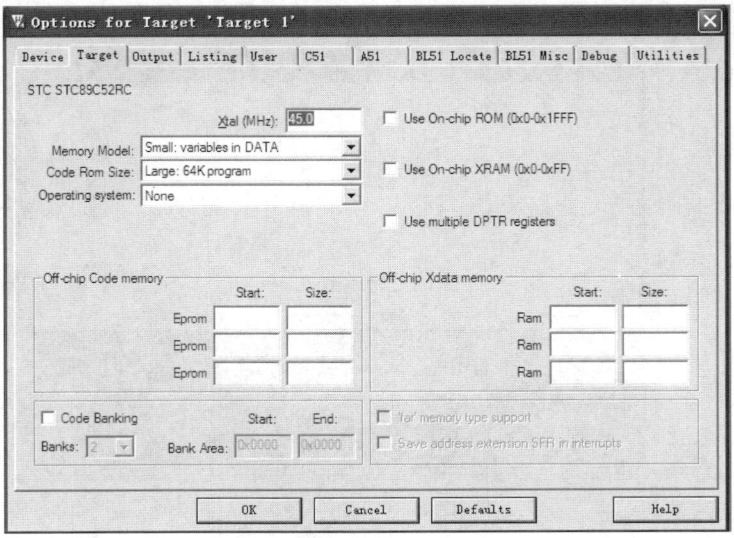

图 1.22　设置晶振频率

在这个对话框里的 Target 选项卡的 Xtal（MHz）栏里把默认的 45 改为 12，指定此芯片晶振的工作频率为 12 MHz，然后切换到 Output 选项卡，勾选"Create HEX File"选项，这样就会在编译过程中产生十六进制文件，如图 1.23 所示。最后点击"确定"按钮关闭对话框。

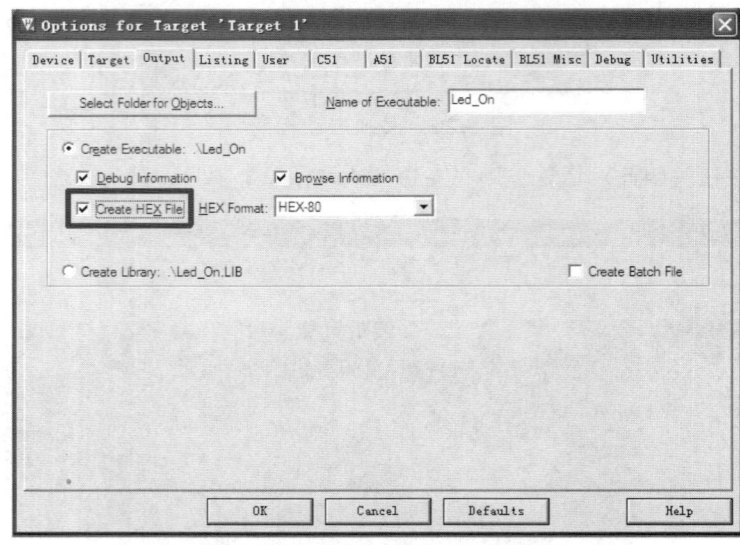

图 1.23　选择产生十六进制文件

（6）单击"文件"菜单，再在下拉菜单中单击新建选项，编辑区里出现一个全新的编辑窗口，屏幕如图 1.24 所示。此时光标在编辑窗口里闪烁，这时可以键入用户的应用程序了，建议首先保存该空白的文件，单击文件菜单，在下拉菜单中选中"另存为"选项单击，屏幕如图 1.25 所示，在文件名栏右侧的编辑框中，键入欲使用的文件名，同时必须键入正确的扩展名。

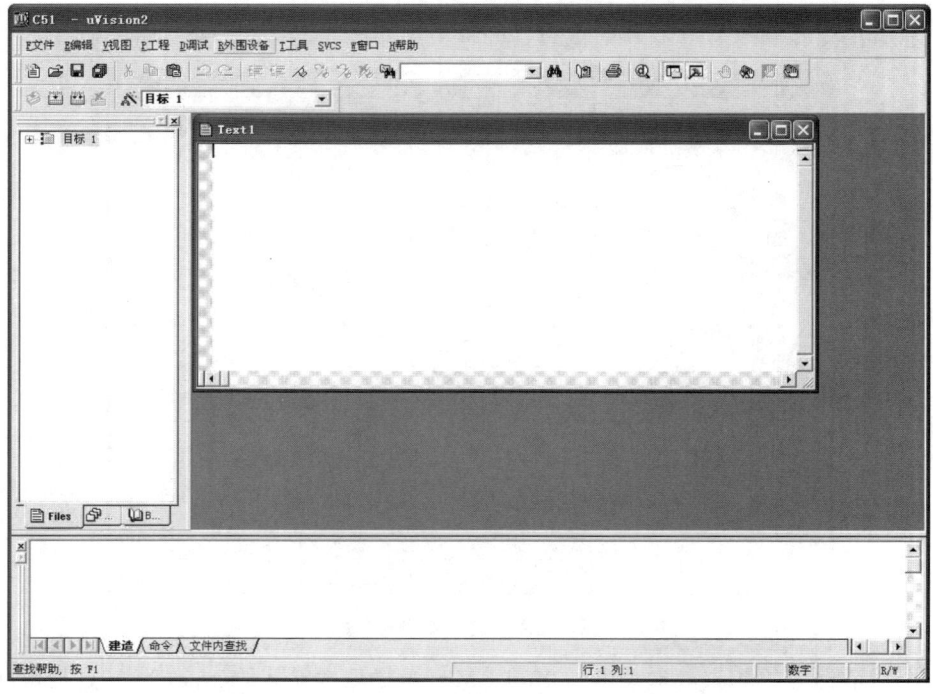

图 1.24　新建编辑文件

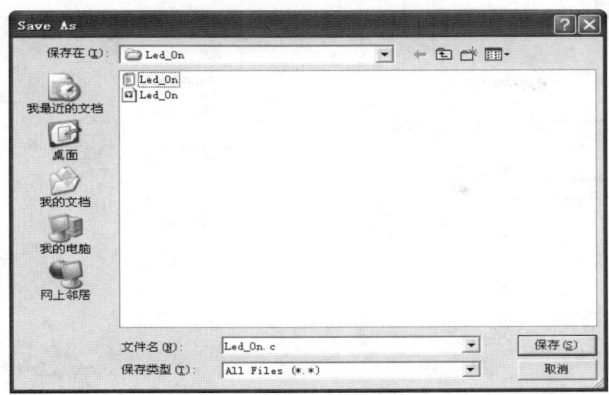

图 1.25　另存文件（C 语言编程扩展名必须为.c）

注意：如果用 C 语言编写程序，则扩展名必须为.c；如果用汇编语言编写程序，则扩展名为.asm。这里我们采用 C 语言编写程序，文件名保存为 Led_On.c，然后单击"保存"按钮关闭对话框。回到编辑界面后，单击 Target 1 前面的＋号，然后在源程序组 1 上单击右键，弹出如图 1.26 所示菜单，然后单击增加文件到组"源程序组 1"，屏幕如图 1.27 所示。

选中 Led_On.c，然后单击"Add"，这样已添加源程序到"源程序组 1"，屏幕如图 1.28 所示。

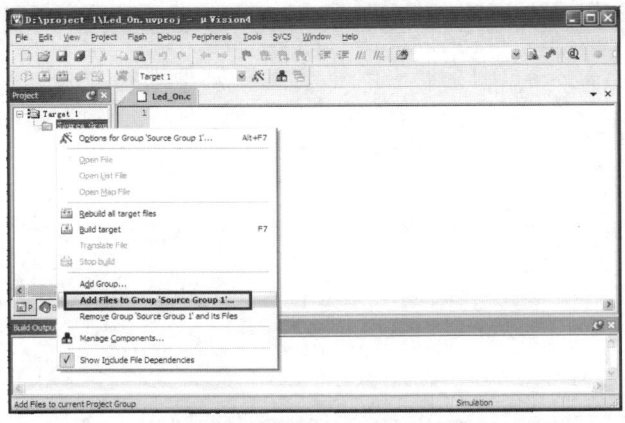

图 1.26　添加源程序到源程序组

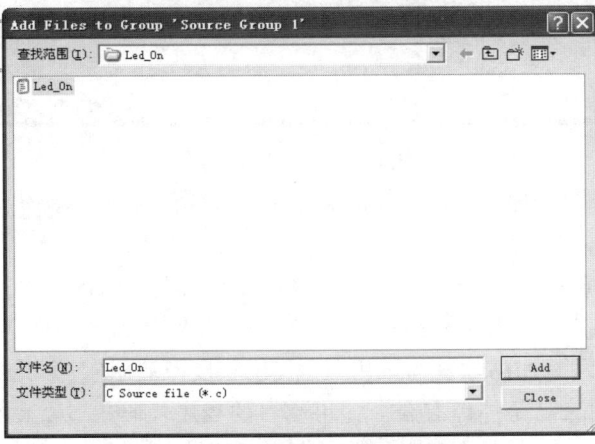

图 1.27　增加文件到组"源程序组 1"

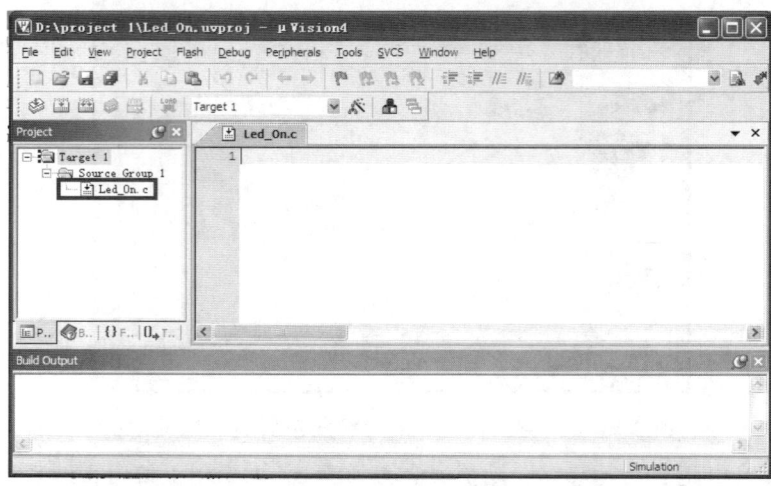

图 1.28 已添加"源程序组 1"

（7）在编辑文件中输入 C 语言源程序（C 语言源程序参见任务实施部分），程序输入完毕后如图 1.29 所示。

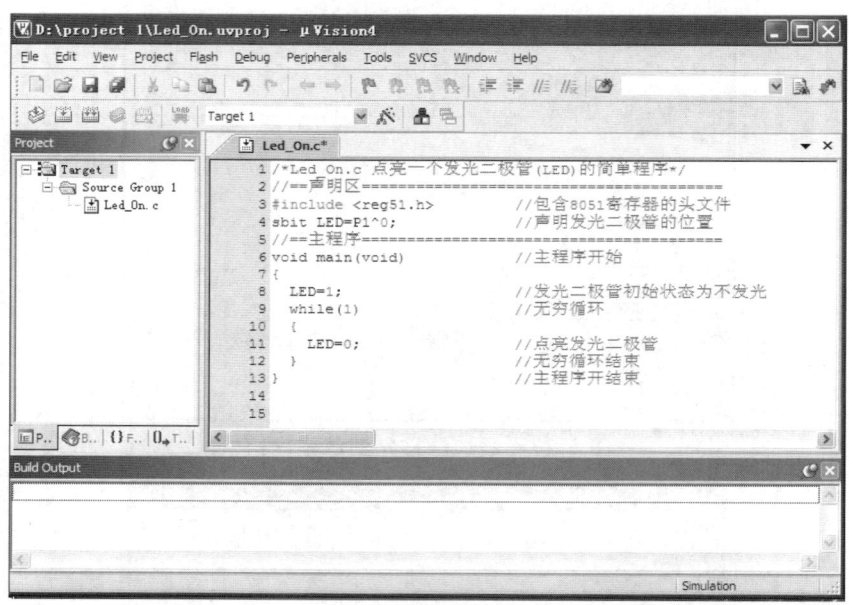

图 1.29 编辑源程序

（8）单击工具栏编译按钮 ，进行编译与链接，编译过程记录在下方的输出窗口中，如图 1.30 所示。

图 1.30 中的"0 Error(s)，0 Warning(s)"表示没有错误，因此可以继续进行调试与仿真。编译成功后，单击工具栏"开始/停止调试"按钮 ，屏幕出现"确认"对话框，如图 1.31 所示。此对话框提示使用者用的软件为试用版（代码长度限制版），仿真的程序代码长度限制为 2 KB，这对于初学者而言已是绰绰有余。如果编写的程序代码超过 2 KB，则 Keil 不会给你链接，也不会生成 hex 文件，解决的办法是购买商用版软件。

项目一　交通灯信号指示电路的设计与制作

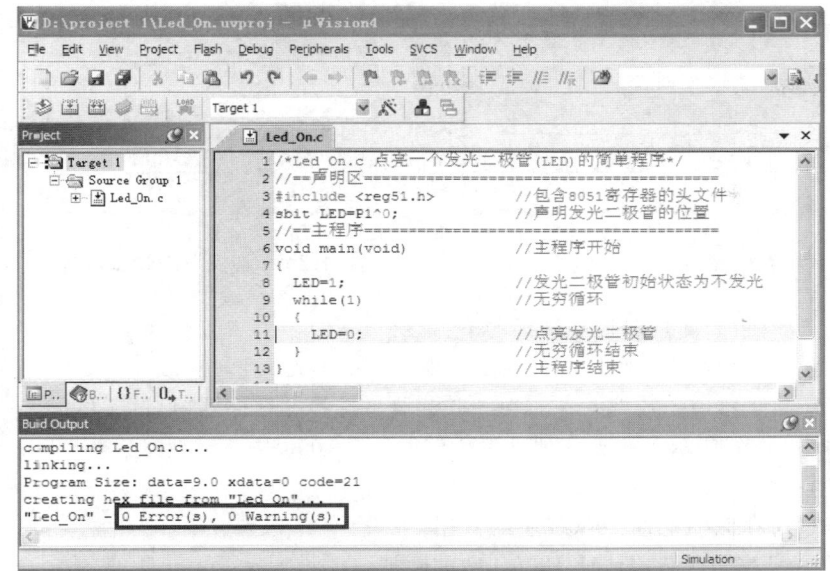

图 1.30　编译与链接源程序

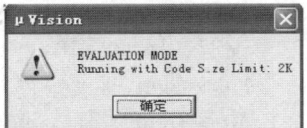

图 1.31　"确认对话框"

点击"确定"按钮关闭对话框，进入调试界面，如图 1.32 所示。

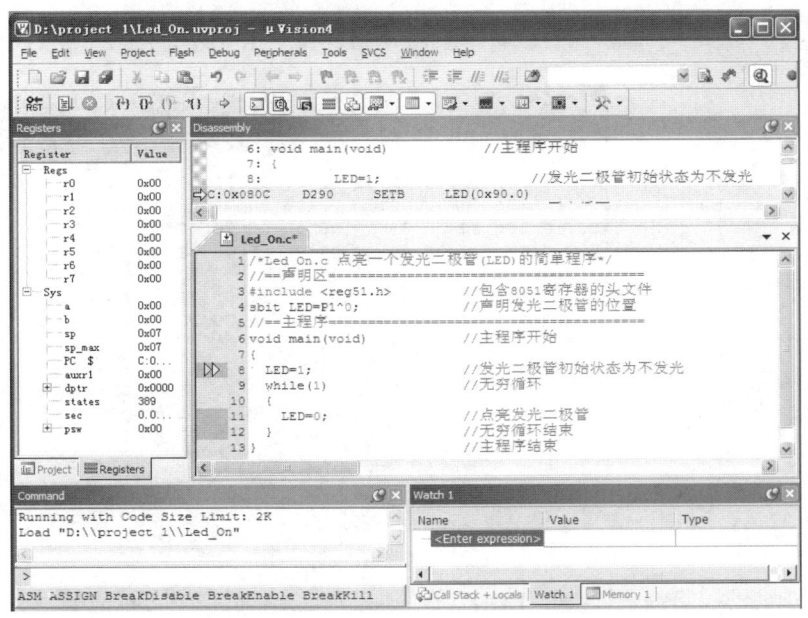

图 1.32　调试界面

如果右下方没有出现监视窗口，可以点击 按钮打开监视窗口。单击监视窗口底部的"Watch #1"项，再指向 Name 栏里的<type F2 to edit>项，单击鼠标左键，再单击 F2 快捷键即可输入所要监视的信号名称。这里要监视 P1，所以输出 P1，如图 1.33 所示。

（9）调试程序，单击工具栏 运行按钮，运行程序，同时打开 Peripherals 菜单中的"I/O-Ports"命令，再选择 P1 选项，即可打开 P1 窗口，如图 1.34 所示。

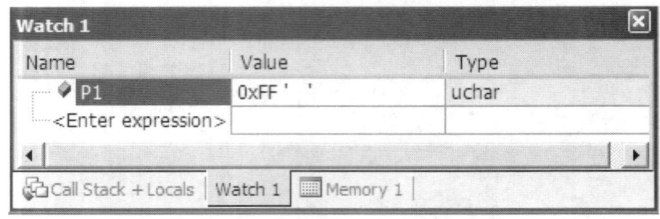 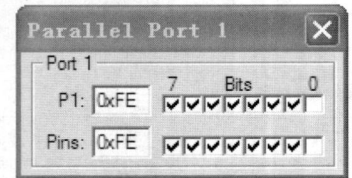

图 1.33　监视窗口　　　　　　　　　　　图 1.34　监视 I/O 端口状态

可以通过以下几种途径观察中间变量和最终结果的值：

① 通过寄存器窗口查看各寄存器值，如图 1.35 所示。

② 通过存储器窗口查看存储器中的数据。在"视图"菜单下选择"存储器窗口"，可以查看或修改存储器中数据，如图 1.36 所示。比如在地址栏中输入：D:1000H

说明：地址栏中

C:0X1000　　表示显示程序存储器地址 1000H 中的数据

D:0X1000　　表示显示内部数据存储器地址 1000H 中的数据

X:0X1000　　表示显示外部数据存储器地址 1000H 中的数据

当要改写存储器中的数据时，在数据上点击右键，在弹出的窗口中修改数据（默认输入十进制，十六进制必须在数值后面加 H）。

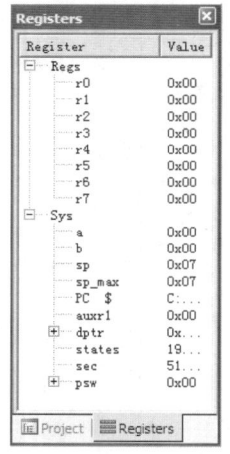 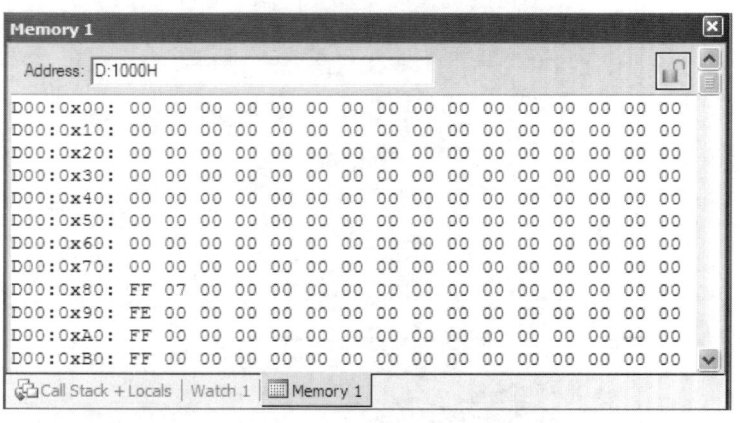

图 1.35　寄存器窗口　　　　　　　　　　图 1.36　存储器窗口

③ 在"外围设备"菜单下选择"I/O-Ports"，在弹出的对话框中可以查看或者修改 P1、P2、P3、P4 输出端口值，如图 1.37 所示。

④ 若要停止仿真，可以点击 ⊗ 按钮停止程序运行。若要复位程序，可以点击 ⚙ 按钮。退出调试状态后点击"Project"菜单下的"Close Project"命令就可以关闭此工程项目。

至此，我们在 Keil C51 上完成了一个完整工程的建立过程。在本项目所在文件夹里可找到名字为"Led_On.hex"的文件，这个文件就是可用于下载到单片机的可执行文件。

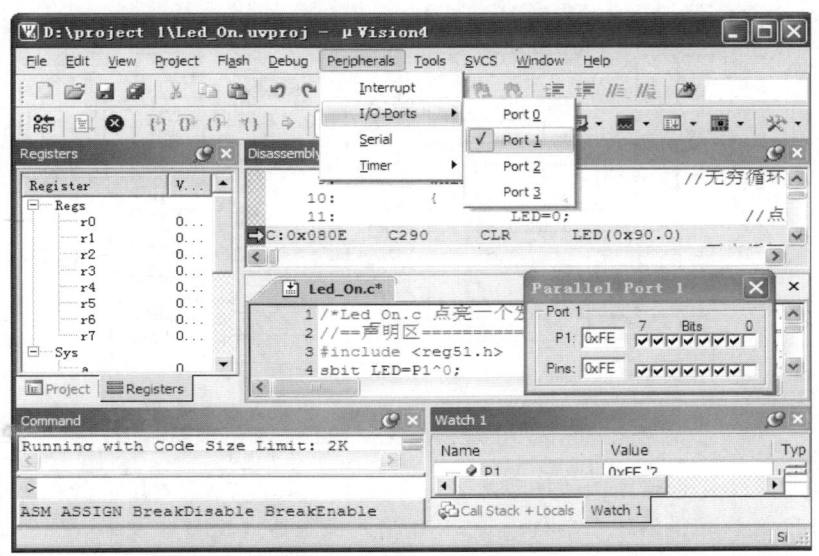

图 1.37　查看端口数值

三、STC 单片机的下载方法

（一）51 单片机的可执行文件

当前行业使用的 51 单片机编译软件中最流行的就是 Keil 软件。我们可以在 Keil 环境中编辑 C 程序或者是汇编程序，编辑完的程序要进行编译生成 hex 文件（其实就是十六进制文件，也就是常说的机器代码），这个 hex 文件就是一般单片机下载软件需要用到的文件，可以向单片机芯片中下载。只有 hex 文件单片机才能识别，其他的文件，如 c 文件、asm 文件单片机是不能直接识别的。

那么怎样才能把编译生成的 hex 文件下载到单片机芯片中去呢？51 单片机的程序下载方法主要分为并口下载和串口下载两种，不同公司的单片机有不同的下载方法。这里以我们使用的 STC 公司生产的 51 单片机为例进行学习。STC 公司的 51 系列单片机常使用串口 ISP 下载。ISP 是"在系统编程"的意思，通过 ISP 电路把计算机（上位机）中编译好的 hex 文件通过串口烧写到单片机里。原来每片 STC 单片机的 flash 中都固化了一段代码，下载时，上位机会发送一个双字节的协议，然后等待单片机握手回应，上位机得到正确的回应后开始给单片机发送固件，单片机接收完并经过校检无问题后，再把代码写到程序存储器 flash 里。

（二）STC 单片机应用 USB-232 串口下载电路

由于现在很多笔记本计算机不带 RS-232 串口，但都配置有 USB 接口。因此可以利用 USB 接口，然后通过转换电路转换为串口后，再把程序下载到 51 单片机中去。我们设计的 USB 转换为 232 串口的电路如图 1.38 所示。

在图 1.38 中，J1 为 USB 标准 B 型插座，计算机（上位机）的 USB 接口可以通过 USB 连接线与单片机电路板连接，然后通过串口电路把 hex 文件数据烧写到单片机里，同时计算机通过 USB 接口提供一组 5 V 的直流电源给电路板。需要注意的是，USB 接口只能提供 500 mA 的电流，这个电流已足以驱动我们的电路板。

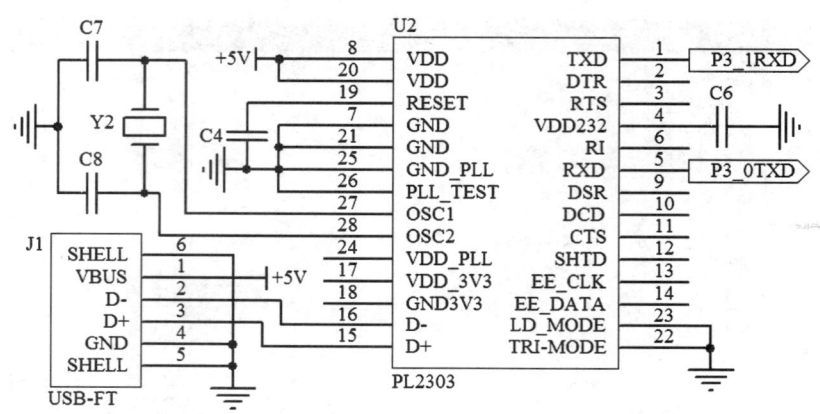

图 1.38　USB 转换为 232 串口电路原理图

USB 转换为 232 串口电路的转换芯片采用 PL2303，该芯片是 Prolific 公司生产的一种高度集成的 USB-232 接口转换器，该器件内置 USB 功能控制器、USB 收发器、振荡器和带有全部调制解调器控制信号的 UART，只需外接几只电阻、电容就可以实现 USB 信号与 RS-232 信号的转换。在本教材的所有项目中，这部分硬件电路元器件在实验板中已经预先装配好。

（三）STC 单片机应用串口下载程序的方法

从 STC 公司的官方网站 http://www.stcmcu.com/ 上下载 ISP 软件 V6.67B，下载完成后打开该软件，选择"Keil 仿真设置"，再点击"添加 STC 仿真 MCU 型号到 Keil 中"；同时在计算机中安装主板集成 USB-232 转换芯片 PL2303 的驱动程序（可以从 PL2303 官网下载驱动程序），安装成功后通过 USB 线使计算机和开发实验板建立硬件的连接，然后可以通过以下步骤进行程序下载：

（1）在 ISP 软件界面的左上角选择单片机型号为 STC89C/LE52RC。

（2）在 ISP 软件界面中，选择通信的串口端口号，或者点击串口号"扫描"按钮识别电路板连接的 COM 接口。

（3）点击"打开程序文件"选择要下载的目标文件（*.hex）。

（4）点击"下载/编程"按钮，然后按下单片机开发板的供电按钮开始程序的下载。

以上四个步骤如图 1.39 所示。

在实际编程下载时，可能会遇到下载失败的情况，有以下几个解决办法：

（1）在单片机停电状态下，点下载按钮，再给单片机上电。

（2）停止下载，重新选择串口，接好电缆。

（3）可能需要先将 P1.0/P1.1 短接到地。

（4）可能外部时钟未接，检查最小系统电路是否正常。

（5）因转换座引线过长而引起时钟不振荡，请调整参数。

（6）可能要升级计算机端的 STC-ISP.exe 软件。

（7）若仍然不成功，可能是 MCU/单片机内无 ISP 系统引导码，或需退回升级，或 MCU 已损坏。

（8）若使用 USB 转换 RS-232 串口线下载，可能会遇到不兼容的问题，应重新安装驱动。

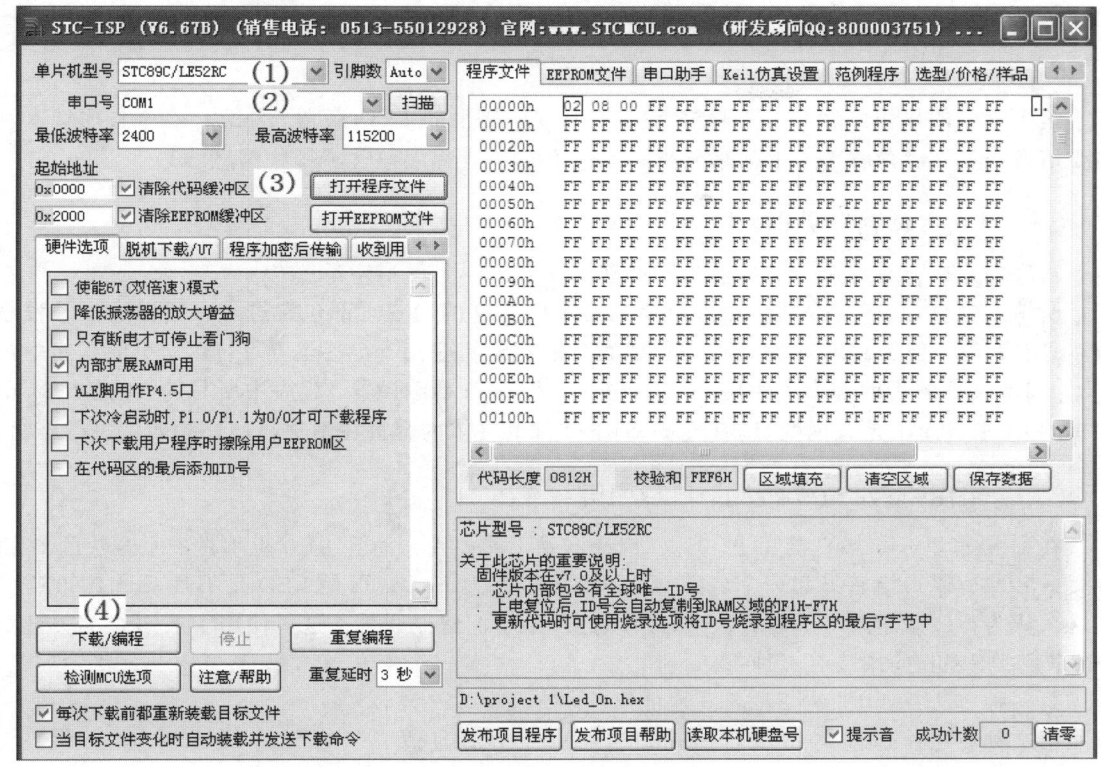

图 1.39　STC-ISP 进行程序下载的步骤界面

（9）把下载时的波特率调至最低（波特率不能超过 9600 bps，否则 USB 转换串口的速率跟不上）。

四、星星点灯例程

【例 1.1】　让接在单片机 P1.0 引脚上的 LED 发光。
```
/****************************************************************
   单灯点亮程序：Led_On.c   点亮一个发光二极管的简单程序
****************************************************************/
//== 声明区 =====================================
#include <reg51.h>              //包含 8051 寄存器的头文件
sbit LED=P1^0;                  //声明发光二极管的位置
//== 主程序 =====================================
void main(void)                 //主函数
{
    LED=1;                      //发光二极管初始状态为不发光
    while(1)                    //无穷循环
    {
        LED=0;                  //点亮发光二极管
```

                }   //无穷循环结束
            }   //主程序结束

  这个程序的作用是让开发实验板上接在 P1.0 引脚上的 LED 点亮。注意：本书程序输入时均要切换为英文半角状态。下面来分析一下这个 C 语言程序包含了哪些信息。

（一）"文件包含"处理

  程序的第一行是一个"文件包含"处理。

  所谓"文件包含"，是指一个文件将另外一个文件的内容全部包含进来，所以这里的程序虽然只有几行，但 Keil C51 编译器在处理的时候却要处理几十行甚至上百行。这里的程序中包含 reg51.h 文件的目的是为了使用 P1 这个符号，即通知 C 编译器，程序中所写的 P1 是指 51 单片机的 P1 端口而不是其他变量。有关 reg51.h 文件的具体内容将在本项目的任务四中进行介绍。

（二）采用符号 LED 来表示 P1.0 引脚

  在 C 语言里，如果直接写 P1.0，C 编译器并不能识别，而且 P1.0 也不是一个合法的 C 语言变量名，所以得给它另起一个名字，这里起的名字为 LED，可是 LED 是不是就是 P1.0 呢？你这么认为，C 编译器可不这么认为，所以必须给它们建立联系，这里使用了 Keil C 的关键字 sbit 来定义，sbit 的用法有三种：

  第一种方法：sbit 位变量名 = 地址值
  第二种方法：sbit 位变量名 = SFR 名称^变量位地址值
  第三种方法：sbit 位变量名 = SFR 地址值^变量位地址值

  例如，定义 PSW 中的 OV 可以用以下三种方法：

  （1）sbit OV=0xd2;   说明：0xd2 是 OV 的位地址值
  （2）sbit OV=PSW^2;   说明：其中 PSW 必须先用 sfr 定义好
  （3）sbit OV=0xD0^2;   说明：0xD0 就是 PSW 的地址值

  因此这里用 sbit LED = P1^0; 就是定义用符号 LED 来表示 P1.0 引脚，如果你愿意也可以起 P1_0 一类的名字，只要在随后的程序中也随之更改就行了。

（三）main( )主函数

  每一个 C 语言程序有且只有一个主函数，main( )函数后面一定有一对大括号"{ }"，在大括号里面书写程序要完成的功能。

  这里，我们在主函数中设置了一个死循环，使单片机周而复始地点亮发光二极管。while 循环语句是常用的条件循环语句，可用来做固定次数或者不定次数的循环程序。其格式如下：

  while(表达式)
    {
      语句(可为空);   //循环体
    }

  其特点是：先判断表达式，后执行循环体语句。如果表达式为真，执行循环体，否则跳出循环，执行后面的语句。需要注意的是，表达式可以是一个常数、一个等式、一个不等式、一个运算或者一个带返回值的函数。在 C 语言中把"0"认为是"假"，"非 0"认为是"真"，也就是说，只要表达式运算的结果不是"0"就是"真"，就执行循环体。

while 循环体内部语句可为空，也就是说 while 后面的花括号里什么都不写也是可以的。如"while(1){ ; }"，既然花括号里什么都没有，也可以将花括号直接省掉，写成"while(1);"，其中的";"一定不能少，否则 while( ) 会把跟在它后面第一个分号前的语句认为是它的内部语句。

具体到这个程序，我们在 while 的循环体里写了"LED = 0;"，即把单片机的第一个引脚 P1.0 置为低电平，作用是点亮发光二极管。因为硬件电路上把 P1.0 外面接了发光二极管的阴极，然后 LED 阳极通过限流电阻接高电平，这种方式称为低电平驱动方式。由于 P1~P3 端口的内部上拉电阻为 30 kΩ，属于弱上拉，输出的高电平电流很小（大约 10~50 μA）。而低电平时，可吸收 1.6~15 mA 的灌电流。因此，我们点亮发光二极管一般采用低电平驱动方式。

（四）C 语言文件注释的写法

在 C 语言中，所有的注释都不参与程序编译，编译器在编译过程中会自动删去注释。在程序中加入注释是为了使人们对代码的含义更加明白易懂，因此要养成为自己编写的代码加入注释的良好编程习惯。

C 语言的注释有两种写法。第一种是用符号"/*"和"*/"标出注释的开始和结束，在符号"/*"和"*/"之间的任何内容都将被编译程序当作注释来处理。还有一种是用符号"//"标出注释行，从符号"//"到当前行末尾之间的任何内容都将被编译程序当作注释来处理，这种写法只能注释一行。因此当要对一行进行注释时，使用符号"//"是最方便的。

（五）初学者编写程序时经常出现的错误

初学者编写或者输入程序时经常出现以下错误：

（1）main 函数拼写错误，从而使单片机因找不到主函数而无法运行。

（2）自定义变量，后面在引用时拼写错误。

（3）字母大小写错误，比如把 I/O 端口的"P"写成小写。

（4）数字"0"写成字母"O"。

（5）输入法没有切换成英文半角状态，普通语句结束少写了";"，for 语句后多了";"。

（6）花括号或者圆括号不配对，漏写或者多写。建议输入代码时括号按对称的方式写："{"与"}"同时敲入，"("与")"也是。

（7）写数学表达式时，运算符号特别是乘号"*"忘记输入。例如：(2k-1) 是错的。

（8）在函数参数输入、输出时，少参数或数据类型不匹配。

（9）循环的错误使用。计数或查找时没用循环，反而用了选择结构。循环次数不确定时应用 while 或 do-while，次数确定时用 for 循环。在主函数外使用循环时没有结束语句，成了死循环；或循环语句不是最好的，导致算法复杂度太大。

（10）编写稍微复杂点的程序时，最好多采用函数，使主函数中代码尽量少，自定义函数功能尽量单一，做到低耦合高内聚，这样检查错误也方便。

【任务实施】

1. 实施步骤

（1）项目组计算机的基本配置：

CPU——Pentium-4 以上主流处理器（主频在 1.5 GHz 以上）。

硬盘——至少 1 GB 以上的剩余空间。
内存——256 MB 以上。
显卡——GeForce 5200 或更好。
网络——校园局域网（可以下载软件）。
操作系统——Windows XP 以上操作系统。

（2）在官方网站 http://www.keil.com/ 上下载最新的 Keil C51 软件，在项目组计算机中安装该文件。

（3）建立一个工程，编辑给出的 C 源程序：

① 建立工程文件，保存到 D 盘新建立的 project 1 路径的 Led_On 子目录里，工程文件的名字为 Led_On。

② 在安装好的 Keil C51 中增加 STC 系列的单片机型号，选择 STC89C52RC，设置此芯片的选项。

③ 新建编辑文件，保存为 Led_On.c，添加到"源程序组 1"中。

④ 在编辑文件中输入以下源程序。注意：在输入 C 语言源程序时务必将输入法切换成英文半角状态。

```
/*Led_On.c   点亮一个发光二极管（LED）的简单程序*/
//==声明区==============================================
#include <reg51.h>              //包含 8051 寄存器的头文件
sbit LED=P1^0;                  //声明发光二极管的位置
//==主程序==============================================
void main(void)                 //主程序开始
{
        LED=1;                  //发光二极管初始状态为不发光
        while(1)                //无穷循环
        {
            LED=0;              //点亮发光二极管
        }                       //无穷循环结束
}                               //主程序结束
```

（4）编译与链接给出的 C 源程序。

（5）编译成功后，单击工具栏"开始/停止调试"按钮进行仿真，运行简单的 LED 发光电路源程序。

（6）设计单片机控制 LED 发光二极管的简单电路图。这里要求发光二极管连接单片机的 P1.0 引脚，发光二极管采用 ϕ5 mm 的高亮度发光二极管，工作电压 1.8～2.1 V，工作电流 15～25 mA，合理选择限流电阻的阻值，确定所选用的其他电路元器件。驱动 LED 可分为低电平点亮和高电平点亮两种。由于 P1～P3 口的内部上拉电阻为 30 kΩ，属于弱上拉，因此 P1～P3 口输出高电平的电流很小（不足 1 mA）。而低电平时，可吸收 1.6～30 mA 的灌电流。因此采用低电平驱动方式，设计的参考电路如图 1.40 所示。

（7）进行硬件组装，然后应用 STC-ISP 软件进行程序下载调试。

（8）制作组装单片机控制的简单 LED 发光电路：

① 根据指导老师发放的焊接装配图，参考任务小组设计的图 1.40，领取相应元器件并熟记元器件的参数和引脚排列，然后通过工具测试元器件的性能是否满足需要。

项目一　交通灯信号指示电路的设计与制作　33

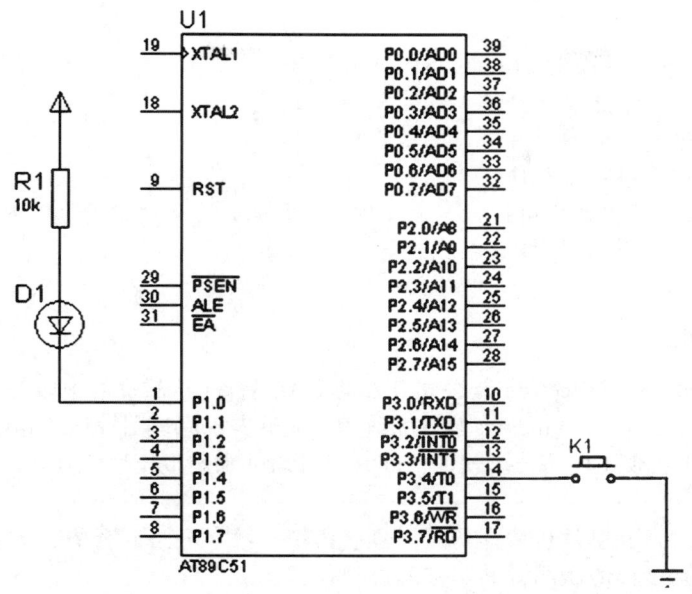

图 1.40　单片机控制 LED 发光二极管电路图

② 工具准备：电烙铁、焊锡丝、金属镊子、尖嘴钳、斜口钳、吸锡器等焊接工具，万用表、示波器、直流稳压电源等测试工具。

③ 按照制作工艺要求安装元器件并焊接。步骤如下：
・在本项目任务 1 中完成的实验板上安装发光二极管并焊接。
・按焊接图焊接限流电阻排。
・按焊接图插入 JP2、JP8 双排插座元件并焊接。
・JP2 双排插座元件第一列插针用短路器连接。
・JP8 双排插座元件第一列、第二列插针分别用短路器连接。

④ 按照本任务学过的 STC 单片机应用串口下载程序的方法进行程序下载。

⑤ 观察程序下载后的实验现象，如有故障测试电路板。

2. 技术报告及效果评测

将测试点、测试结果及故障原因分析做好相应的记录。本任务的测试点有：电路板电源电压（JP10）、单片机电源管脚（第 20、40 脚）、单片机复位管脚（第 9 脚）、单片机晶体管脚（第 18、19 脚）、单片机 $\overline{EA}$ 管脚（第 31 脚）、发光二极管 D1 的阴极和阳极管脚。

任务完成后撰写技术报告及效果评测。

任务三　仿真软件 Proteus 的使用

【任务要求】

根据 51 单片机的最小系统电路构成，用 Proteus 仿真软件设计出 51 单片机最小系统电路图和简单的流水灯电路图，并在 Proteus 软件中装入给出的单片机可执行 hex 文件，进行 Keil 和 Proteus 软件的联合仿真调试。

具体任务要求如下:
(1) 安装 Proteus 软件并设置 Proteus ISIS 工作环境。
(2) 根据设计要求,新建设计文件。
(3) 选择与放置电子元器件,并进行编辑。
(4) 按照电路原理图进行线路连接。
(5) 装入 Proteus 中的单片机可执行 hex 文件,进行软件、硬件联合仿真调试。

【相关知识】

一、认识 Proteus

Proteus 是英国 Labcenter Electronics 公司开发的 EDA 软件(该软件的中国总代理为广州风标电子技术有限公司)。它运行于 Windows 操作系统上,能够实现原理图设计、电路仿真到 PCB 设计的一站式作业,真正实现了电路仿真软件、PCB 设计软件和虚拟模型仿真软件三合一的功能。

Proteus 的特点是:

(1) 完善的电路仿真和单片机协同仿真。具有模拟、数字电路混合仿真、单片机及其外围电路仿真的能力;拥有多样的激励源和丰富的虚拟仪器。

(2) 支持主流单片机类型。目前支持的单片机类型有:68000 系列、8051 系列、ARM 系列、AVR 系列、PIC10 系列、PIC12 系列、PIC16 系列、PIC18 系列、PIC24 系列、DSPIC33 系列、MPS430 系列、HC11 系列、Z80 系列以及各种外围芯片。

(3) 提供代码的编译与调试功能。自带 8051、AVR、PIC 的汇编器,支持单片机汇编语言的编辑、编译,同时支持第三方编译软件(如 Keil μVision)进行高级语言的编译和调试。

(4) 智能、实用的原理图与 PCB 设计。在 ISIS 环境中完成原理图的设计后可以一键进入 ARES 环境进行 PCB 设计。

二、安装和运行 Proteus ISIS

(一) Proteus 软件的安装

在英国 Labcenter Electronics 公司的官方网站 http://www.labcenter.com/ 下载最新的 Proteus 软件,下载完毕后双击安装文件,在出现的界面中点击"Next"直到出现如图 1.41 所示界面。

图 1.41 Proteus 软件的安装界面(一)

点击"Yes"后,再通过注册得到官方授权,之后点击"Next",选择安装路径后再点击"Next",出现如图 1.42 所示界面。

然后选择图 1.42 中的默认安装设置,点击"Next"等待安装完成。

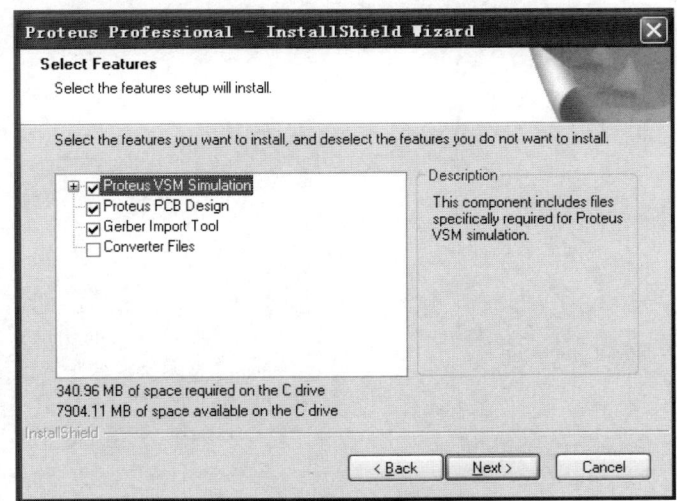

图 1.42　Proteus 软件的安装界面(二)

(二)Proteus ISIS 7 软件的打开

Proteus 安装完成后,双击桌面上的 ISIS 7 Professional 图标或者单击屏幕左下方的"开始"→"所有程序"→"Proteus 7 Professional"→"ISIS 7 Professional",进入 Proteus ISIS 工作环境,如图 1.43 所示。

图 1.43　Proteus ISIS 的工作环境

(三)Proteus 的工作界面

Proteus ISIS 的工作界面是一种标准的 Windows 界面,包括:屏幕上方的标题栏、菜单栏、标准工具栏,屏幕左侧的绘图工具栏、对象选择按钮、预览对象方位控制按钮、仿真进程控制按钮、预览窗口、对象选择器窗口,屏幕下方的状态栏,屏幕中间的图形编辑窗口,如图 1.44 所示。

对于初次接触 Proteus 软件的人来说,如果一开始就学习 Proteus 各项功能的详细使用,会让大家学得晕头转向。本任务将通过项目实践的方式带领大家认识和了解 Proteus,并掌握 Proteus 的使用。

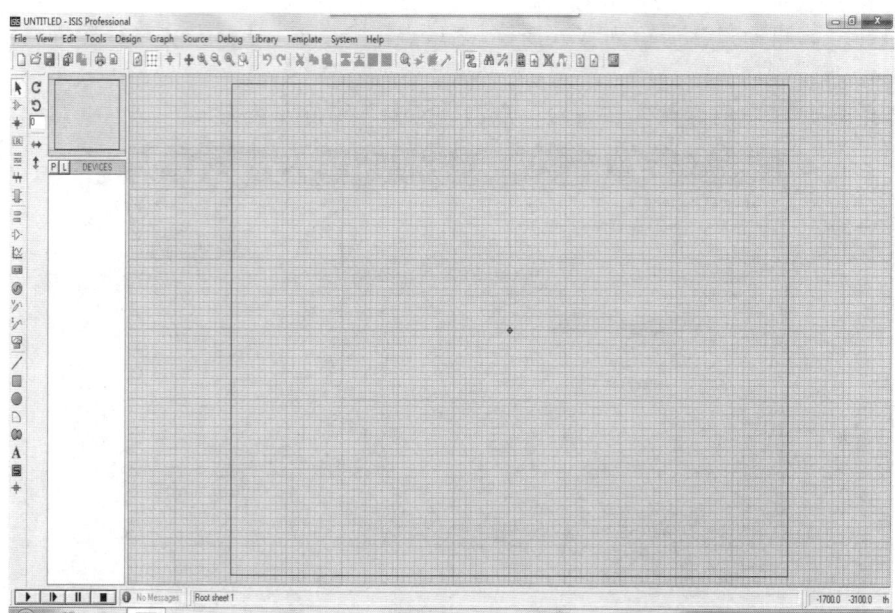

图 1.44　Proteus ISIS 的工作界面

三、Proteus 的电路设计

设计一个简单的单片机控制发光二极管的流水灯电路，如图 1.45 所示。

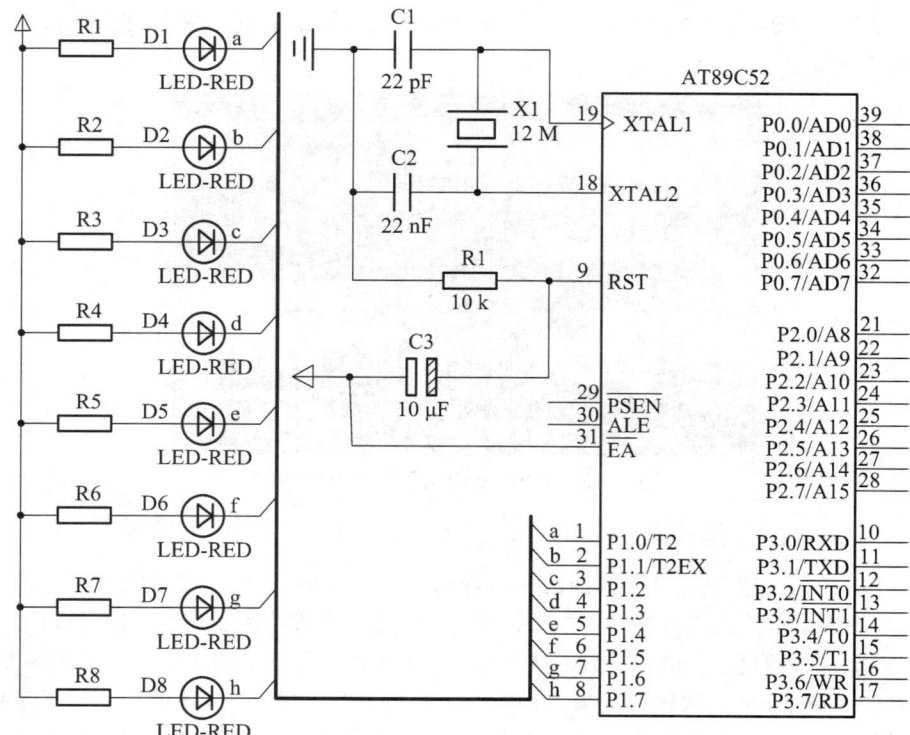

图 1.45　发光二极管流水灯电路原理图

电路的核心是单片机 AT89C52，晶振 X1 和电容 C1、C2 构成单片机时钟电路，单片机的 P1 口接 8 个发光二极管，二极管的阳极通过限流电阻接到电源的正极。

下面首先来熟悉一下 Proteus 的界面。Proteus 是一个标准的 Windows 窗口程序，和大多数应用程序没有太大区别，其工作界面如图 1.46 所示。其中区域①为菜单及工具栏，区域②为预览区，区域③为元器件浏览区，区域④为编辑窗口，区域⑤为对象拾取区，区域⑥为元器件调整工具栏，区域⑦为运行工具条。

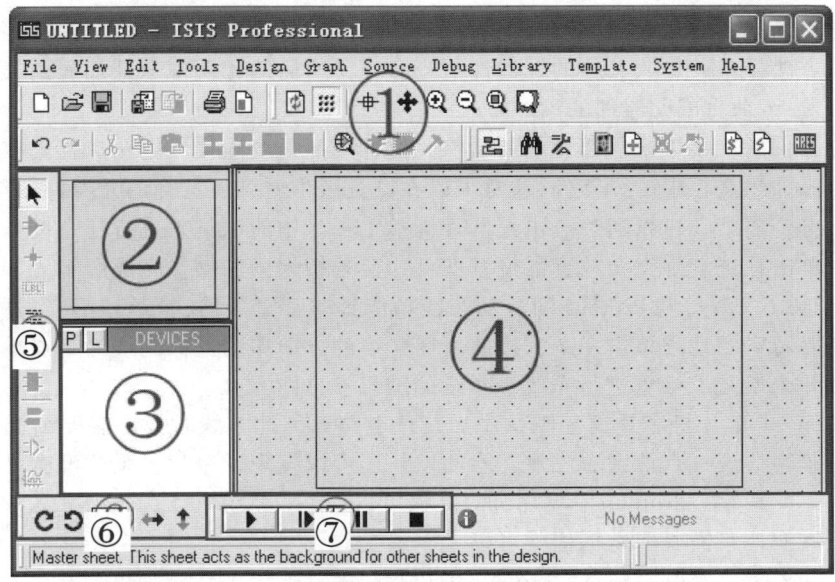

图 1.46 Proteus 软件启动后的工作区域界面

下面以建立一个 Proteus 工程为例来详细讲述 Proteus 的操作方法以及注意事项。

首先点击启动界面区域③中的"P"按钮（Pick Devices，拾取元器件）来打开"Pick Devices"（拾取元器件）对话框，从元件库中拾取所需的元器件。对话框如图 1.47 所示。

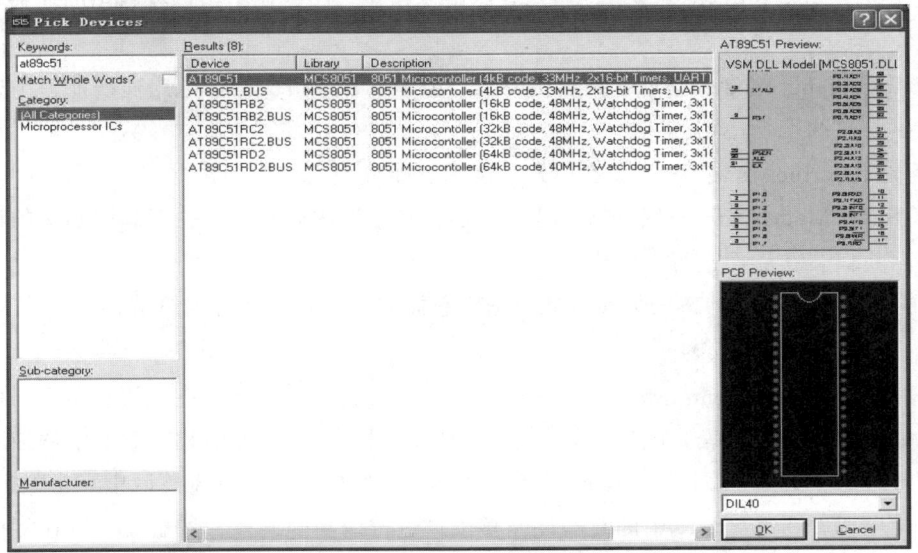

图 1.47 从元件库中拾取所需的元器件

在对话框中的"Keywords"里面输入要检索的元器件的关键词，比如要选择项目中使用的 AT89C51，就可以直接输入，输入以后就能在中间的"Results"结果栏里看到搜索的元器件结果。在对话框的右侧还能看到所选择的元器件的仿真模型、引脚以及 PCB 参数。

需要注意的是，有时候选择的元器件并没有仿真模型，对话框会在仿真模型和引脚一栏中显示"No Simulator Model"（无仿真模型），这样就不能用该元器件进行仿真了，或者只能做它的 PCB 板，或者选择其他与其功能类似而具有仿真模型的元器件。

搜索到所需的元器件后，可以双击元器件名将相应的元器件加入到设计的文档中，接着还可以用相同的方法搜索并加入其他的元器件。当已经将所需的元器件全部加入到文档中时，可以点击"OK"按钮来完成元器件的添加。

添加好元器件后，接下来需要做的就是将元器件按照需要连接成电路。首先在元器件浏览区中点击需要添加到文档中的元器件，这时可以在浏览区中看到所选择的元器件的形状与方向，如果其方向不符合要求，可以通过点击元器件调整工具栏中的工具来进行任意调整，调整完成之后在文档中单击并选定好需要放置的位置即可；接着按相同的操作完成所有元器件的布置。

第二步是连线。事实上 Proteus 的自动布线功能是非常完美的，布线时只需要单击选择起点，然后在需要转弯的地方单击一下，按照所需走线的方向移动鼠标到线的终点单击即可。

本例先对一个发光二极管进行布线，布线的结果参见图 1.40。

因为 Proteus 中单片机芯片已经默认添加复位电路，因此布线时没有必要加上复位电路，应在图中予以忽略，这一点请大家注意。除此以外还可以发现，单片机系统没有晶振，这一点也需要注意。事实上，在 Proteus 中单片机的晶振可以省略，系统默认为 12 MHz，在很多时候，当然也是为了方便，只需要取默认值就可以了。

接下来添加电源。先说明一点，Proteus 中单片机芯片已经默认添加电源与地，所以电源与地可以省略。然后在添加电源与地以前，我们先来看一下图 1.46 中区域⑤的对象拾取区，下面只对可能会用得到的以及比较重要的工具进行说明：

▶（Selection Mode）——选择模式，通常情况下都需要选中它，比如布局时和布线时。

➡（Component Mode）——组件模式，点击该按钮，能够显示出区域③中的元器件，以便我们选择。

[LBL]（Wire Label Mode）——线路标签模式，选中它并单击文档区电路连线能够为连线添加标签。经常与总线配合使用。

[≡]（Text Script Mode）——文本模式，选中它能够为文档添加文本。

+（Buses Mode）——总线模式，选中它能够在电路中画总线。关于总线画法的详细步骤与注意事项我们会在后面进行专门讲解。

吕（Terminals Mode）——终端模式，选中它能够为电路添加各种终端，比如输入、输出、电源、地，等等。

[⊙]（Virtual Instruments Mode）——虚拟仪器模式，选中它能够在区域③中看到很多虚拟仪器，比如示波器、电压表、电流表等。关于它们的用法将在后面的相关章节中详细讲述。

添加电源的步骤是：首先点击 吕，选择终端模式，然后在元器件浏览区中点击 POWER（电源）来选中电源，通过区域⑥中的元器件调整工具进行适当的调整，然后就可以在文档区中单击放置电源了。放置并连接好线路的电路图参见图 1.45。

连接好电路图以后还需要做一些修改。由图 1.45 中可以看出，图中的 R1 电阻值为 10 kΩ，这个电阻作为限流电阻显然太大，会使发光二极管 D1 的亮度很低或者根本不亮，影响仿真结果，所以需要修改。修改方法如下：首先双击电阻图标，这时软件将弹出 "Edit Component" 对话框，对话框中的 "Component Referer" 是组件标签之意，可以随便填写，也可以取默认值，但要注意，在同一文档中不能有两个相同的组件标签； "Resistance" 就是电阻值了，可以在其后的框中根据需要填入相应的电阻值。填写时需注意其格式，如果直接填写数字，则单位默认为 Ω；如果在数字后面加上 K 或者 k，则表示 kΩ 之意。这里我们填入 330，表示 330 Ω。

然后按照图 1.45 所示的电路图添加其他元件，就可得到最终的仿真电路图。电路的核心是单片机 AT89C52，晶振 X1 和电容 C1、C2 构成单片机时钟电路，单片机的 P1 端口接 8 个发光二极管，二极管的阳极通过限流电阻接到电源的正极 VCC。

修改好各组件属性以后就要将程序（HEX 文件）载入单片机了。首先双击单片机图标，系统会弹出 "Edit Component" 对话框，如图 1.48 所示。在这个对话框中点击 "Program files" 框右侧的 来打开选择程序代码窗口，选中相应的 hex 文件后返回，这里装入的是 D 盘 project 1 下面 Led_Water 子目录里的 hex 文件。这时，按钮左侧的框中就填入了相应的 hex 文件，点击对话框的 "OK" 按钮，回到文档，程序文件就添加完毕了。

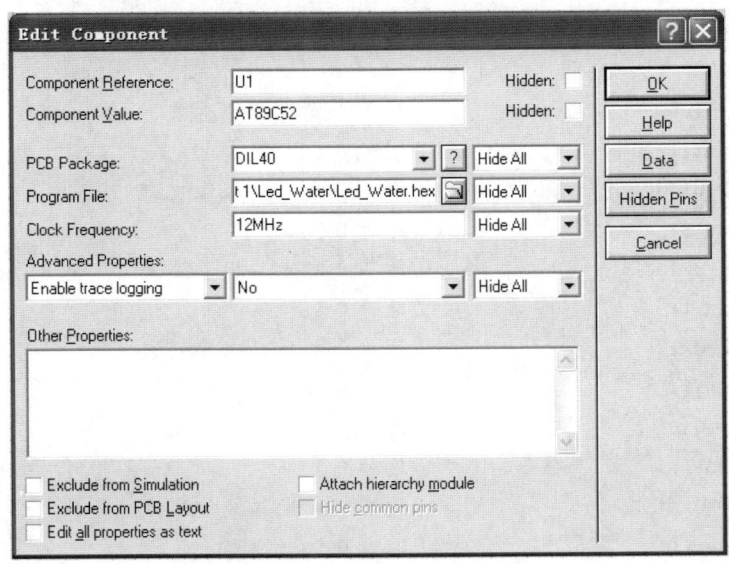

图 1.48 装载程序对话框

装载好程序就可以进行仿真了。Proteus 的运行工具条如图 1.49 所示。

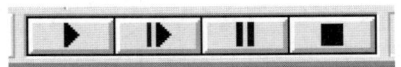

图 1.49 Proteus 的运行工具条

工具条从左到右依次是 "Play"、"Step"、"Pause"、"Stop" 按钮，即运行、单步、暂停、停止。接头就可以点击 "Play" 按钮来仿真运行，从仿真效果可以看到系统按照装载的程序在运行着，而且还能看到其高低电平的实时变化。如果已经观察到了结果就可以点击 "Stop" 停止运行。

四、流水灯和花样彩灯例程

（一）循环点亮 LED 灯程序

【例 1.2】 让接在单片机 P1 端口 8 个引脚上的 LED 依次逐个滚动点亮，无限循环。

1. 第一种方法：采用顺序结构语句

```c
/******************************************************************
    流水灯程序：Led_Water1.c   依次逐个点亮发光二极管程序
******************************************************************/
//==声明区======================================
#include <reg51.h>              //包含8051寄存器的头文件
void delay(void);               //声明延时函数
//==主程序======================================
void main(void)                 //主函数
{
    P1=0xff;                    //8个发光二极管初始状态不发光
    while(1)                    //无穷循环
    {
        P1=0xfe;                //第1个发光二极管发光
        delay();                //延时0.5 s
        P1=0xfd;                //第2个发光二极管发光
        delay();                //延时0.5 s
        P1=0xfb;                //第3个发光二极管发光
        delay();                //延时0.5 s
        P1=0xf7;                //第4个发光二极管发光
        delay();                //延时0.5 s
        P1=0xef;                //第5个发光二极管发光
        delay();                //延时0.5 s
        P1=0xdf;                //第6个发光二极管发光
        delay();                //延时0.5 s
        P1=0xbf;                //第7个发光二极管发光
        delay();                //延时0.5 s
        P1=0x7f;                //第8个发光二极管发光
        delay();                //延时0.5 s
    }                           //无穷循环结束
}                               //主程序结束
//==各个子程序==================================
void delay(void)                //延时函数
{
    int i,j;                    //声明变量
```

```
    for(i=0;i<500;i++)              //循环 500 次
        for(j=0;j<120;j++)          //循环 120 次
            ;                       //空语句_NOP_( );
}
```

这个程序的作用是让实验板上接在 P1 端口 8 个引脚上的 LED 依次逐个点亮,产生流水灯的效果。下面分析上述 C 语言程序中包含了哪些新的编程信息。

a. 函数的声明

C51 编译系统是由上往下编译的,如果被调函数放在主调函数之后,则应先声明,否则 C51 编译系统将无法识别。正如变量必须先声明后使用一样,函数也必须在被调用之前先声明,否则无法调用。

函数的声明可以与定义分离,函数的声明与函数的定义形式上十分相似,但是二者有着本质的不同。声明是不开辟内存的,仅仅告诉编译器要声明的部分存在,定义则需要开辟内存。函数声明由函数返回类型、函数名和形参列表组成。形参列表必须包括形参类型,但是不必对形参命名。这三个元素被称为函数原型,函数原型描述了函数的接口。定义函数的程序员提供函数原型,使用函数的程序员只需要对函数原型编辑即可。

在上述程序中,由于主函数 main( ) 在运行过程中需要用到延时函数 delay( ),所以在主函数前面需要预先对延时函数进行声明。当然,如果把延时函数定义在主函数前面,就可以不必对延时函数进行声明了。

b. 逐个点亮发光二极管

怎样点亮 8 个发光二极管呢? 由于硬件电路中 P1 端口接了 8 个发光二极管的阴极,只需要把 P1 端口需要点亮的发光二极管对应管脚送低电平 0,其他管脚送高电平 1 就可以了。

比如想点亮第一个发光二极管(对应 P1 的最低位 P1.0),可以给 P1 端口送二进制数 "11111110",对应的十六进制数为 "0xfe",这里 0x 开始的数据表示 16 进制,然后等待 0.5 s 后,再点亮第二个发光二极管,以此类推,如表 1.8 所示。

表 1.8 流水灯对应的 P1 各位数值

端口 序号	P1.7	P1.6	P1.5	P1.4	P1.3	P1.2	P1.1	P1.0	P1
				二进制数					十六进制数
0	1	1	1	1	1	1	1	0	0xfe
1	1	1	1	1	1	1	0	1	0xfd
2	1	1	1	1	1	0	1	1	0xfb
3	1	1	1	1	0	1	1	1	0xf7
4	1	1	1	0	1	1	1	1	0xef
5	1	1	0	1	1	1	1	1	0xdf
6	1	0	1	1	1	1	1	1	0xbf
7	0	1	1	1	1	1	1	1	0x7f

c. 延时函数 delay( )

实现延时通常有两种方法:一种是硬件延时,这需要用到单片机的定时器,这种方法可以提高 CPU 的工作效率,也能做到精确控制时间,这种方法将在项目三中再学习;另一种是软件延时，这种方法主要采用循环体进行。

对于短暂延时，可以在 C51 文件中通过使用带_NOP_( ) 语句的函数实现，比如延时 10 μs 的延时函数可编写如下：

void Delay10us( )
{
 NOP( );   _NOP_( );   _NOP_( );   _NOP_( );   _NOP_( );   _NOP_( );
}

注意：这里共用了 6 个_NOP_( ) 语句，每个 NOP 函数占用 1 个机器周期。

现在大多数 51 单片机工作时采用 12T 模式（即普通模式），其含义是指 1 个机器周期 = 12 个时钟周期。在 STC 单片机的 12T 模式下，1 个机器周期是 1 个振荡周期的 12 分频，如果晶振是 12 MHz，那么 1 个机器周期就是 1 μs。因此 1 个 nop 指令的执行时间也就是 1 μs。主函数调用 Delay10us( ) 时，先执行 1 个 LCALL 指令（2 μs），然后执行 6 个_NOP_( ) 语句（6 μs），最后执行 1 个 RET 指令（2 μs），所以执行这个 Delay10us( ) 函数共需要 10 μs。

我们也可以采用 for 循环以及 for 循环嵌套的方式达到粗略的长时间延时。

for 循环语句的格式是：

    for(表达式 1;表达式 2;表达式 3)
    { 语句(内部可为空语句 nop())}

其执行过程是：第一步求解表达式 1；第二步求解表达式 2，若其值为非 0 则执行 for 中语句，然后执行第三步，若其值为 0 则跳出 for 语句；第三步求解表达式 3；第四步跳到第二步重新执行，以此类推。需要注意的是，三个表达式之间必须用分号隔开。

对于本例程序中的 delay 函数采用 for 语句的循环嵌套。第一个 for 语句后面没有分号，则编译器默认第二个 for 语句就是第一个 for 语句的内部语句，而第二个 for 语句的内部语句为空（即为_NOP_( ) 空函数）。程序在执行时，第一个 for 语句 i 每加一次，第二个 for 语句便执行 120 次，因此整个嵌套循环语句便执行了 500×120 次空语句_NOP_( )，这一过程的总时间大约为 0.5 s。那么，这种 for 语句的延时时间到底有没有精确的算法呢？在 C 语言中，对这种延时语句不容易算出它的精确时间，只能依靠实际电路的时间数据加以修正。如果需要精确定时，可以利用单片机内部的定时器产生硬件定时，精度可以达到微秒级。

2. 第二种方法：模块化编程

```
/*************************************************************
   流水灯程序：Led_Water2.c    依次逐个点亮发光二极管程序
*************************************************************/
//==声明区====================================
#include <reg51.h>                    //包含 8051 寄存器的头文件
unsigned char code Table[8] =
    { 0xfe,0xfd,0xfb,0xf7,
      0xef,0xdf,0xbf,0x7f };          //声明数组
void delay(int);                      //声明延时函数
void ledshow(void);                   //声明显示函数
//==主程序====================================
```

```
void main(void)                    //主函数
{
   while(1)                        //无穷循环
       ledshow();                  //调用显示函数
}                                  //主程序结束
//==各个子程序==================================
void delay(int x)                  //延时函数
{
   int j;                          //声明变量
    while(x--)                     //循环 x 次
       for(j=0;j<120;j++)          //循环 120 次
          ;                        //空语句 _NOP_( );
}
void ledshow(void)                 //显示函数
{
   int i;                          //声明变量
   for(i=0;i<8;i++)                //循环 8 次
      {
         P1=Table[i];              //依次点亮发光二极管
         delay(500);               //调用延时函数
      }
}
```

这个程序实际上与第一种方法在思路上是一样的,只不过更符合单片机 C 语言模块化的编程思想。

a. 设置数据表格的方法——数组

这里把单片机 P1 端口要显示的数据内容定义为一维数组 Tab[8],然后在显示函数中采用 for 循环语句,依次把数组元素赋值给 P1,从而达到依次点亮发光二极管的效果。

在 C 语言中使用数组必须先进行定义。一维数组的定义方式为:

数组类型　　数组名称　[常量表达式(数组长度)];

比如: int　SEG　[10];　　//数组名为 SEG,有 10 个整型元素

对于一个数组来说,所有数组元素的数据类型应该相同;数组名不能与本程序的其他变量名同名;数组长度不能是变量,也不能是包含变量的表达式,可以是常量或常量表达式,常量表达式的解必须是整型数;允许在同一个类型说明中定义多个数组;可以在定义数组时对数组全部或部分元素赋初值,没有赋值的元素被缺省地赋值为 0。

b. 函数之间的调用

C51 程序的基本单元是函数,函数中包含了程序的可执行代码。每个 C 程序的入口和出口都位于主函数 main( )之中。main( )函数可以调用其他函数,这些函数执行完毕后又返回到 main( )函数中,main( )函数不能被别的函数所调用。通常把这些被调用的函数称为下层函数。

发生函数调用时，立即执行被调用的函数，而调用者则进入等待状态，直到被调用函数执行完毕。

在程序编写的过程中，如果函数的定义是在函数调用之前，就可以不必声明函数。读者也许会想，只要把所有函数的定义都放在函数调用之前，就可以省略声明函数这一步了。这种想法是不可取的，一个好的程序员总是在程序开头声明所有用到的函数和变量，这是为了以后便于检查。因此，好的程序书写顺序是，先声明函数，之后写主函数，然后再写那些自定义的函数。

（二）采用数组和循环结构语句设计花样彩灯程序

学习了前面的知识后，现在可以控制 P1 端口的 8 个彩色 LED 按照任意花样的要求点亮和熄灭了。比如，想让 8 个彩色 LED 按照图 1.50 所示的时序要求闪烁，应该如何编程呢？

【例 1.3】 设计一个花样彩灯程序，让接在单片机 P1 端口 8 个引脚上的 LED 按照图 1.50 要求的 16 个状态（每个状态持续 0.5 s）闪烁，无限循环。

首先根据图 1.50 所示的花样彩灯时序要求得到表 1.9 所示的对应 P1 端口数据。

表 1.9 花样彩灯对应的 P1 端口数据

序号	P1.7	P1.6	P1.5	P1.4	P1.3	P1.2	P1.1	P1.0	十六进制
0	1	1	1	0	0	1	1	1	0xe7
1	1	1	0	0	0	0	1	1	0xc3
2	1	0	0	0	0	0	0	1	0x81
3	0	0	0	0	0	0	0	0	0x00
4	1	0	0	0	0	0	0	1	0x81
5	1	1	0	0	0	0	1	1	0xc3
6	1	1	1	0	0	1	1	1	0xe7
7	1	1	1	1	1	1	1	1	0xff
8	0	1	1	1	1	1	1	0	0x7e
9	0	0	1	1	1	1	0	0	0x3c
10	0	0	0	1	1	0	0	0	0x18
11	0	0	0	0	0	0	0	0	0x00
12	0	0	0	1	1	0	0	0	0x18
13	0	0	1	1	1	1	0	0	0x3c
14	0	1	1	1	1	1	1	0	0x7e
15	1	1	1	1	1	1	1	1	0xff

```
P1.0   1110111100000001
P1.1   1100011110000011
P1.2   1000001111000111
P1.3   0000000111101111
P1.4   0000000111101111
P1.5   1000001111000111
P1.6   1100011110000011
P1.7   1110111100000001
```

图 1.50 花样彩灯的时序要求

只需要把例 1.2 的流水灯程序中的数组 Table[8] 改为 Table[16]，数组的各个元素按照表 1.9 初始化，同时把 ledshow( ) 函数里面的 for 循环改为循环 16 次就可以了。对应的程序为：

```
/*********************************************************
  花样彩灯程序：Led8_Pattern.c
*********************************************************/
//== 声明区 ===================================
#include <reg51.h>                //包含 8051 寄存器的头文件
unsigned char code Table[16] =
     {  0xe7,0xc3,0x81,0x00,
```

```
        0x81,0xc3,0xe7,0xff,
        0x7e,0x3c,0x18,0x00,
        0x18,0x3c,0x7e,0xff};              //声明数组
void delay(int);                           //声明延时函数
void ledshow(void);                        //声明显示函数
//==主程序========================================
void main(void)                            //主函数
{
    while(1)                               //无穷循环
        ledshow();                         //调用显示函数
}                                          //主程序结束
//==各个子程序====================================
void delay(int x)                          //延时函数
{
    int j;                                 //声明变量
     while(x--)                            //循环 x 次
        for(j=0;j<120;j++)                 //循环 120 次
            ;                              //空语句 _NOP_( );
}
void ledshow(void)                         //显示函数
{
     int i;                                //声明变量
    for(i=0;i<16;i++)                      //循环 16 次
    {
        P1=Table[i];                       //依次点亮发光二极管
        delay(500);                        //调用延时函数
    }
}
```

【**例 1.4**】 设计一个花样流水灯程序,让接在单片机 P1 和 P2 端口 16 个引脚上的 LED 按照给定要求的 136 个状态(每个状态持续 0.5 s)点亮,无限循环。

分析:本例电路中 LED 另一端共阳极连接 VCC,初始化时将 P1、P2 均设为 0xFF,在开始时将灯全部关闭。编程时将设计的花样状态预设在两个数组中,分别与两组 LED 对应,各数组中的每个字节对应一种显示组合,程序循环读取数组中的显示组合并送往端口,实现自定义花样的显示。由于 P1、P2 端口对应的花样数组所占空间较大,且预设后相对固定,因此存储类型均设为 code。参考程序如下:

```
/****************************************************************
  花样流水灯程序:Led16_Pattern.c  16 只 LED 分两组按预设的多种花样变换显示
****************************************************************/
//==声明区========================================
```

```c
#include<reg51.h>
#define uchar unsigned char
#define uint unsigned int
uchar code Table_P1[ ]={
0xfc,0xf9,0xf3,0xe7,0xcf,0x9f,0x3f,0x7f,0xff,0xff,0xff,0xff,0xff,0xff,0xff,
0xe7,0xdb,0xbd,0x7e,0xbd,0xdb,0xe7,0xff,0xe7,0xc3,0x81,0x00,0x81,0xc3,0xe7,0xff,
0xaa,0x55,0x18,0xff,0xf0,0x0f,0x00,0xff,0xf8,0xf1,0xe3,0xc7,0x8f,0x1f,0x3f,0x7f,
0x7f,0x3f,0x1f,0x8f,0xc7,0xe3,0xf1,0xf8,0xff,0x00,0x00,0xff,0xff,0x0f,0xf0,0xff,
0xfe,0xfd,0xfb,0xf7,0xef,0xdf,0xbf,0x7f,0xff,0xff,0xff,0xff,0xff,0xff,0xff,
0xff,0xff,0xff,0xff,0xff,0xff,0xff,0xff,0x7f,0xbf,0xdf,0xef,0xf7,0xfb,0xfd,0xfe,
0xfe,0xfc,0xf8,0xf0,0xe0,0xc0,0x80,0x00,0x00,0x00,0x00,0x00,0x00,0x00,0x00,0x00,
0x00,0x00,0x00,0x00,0x00,0x00,0x00,0x00,0x00,0x80,0xc0,0xe0,0xf0,0xf8,0xfc,0xfe,
0x00,0xff,0x00,0xff,0x00,0xff,0x00,0xff};
uchar code Table_P2[ ]={
0xff,0xff,0xff,0xff,0xff,0xff,0xff,0xfe,0xfc,0xf9,0xf3,0xe7,0xcf,0x9f,0x3f,0xff,
0xe7,0xdb,0xbd,0x7e,0xbd,0xdb,0xe7,0xff,0xe7,0xc3,0x81,0x00,0x81,0xc3,0xe7,0xff,
0xaa,0x55,0x18,0xff,0xf0,0x0f,0x00,0xff,0xf8,0xf1,0xe3,0xc7,0x8f,0x1f,0x3f,0x7f,
0x7f,0x3f,0x1f,0x8f,0xc7,0xe3,0xf1,0xf8,0xff,0x00,0x00,0xff,0xff,0x0f,0xf0,0xff,
0xff,0xff,0xff,0xff,0xff,0xff,0xff,0xff,0xfe,0xfd,0xfb,0xf7,0xef,0xdf,0xbf,0x7f,
0x7f,0xbf,0xdf,0xef,0xf7,0xfb,0xfd,0xfe,0xff,0xff,0xff,0xff,0xff,0xff,0xff,0xff,
0xff,0xff,0xff,0xff,0xff,0xff,0xff,0xfe,0xfc,0xf8,0xf0,0xe0,0xc0,0x80,0x00,
0x00,0x80,0xc0,0xe0,0xf0,0xf8,0xfc,0xfe,0xff,0xff,0xff,0xff,0xff,0xff,0xff,
0x00,0xff,0x00,0xff,0x00,0xff,0x00,0xff};
//==延时程序========================================
void delay (uint x)
{
    uchar i;
    while(x--)
    {
        for(i=0;i<120;i++);
    }
}
//==主程序========================================
void main( )
{
    uchar i;
    while(1)
    {
        for(i=0;i<136;i++)        //从数组中读取数据送至 P1 和 P2 口显示
        {
```

```
            P1=Table_P1[i];
            P2=Table_P2[i];
            delay (500);
        }
    }
}
```
完成功能后可自行调整数组内容和大小，实现自定义的花样显示。

【任务实施】

1. 实施步骤

（1）对实验设备和软件的要求如下：

① 项目任务组计算机的基本配置要求与安装 Keil C51 时相同。

② Proteus 7.5 sp3 以上版本的 Proteus 软件。

③ 给出 LED 流水灯和花样彩灯 C 源程序。

（2）通过网站 http://www.labcenter.com/ 下载最新的 Proteus 软件，在项目组计算机中安装该应用软件。

（3）建立一个工程，在 Proteus ISIS 中画出单片机最小系统和 P1 端口相连的流水灯电路。

① 建立工程文件，保存到 D 盘新建立的 project 1 路径的 Led_Water 子目录里，工程文件的名字为 Led_Water。

② 在软件中添加单片机型号，选择 AT89C52，设置此芯片的选项。

③ 依次设计单片机的电源电路、时钟电路、复位电路。

④ 8 个红、黄、绿发光二极管分别连接单片机 P1 端口的 8 个引脚，采用低电平驱动方式，设计出流水灯接口电路。

（4）对单片机装入 D 盘 project 1 下面 Led_Water 子目录里的 hex 文件。

（5）单击工具栏"开始/停止调试"按钮进行仿真，运行流水灯源程序 hex 文件，观察运行效果。

（6）载入指导老师要求的其他花样彩灯程序 hex 文件，观察运行效果。

2. 技术报告及效果评测

将流水灯、花样彩灯的仿真运行结果及故障原因分析记录下来，撰写技术报告及效果评测。

任务四　交通灯信号指示电路的设计与制作

【任务要求】

设计出在单片机最小系统电路的基础上构成的发光二极管模拟交通灯电路，并制作硬件电路和软件编程，实现由发光二极管构成的 6 个指示灯（2 组红、黄、绿）按照要求模拟十字路口交通灯进行显示。

具体任务要求如下：

（1）在单片机最小系统电路的基础上，设计一个十字路口的交通灯控制电路，由两组红、黄、绿发光二极管构成指示电路，分别模拟东西方向和南北方向两个路口的直行交通灯运行。

（2）设有一个启动按钮，按下之后进入正常工作模式。

（3）正常工作模式下东西和南北两个方向道路的"红、黄、绿"交通灯灯光变换按照表1.10所示4种状态依次循环。

表1.10 简单交通灯状态表

方向 状态	东西方向			南北方向			各方向人行道	时间
	左转	直行	右转	左转	直行	右转		
①	无	绿灯	无	无	红灯	无	无	30 s
②	无	黄灯	无	无	红灯	无	无	3 s
③	无	红灯	无	无	绿灯	无	无	24 s
④	无	红灯	无	无	黄灯	无	无	3 s

（4）合理选择电路元器件，通过学习任务相关知识或者查找资料了解所选用的电路元器件的主要性能特点及管脚排列。

（5）设计电路原理图，画出PCB版图，看懂项目指导老师给出的装配图。

（6）进行电路板安装，编写软件程序，运用Keil C51和Proteus软件进行仿真。

（7）进行交通灯电路软硬件联合调整与测试，并分析测试现象。

【相关知识】

一、单片机的输入/输出端口

51单片机有4组8位输入/输出（I/O）口：P0、P1、P2和P3口。其中，P1、P2和P3口为准双向口，P0口则为双向三态输入/输出口。这4组输入/输出口的位结构如图1.51所示。下面分别介绍。

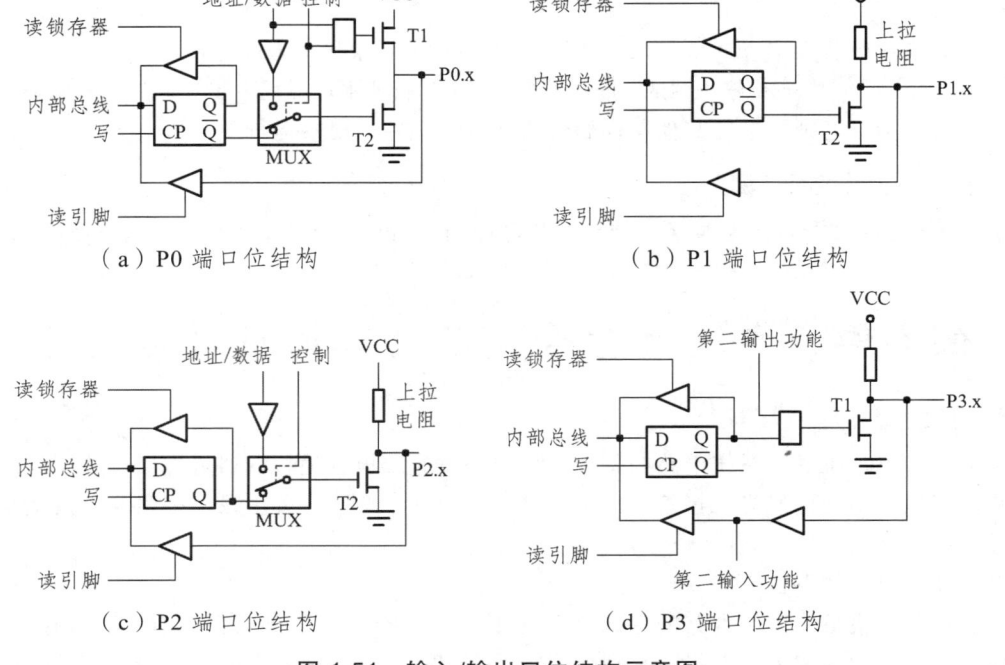

（a）P0端口位结构　　　　　　（b）P1端口位结构

（c）P2端口位结构　　　　　　（d）P3端口位结构

图1.51 输入/输出口位结构示意图

（一）P0 端口（P0.0 ~ P0.7）

P0 端口是 8 位双向三态输入/输出接口，P0 端口其中一位的电路图如图 1.51（a）所示。P0 端口既可作地址/数据总线使用，又可作通用 I/O 口用。连接外部存储器时，P0 端口一方面作为 8 位数据输入/输出口，另一方面用来输出外部存储器的低 8 位地址。作输出口时，输出漏极开路，驱动 NMOS 电路时应外接上拉电阻；作输入口之前，应先向锁存器写 1，使输出的两个场效应管均关断，引脚处于"浮空"状态，这样才能做到高阻输入，以保证输入数据的正确。正是由于该端口用作 I/O 口，输入时应先写 1，故称为准双向口。当 P0 口作地址/数据总线使用时，就不能再把它当通用 I/O 口使用。

（二）P1 端口（P1.0 ~ P1.7）

P1 端口是 8 位准双向输入/输出接口，作通用输入/输出口使用，如图 1.51（b）所示。在输出驱动部分，P1 端口有别于 P0 端口，它接有内部上拉电阻。P1 端口的每一位可以独立地定义为输入或者输出，因此，P1 端口既可以作为 8 位并行输入/输出口，又可作为 8 位各自独立的输入/输出端。CPU 既可以对 P1 端口进行字节操作，又可以进行位操作。当作输入方式时，该位的锁存器必须先预写 1。

（三）P2 端口（P2.0 ~ P2.7）

P2 端口是 8 位准双向输入/输出接口，如图 1.51（c）所示。P2 端口可作通用 I/O 口使用，当外接程序存储器时，与 P0 端口配合，P2 端口给出地址的高 8 位，此时不能作通用 I/O 口。

（四）P3 端口（P3.0 ~ P3.7）

P3 端口也是一个 8 位的准双向输入/输出接口，如图 1.51（d）所示。它具有多种功能。一方面与 P1 端口一样作为一般准双向输入/输出接口，具有字节操作和位操作两种工作方式；另一方面 8 条输入/输出线可以独立地作为串行输入/输出和其他控制信号线。

P3 端口可以用于一些特殊功能，其第二功能定义如表 1.11 所示。

表 1.11　P3 端口的第二功能

口线	第二功能	信号名称
P3.0	RXD	串行数据接收
P3.1	TXD	串行数据发送
P3.2	INT0	外部中断 0
P3.3	INT1	外部中断 1
P3.4	T0	定时/计数器 0 计数输入
P3.5	T1	定时/计数器 1 计数输入
P3.6	WR	外部数据存储器写选通
P3.7	RD	外部数据存储器读选通

（五）P0 ~ P3 端口的负载能力及接口要求

P0 端口的每一位输出可驱动 8 个 LS TTL 输入，但把它当通用口使用时，输出级是开漏电路，故用它驱动 NMOS 输入时需外接上拉电阻；把它当地址/数据总线时，则无须接外部上拉电阻。P1 ~ P3 端口的输出级接有内部上拉电阻，它们的每一位输出可驱动 4 个 LS TTL 输入。

CHMOS 端口只能提供几毫安的输出电流，故当作为输出口去驱动一个普通晶体管的基极时，应在端口与晶体管基极间串联一个电阻，以限制高电平输出时的电流。

二、按钮开关及其去抖动

（一）按钮开关的输入电路设计

开关是常用的电子元件，主要用于控制电路的切断（开路）与导通（短路）。对于单片机电路而言，开关常作为单片机的基本输入器件。普通开关接点的"闭合"表示电子接点导通，允许电流流过；开关的"断开"表示电子接点不导通，形成开路，不允许电流流过。

开关按接触类型可分为 a 型触点、b 型触点和 c 型触点三种。a 型触点开关在没有被按下时接点处于常开状态；b 型触点开关在没有被按下时接点处于常闭状态；c 型触点开关是 a 型触点和 b 型触点组合形成的开关。

电子电路中常用的开关是按钮开关，也称作轻触开关。按钮开关的特点是具有自动恢复（弹回）功能，使用时按下开关按钮就可使开关接点接通，当放开按钮时开关即断开。按钮开关是靠其内部的金属弹片受力弹动来实现通断的。

最典型的按钮开关是 Tack Switch，如图 1.52 所示。电子电路所使用的 Tack Switch 按照规格可分为 6 mm、8 mm、10 mm、12 mm 等。虽然 Tack Switch 有四个引脚，实际上其内部只有一对 a 接点，如图 1.53 所示，在尺寸图中上面两个引脚是内部连通的，而下面两个引脚也是内部连通的，上下之间则是一对 a 接点。

图 1.52　Tack Switch 按钮开关实物图

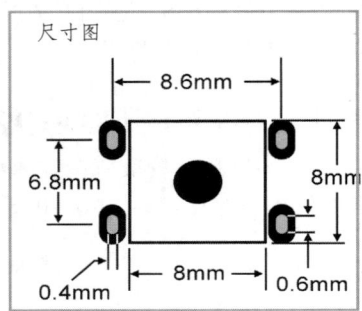

图 1.53　8 mm Tack Switch 按钮开关的尺寸示意图

设计单片机的输入电路时，一定要掌握一个原则，就是不要有输入不确定状态，所以输入端不可空接。输入端空接除了会产生不确定状态外，还可能感染噪声，使电路误动作。按钮开关作为单片机的输入时，通常会接一个合适的电阻到 VCC 或 GND，如图 1.54 所示。在图（a）中，平时按钮开关为开路状态，其中 10 kΩ 的电阻连接到 VCC，使输入引脚保持为高电平信号；若按下按钮开关，输入引脚将变为低电平信号；放开开关时，输入引脚将恢复为高电平信号，这样就可以产生一个负脉冲（前沿为下降沿）。

在图 1.54（b）中，平时按钮开关为开路状态，其中 470 Ω 的电阻连接到地，使输入引脚保持为低电平信号；若按下按钮开关，输入引脚将变为高电平信号；放开开关时，输入引脚将恢复为低电平信号，这样就可以产生一个正脉冲（前沿为上升沿）。

以上两种电路中，以第一种应用情况居多。对于单片机的 P1、P2 和 P3 口，由于其内部本身具备 30 kΩ 的上拉电阻，无须外部再连接上拉电阻，直接通过按钮开关接地即可。

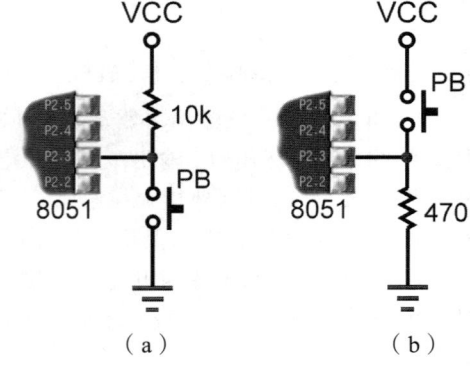

图 1.54　按钮开关的输入电路

（二）按钮开关去抖动的方法

按钮开关的连接方法虽然非常简单，但是按键被按下时，其触点电压用示波器测到的实际波形与理想波形之间是有区别的,以负脉冲为例的波形示意图如图 1.55 所示。

可以看出,实际波形在按下和释放的瞬间都有抖动现象,抖动时间的长短与按键的机械特性有关,大约为 10 ms。通常操作者手动按下按键然后立即释放,这个动作中稳定闭合的时间超过 20 ms。按键抖动会引起一次按键被误读

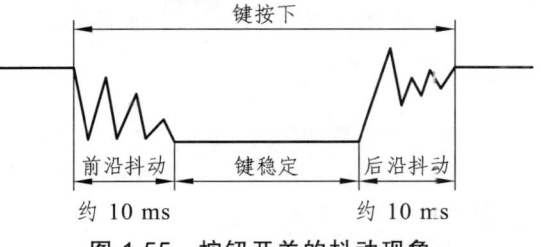

图 1.55 按钮开关的抖动现象

多次,为了确保单片机对按钮开关的一次闭合仅做一次处理,必须去除抖动,因此单片机在检测按钮开关是否按下时都要加上去抖动操作。

按键的抖动,可用硬件或软件两种方法消除。硬件方面有专用的去抖动芯片,也有专用的去抖动电路,比如,可以在按钮开关上并联一个大小合适的电容,组成简单的 RC 充放电路来抑制抖动。若抖动的时间是 10～20 ms 之间,则并联电容的大小在 2.8～5.6 μF 之间。这种电路由于电容的充放电作用,可以避免抖动对单片机输入管脚的影响,是一种实用的硬件去抖动电路。

除此之外,采用软件延时的方法也能解决抖动问题。在软件方面,想办法避开产生抖动的那 10～20 ms,即可达到去抖动的效果。方法是在检测出按键闭合后执行一个去抖动函数(即延时程序),产生 10～20 ms 的延时,当前沿抖动消失后,再一次检测按键的状态,如果仍保持闭合状态电平,则确认为有按键按下,再转入该按键的处理程序。

去抖动函数实际上就是一个延迟函数,内容如下:

```
void debouncer(void)            //去抖动函数开始
{
    int i;                      //声明整数变数 i
    for(i=0;i<1800;i++);        //计数 1800 次,延迟约 15 ms
}                               //去抖动函数结束
```

通常只响应按钮开关的前沿,而不管后沿的变化。除非要防止按住按钮不放,如果一定要等到按钮放开才要进行下一个响应处理的话,其程序应分为如下三步:

(1)按下按钮,8051 检测到第一个低电平信号时,随即调用 debouncer 函数以延迟 15 ms,这段时间程序不动作。

(2)debouncer 函数结束后,继续检测开关是否为高电平,若检测到第一个高电平,再调用 debouncer 函数以延迟 15 ms,这段时间程序不动作。

(3)debouncer 函数结束后,程序才响应该按钮所要进行的动作。

编写单片机按键检测程序时,一般在检测按下时加入去抖动延时函数,检测松手时就不用加了。

单片机检测按键的原理是:单片机的 I/O 口既可作为输出也可作为输入使用,当检测按键时用的是它的输入功能,检测时把按键一端接地,另一端与单片机的某个 I/O 口相连,开始时先给该 I/O 口置高电平,然后让单片机不断地检测该 I/O 口是否变为低电平,当按键闭合时,即相当于该 I/O 口通过按键与地相连,变成低电平,程序一旦检测到 I/O 口变为低电平则说明按键被按下,调用去抖动函数后,再执行相应的指令。

三、发光二极管及其限流电阻

(一) 发光二极管简介

发光二极管常被称为 LED。它是一种新型冷光源,也是光发射器件,能够把电能转换为光能。由于它体积小、用电省、工作电压低、抗冲击振动、寿命长、单色性好、响应速度快,因而在许多行业包括城市交通领域得到了推广应用。

目前市场上发光二极管的主要颜色有红、橙、黄、绿、蓝、白几种,此外,还有变色发光二极管,即当通过二极管的电流改变时,发光颜色也随之改变。发光二极管是由镓、砷、磷等化合物制成的。由这些材料构成的 PN 结加上正偏电压时,PN 结便以发光的形式来释放能量。光的颜色主要取决于制造所用的材料。砷化镓再加入一些磷可得红色光;磷化镓能级差距大,发射出来的光呈绿色。

发光二极管实物如图 1.56(a)所示,城市交通指示灯就是采用发光二极管构成的,如图 1.56(b)所示。

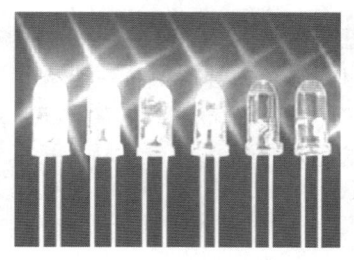
(a) LED 实物图

(b) 交通指示灯

图 1.56 发光二极管的外形及其构成的交通指示灯

未用过的发光二极管的正负极可以通过管脚的长短来判断,管脚长的是正极(阳极),管脚短的是负极(阴极);也可以借助万用表来测试判断,测试判断方法与普通二极管一样,一般正向电阻为 15 kΩ 左右,反向电阻为无穷大。

(二) 发光二极管限流电阻的计算

图 1.57(a)所示为发光二极管的图形符号。发光二极管的导通电压比普通二极管高,使用时,发光二极管应加正向电压,并接入相应的限流电阻,如图 1.57(b)所示。它正常工作的电流一般为几个毫安至几十毫安,发光二极管通过正常电流后就能发出光来。

不同颜色的发光二极管,其正向导通电压不同,红色发光二极管的工作电压最低,约 1.6~1.7 V;其次是绿色、黄色,工作电压为 1.7~1.8 V;白色的工作电压为 1.8~1.9 V;蓝色的工作电压为 2.7 V;高亮度蓝色和高亮度白色的工作电压约 3.1 V。不同大小的发光二极管,其工作电流也有所不同。对于圆形发光二极管,直径值大的电流大,一般为十几毫安到几十毫安。

对图 1.57(b)所示的应用电路,其限流电阻由以下公式确定:

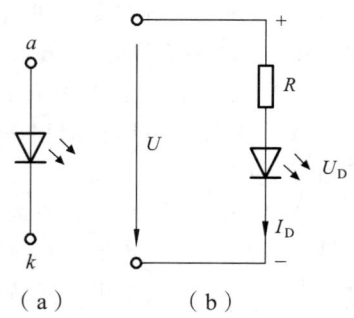

图 1.57 发光二极管的符号及应用电路

$$R = \frac{U - U_D}{I_D}$$

式中：U_D 是发光二极管的导通电压；I_D 为发光二极管的工作电流，$\phi 5$ mm 的发光二极管，其工作电流一般为 20 mA 左右。

对于电压 U 为 5 V 的电路，经理论分析计算，选择高亮度 LED 的限流电阻阻值为 100 Ω 左右（普通亮度 LED 的限流电阻可选 220 Ω）。

四、任务硬件与软件设计

（一）任务硬件电路的设计

通过对本交通灯任务要求的分析，LED 阳极连接正向电压，阴极连接 P1 端口。当 P1 端口的某个位输出 "0" 时，对应 LED 上有电压差，LED 点亮；当 P1 端口的某个位输出 '1' 时，对应 LED 上无压差，LED 熄灭。为了防止 LED 过流烧毁，需要串联限流电阻，限流电阻越小，LED 越亮，但也容易烧毁。经前面的理论分析计算，可选择限流电阻的阻值为 100 Ω。

启动按钮一端连接在 P3.2 引脚上，另一端接地。当单片机查询按钮状态时，如果按钮按下，其状态为 "0"；如果按钮未按下，其状态为 "1"。由于 P3 端口有内部上拉电阻，所以在电路中不需要外接上拉电阻。

复位采用手动复位电路，时钟采用外接 12 MHz 时钟电路。

图 1.58 所示是简单的交通灯实验电路框图。其中单片机的引脚 1→D1，引脚 2→D2，引脚 3→D3，引脚 4→D4，引脚 5→D5，引脚 6→D6，按照这个顺序进行连接然后进行试验。

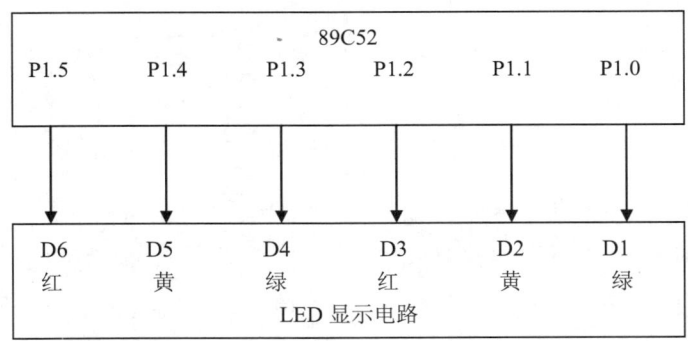

图 1.58 交通灯硬件原理框图

通过单片机的 P1 端口控制 6 个 LED 按照交通灯的变化规律循环发光，模拟十字路口（东西方向和南北方向）交通灯。实验电路中，D1、D2、D3 模拟南北方向交通灯，D4、D5、D6 模拟东西方向交通灯。通过软件编程，可使发光二极管按照设计要求的对应时序发光。

根据交通灯项目要求设计的硬件电路如图 1.59 所示。

图 1.59 中选用的元件为：STC89C52 单片机 1 片，红、黄、绿高亮度 LED 指示灯每种各 2 个，按钮开关 1 个，限流电阻以及搭建单片机基本电路所需的相应电路元件。

根据设计的电路原理图，运用 Protel 等软件可以画出对应的 PCB 印制电路板图。

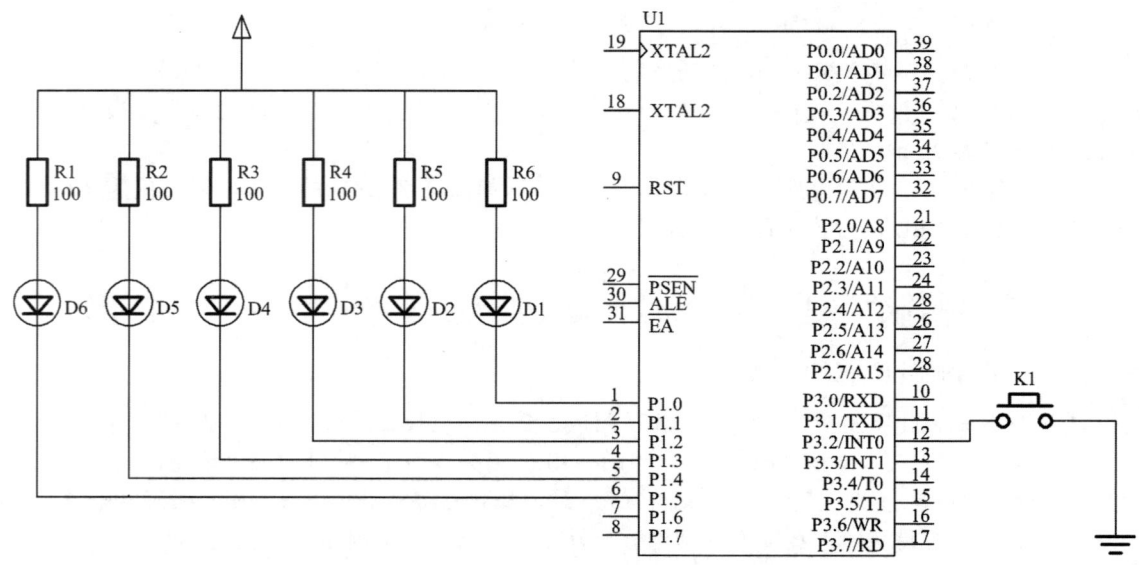

图 1.59 交通灯硬件电路原理图

(二)任务软件设计

十字路口街道示意图如图 1.60 所示。

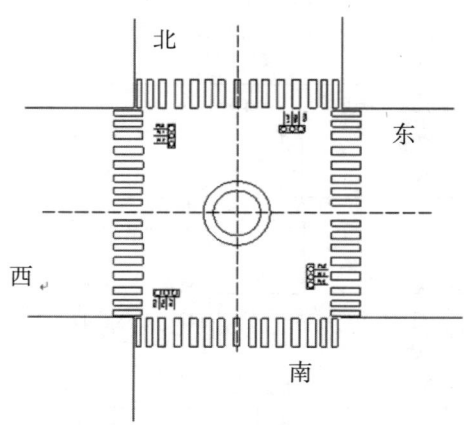

图 1.60 十字路口街道示意图

按照任务要求,根据十字路口各个方向红、黄、绿发光二极管的亮灭时间,可以画出对应的时序图,具体程序流程图与算法描述此处略。

本学习任务的参考源程序如下:

```
/*****************************************************************
    简易交通灯程序:Led_Traffic.c   交通灯发光二极管的简单程序
*****************************************************************/
//==声明区==========================================
#include   <reg51.h>                         //包含51单片机头文件
sbit K1=P3^2;                                //声明按钮开关的位置
```

```c
char code TAB[]={ 0xf3,0xeb,0xde,0xdd};            //声明显示信号数组
int code TIME[]={30000,3000,24000,3000};           //声明显示时间数组
void delay(int);                                   //声明延时函数
void norm();                                       //声明普通模式函数
//==主程序======================================
void main()                                        //主函数
{
    P1=0xff;                                       //关闭所有 LED
    while(1)                                       //无穷循环
    {
     if(K1==0)                                     //判断启动按钮是否按下
       {
          delay(20);                               //调用去抖动函数
          while(K1==0);                            //等待松开启动按钮
           norm();                                 //调用普通模式函数
        }
     }
}                                                  //主程序结束
//==各个子程序==================================
void norm()                                        //普通模式函数
{
    char i;                                        //声明变量
    for(i=0;i<4;i++)                               //循环 4 次
    {
      P1=TAB[i];                                   //点亮对应的发光二极管
      delay(TIME[i]);                              //显示保持一段时间
    }
}
void delay(int x)                                  //延时函数
{
    char i;                                        //声明变量
     while(x--)                                    //循环 x 次
        for(i=0;i<120;i++)                         //循环 120 次
         ;                                         //空语句 _NOP_( );
}
```

本参考程序第 1 行的作用为包含 Keil C51 的头文件 reg51.h。在 Keil 软件中，可以将鼠标移动到 reg51.h 上，单击右键，选择 "Open document <reg51.h>"，即可打开该头文件。以后若需打开项目中的其他头文件，可以采用这种方式，也可以手动定位到头文件所在的文件夹，在 Keil C51 安装路径里打开 reg51.h 即可看到这样的内容：

```c
/*-------------------------------------------------------------------------
REG51.H
Header file for generic 80C51 and 80C31 microcontroller.
Copyright (c)1988-2002 Keil Elektronik GmbH and Keil Software,Inc.
All rights reserved.
--------------------------------------------------------------------------*/
#ifndef __REG51_H__
#define __REG51_H__

/*  BYTE Register  */
sfr P0   = 0x80;
sfr P1   = 0x90;
sfr P2   = 0xA0;
sfr P3   = 0xB0;
sfr PSW  = 0xD0;
sfr ACC  = 0xE0;
sfr B    = 0xF0;
sfr SP   = 0x81;
sfr DPL  = 0x82;
sfr DPH  = 0x83;
sfr PCON = 0x87;
sfr TCON = 0x88;
sfr TMOD = 0x89;
sfr TL0  = 0x8A;
sfr TL1  = 0x8B;
sfr TH0  = 0x8C;
sfr TH1  = 0x8D;
sfr IE   = 0xA8;
sfr IP   = 0xB8;
sfr SCON = 0x98;
sfr SBUF = 0x99;

/*  BIT Register  */
/*  PSW  */
sbit CY  = 0xD7;
sbit AC  = 0xD6;
sbit F0  = 0xD5;
sbit RS1 = 0xD4;
sbit RS0 = 0xD3;
sbit OV  = 0xD2;
```

```c
sbit P     = 0xD0;

/*   TCON   */
sbit TF1   = 0x8F;
sbit TR1   = 0x8E;
sbit TF0   = 0x8D;
sbit TR0   = 0x8C;
sbit IE1   = 0x8B;
sbit IT1   = 0x8A;
sbit IE0   = 0x89;
sbit IT0   = 0x88;

/*   IE   */
sbit EA    = 0xAF;
sbit ES    = 0xAC;
sbit ET1   = 0xAB;
sbit EX1   = 0xAA;
sbit ET0   = 0xA9;
sbit EX0   = 0xA8;

/*   IP   */
sbit PS    = 0xBC;
sbit PT1   = 0xBB;
sbit PX1   = 0xBA;
sbit PT0   = 0xB9;
sbit PX0   = 0xB8;

/*   P3   */
sbit RD    = 0xB7;
sbit WR    = 0xB6;
sbit T1    = 0xB5;
sbit T0    = 0xB4;
sbit INT1  = 0xB3;
sbit INT0  = 0xB2;
sbit TXD   = 0xB1;
sbit RXD   = 0xB0;

/*   SCON   */
sbit SM0   = 0x9F;
sbit SM1   = 0x9E;
sbit SM2   = 0x9D;
```

```
sbit REN   = 0x9C;
sbit TB8   = 0x9B;
sbit RB8   = 0x9A;
sbit TI    = 0x99;
sbit RI    = 0x98;

#endif
```

很多初学单片机的同学往往对 C51 的头文件感到很神秘,甚至会问 P1 端口的 P 为什么要大写,不大写行不行? 其实这个是在头文件中用 sfr 定义的,比如"sfr P1 = 0x90;",也就是说,到底大写还是小写,是在这里决定的。这就说明,如果你要用小写,就得在头文件中改为小写。其实都是为了编程序方便才这样定义的,在程序编译时,就会变成相应的地址(如 P1 就变成了 0x90)。

熟悉 80C51 内部结构的读者不难看出, reg51.h 里都是一些符号的定义, 即规定符号名与地址的对应关系。注意其中有这样的一行(上文中用黑体表示):

sfr   P1=0x90;

即定义 P1 只与数据存储器地址 0x90 对应, P1 口的地址就是 0x90(0x90 是 C 语言中十六进制数的写法, 相当于汇编语言中的 90H)。

从这里还可以看到一个频繁出现的词:sfr。sfr 不是标准 C 语言的关键字,而是 Keil C51 软件为能直接访问 80C51 中的 SFR 而提供了一个新的关键词,其用法是:

sfr   变量名=地址值;

头文件 reg51.h 一般是安装在 C:/KEIL/C51/INC 下, INC 文件夹根目录里有不少头文件,并且还有很多以公司分类的文件夹,里面都是相关产品的头文件。当然,如果要使用自己写的头文件,使用的时候只需把对应头文件拷贝到 INC 文件夹里就可以了。

还有一点就是,现在有很多改进型的单片机,它们有很多新增的特殊功能寄存器在标准的 reg51.h 或 reg52.h 中没有定义,这就需要读者自己加进头文件(相关厂家已经把它们定义好了),当然也可以直接在程序声明区中定义添加。

【任务实施】

1. 实施步骤

(1)单片机芯片的选择:根据本任务的需要,这里推荐选择的芯片型号是 DIP40 封装的 STC89C52RC。

(2)各部分电路的设计:

① 按钮开关电路的设计:要求按钮开关接在单片机的 P3.2 管脚。由于单片机的 P3 端口内部具备 30 kΩ 的上拉电阻,无须外部再连接上拉电阻,直接通过按钮开关接地即可。

② 发光二极管显示电路的设计:这里要求发光二极管连接单片机的 P1.0 ~ P1.5 引脚,发光二极管采用 ϕ5 mm 的高亮度发光二极管,工作电压 1.8 ~ 2.1 V,工作电流 15 ~ 25 mA,合理选择限流电阻的阻值,确定所选用的电路元器件。驱动 LED 可分为低电平点亮和高电平点亮两种。由于 P1 ~ P3 端口的内部上拉电阻为 30 kΩ,属于弱上拉,因此 P1 ~ P3 端口输出的高电平电流很小(不足 1 mA)。而低电平时,可吸收 1.6 ~ 30 mA 的灌电流,因此采用低电平驱动方式。

(3)设计电路原理图:设计的参考电路如图 1.59 所示。

(4)画出相应的 PCB 图:使用相应的电路图绘制工具 Altium Designer 或者 Protel 99SE 等

软件画出相应的 PCB 图。

（5）编写软件，并进行软件仿真。软件程序可以参考本任务的软件设计部分。

（6）制作组装 51 单片机控制的简易交通指示灯系统主板：

① 根据指导老师发放的焊接装配图，参考任务小组设计的发光二极管交通指示灯电路图，领取相应元器件并熟记元器件的参数和引脚排列，然后通过工具测试元器件的性能是否满足需要。

② 工具准备：电烙铁、焊锡丝、金属镊子、尖嘴钳、斜口钳、吸锡器等焊接工具，万用表、示波器、直流稳压电源等测试工具。

③ 按照制作工艺要求安装元器件并焊接，步骤如下：

·在给出的开发实验板上安装单片机 P3.2 引脚控制的按钮开关 K1 并焊接。

·按焊接图插入单片机 P1.0～P1.5 引脚控制的 6 个发光二极管元器件 D1～D6 并焊接。

·按焊接图插入限流电阻排并焊接。

（7）把编写的程序下载烧写到单片机芯片中，进行软、硬件联合调试。

（8）观察程序下载后的实验现象，如有故障测试电路板。

2. 技术报告及评测

将测试点、测试结果及故障原因分析记录下来。任务完成后撰写技术报告及效果评测。

☆ 项目实践

1. 项目要求

设计一个在单片机最小系统电路基础上构成的 LED 模拟交通信号指示灯电路，并在实验板上装配出硬件电路，进行软件编程和下载调试，实现由发光二极管构成的 7 组指示灯（每组都有红、黄、绿 3 个发光二极管）按照要求模拟十字路口交通灯进行显示。

具体任务要求如下：

（1）在单片机最小系统电路的基础上，设计一个十字路口的交通灯控制电路，由 7 组红、黄、绿发光二极管构成显示电路，分别模拟南北方向和东西方向路口的左转、直行、右转交通灯指示以及人行横道的交通灯指示。

（2）具有 2 个控制按钮，功能分别为：按钮 1 是正常模式启动按钮，按下之后进入正常工作模式；按钮 2 是夜间模式工作按钮，按下之后各个方向上的黄灯一直闪烁（0.5 s 亮，0.5 s 灭），再次按下按钮 1 后重新进入正常模式。

（3）每次绿灯变为红灯前，要求黄灯先亮 3 s 才能变换，以免造成交通安全隐患。

（4）正常模式下各条道路的红、黄、绿灯光变换按照表 1.1 要求的 10 种状态进行切换。

（5）合理选择电路元器件，通过前面任务知识的学习或者查找资料了解所选用的电路元器件的主要性能特点及管脚排列。

（6）设计电路原理图，画出 PCB 版图，看懂项目指导老师给出的装配图。

（7）进行电路板安装，编写软件程序，运用 Keil C51 和 Proteus 软件进行仿真。

（8）进行交通灯电路软、硬件联合调整与测试，并分析测试现象。

（9）编写电路装配的工艺流程说明，调整测试记录，测试结果分析等。

2. 实施步骤

（1）单片机芯片的选择：根据本实践任务的需要，建议选择的 51 单片机的型号是 DIP40

封装的 STC89C52RC 或其他替代芯片。

（2）各部分电路的设计：

① 按钮开关电路的设计：要求 2 个按钮开关分别接在单片机的 P3.2 和 P3.3 管脚，其中按钮 1 为正常模式启动按钮，接单片机的 P3.2 管脚；按钮 2 为夜间模式工作按钮，接单片机的 P3.3 管脚。由于单片机的 P3 端口内部具备 30 kΩ 的上拉电阻，直接通过按钮开关接地即可。

② 发光二极管显示电路的设计：该电路可以在图 1.59 基础上再加 5 组 LED 实现。

（3）画出相应的 PCB 图：使用相应的电路图绘制工具画出相应的 PCB 图。

（4）编写软件，并进行软件仿真：

① 运用 Keil 建立一个工程，将编好的程序添加到工程中进行调试并产生 hex 文件。

② 进行仿真，将 Keil 生成的 hex 文件在 Proteus 中载入 51 单片机芯片，进行仿真。

（5）根据设计的单片机控制系统，选用相应的元器件并测试元器件。

（6）把编写的程序下载烧写到单片机芯片中，进行软、硬件联合调试。

3. 结果评估

以项目组为单位展示在实验板上制作的单片机控制发光二极管模拟交通信号灯显示的电路，并对该电路上电模拟演示及现场介绍功能，测试电路板，将测试点、测试结果及故障原因分析记录下来。

在项目完成后，提交相关的技术文档及工艺文档，包含：项目功能说明或方案选择报告，产品电路原理图，元器件及材料清单，电路板电路布局图，电路装配工艺流程说明，调整测试记录，测试结果分析，现场介绍所需的幻灯演示文稿。

所有文档按国家标准制作，经项目指导老师审核后进行统一评估。

☆ 练习与思考

1. 单选题

（1）3D.0AH 转换成二进制数是（　　）。

  A．111101.0000101B   B．111100.0000101B

  C．111101.101B   D．111100.101B

（2）73.8 转换成十六进制数是（　　）。

  A．94.8H B．49.8H C．111H D．49H

（3）Intel 公司的 8051 芯片是（　　）位的单片机。

  A．16 B．4 C．8 D．准 16

（4）在 DIP40 封装的 8×51 芯片中，复位 RESET 引脚的编号是第（　　）脚。

  A．9 B．19 C．29 D．39

（5）89S51 的内部程序存储器与数据存储器的容量各为（　　）。

  A．64 KB　128 B   B．4 KB　64 KB

  C．4 KB　128 B   D．8 KB　256 B

（6）在 DIP40 封装的 8051 芯片里，接地引脚与电源引脚的编号是（　　）。

  A．1、21 B．11、31 C．20、40 D．19、39

（7）在 51 单片机的 4 个 I/O 口中，（　　）端口内部没有上拉电阻。
   A．P0　　　　　B．P1　　　　　C．P2　　　　　D．P3
（8）下列（　　）引脚控制单片机使用外部还是内部程序存储器。
   A．XTAL1　　　B．$\overline{EA}$　　　　C．ALE　　　　D．RXD
（9）8051 单片机若晶振频率为 $f_{osc} = 12\,MHz$，则一个机器周期等于（　　）μs。
   A．1/12　　　　B．1/2　　　　C．1　　　　　D．2
（10）当 51 单片机晶振频率为 6 MHz 时，则一个机器周期的时间是（　　）。
   A．0.5 μs　　　B．1 μs　　　　C．2 μs　　　　D．4 μs
（11）MCS-51 的 RST 引脚上保持（　　）个机器周期以上的高电平时，即发生复位。
   A．1　　　　　B．2　　　　　C．3　　　　　D．4
（12）51 单片机中，若使用频率为 6 MHz 的晶振，则复位信号持续的时间应超过（　　）才能完成复位操作。
   A．1 μs　　　　B．2 μs　　　　C．4 μs　　　　D．8 μs
（13）MCS-51 单片机有（　　）根 I/O 线。
   A．32　　　　　B．24　　　　　C．16　　　　　D．8
（14）单片机 8051 的 XTAL1 和 XTAL2 引脚是（　　）引脚。
   A．外接定时器　B．外接串行口　C．外接中断　　D．外接晶振
（15）下列（　　）是 89S51 比 89C51 多出的功能。
   A．存储器加倍　　　　　　　　　B．具有 WDT 功能
   C．多一个 8 位输入/输出端口　　 D．多一个串行口
（16）我们编写的单片机程序一般存放在单片机的（　　）里面。
   A．RAM　　　　B．ROM　　　　C．寄存器　　　D．CPU
（17）单片机能直接运行的程序叫（　　）。
   A．源程序　　　B．汇编程序　　C．目标程序　　D．编译程序
（18）下列（　　）软件同时提供 8051 汇编语言及 C 语言的编译器。
   A．Keil μVision 4　B．Java C++　C．Delphi　　　D．Visual C++
（19）8051 单片机的（　　）端口的引脚还具有外部中断、串行通信等第二功能。
   A．P0　　　　　B．P1　　　　　C．P2　　　　　D．P3
（20）下列（　　）不是 Keil C51 的数据类型。
   A．void　　　　B．string　　　C．float　　　　D．char

2．简答题

（1）我们学习单片机为什么要从 51 单片机开始呢？
（2）试简述 51 单片机的基本内部结构。
（3）试简述 51 单片机所使用的存储器可分为哪两大类，它们的用途分别是什么。
（4）试简述单片机与一般微型计算机的不同以及单片机有何优点。
（5）试说明 40 引脚的双列直插式 8051 单片机各个引脚的名称与功能。
（6）单片机上电后没有正常运转，一般依照什么顺序先后检查哪些部分？
（7）已知 51 单片机系统外接晶体振荡器的振荡频率为 12 MHz，请计算该单片机的一个机器周期是多少？

（8）在 Keil C51 程序里如何注释？

（9）简述 STC 单片机应用串口下载程序的步骤。

（10）试说明按钮开关的去抖动方法。

3. 设计题

（1）试设计一个能让 51 单片机正常工作的基本电路。

（2）试编写一个约 1 s 的延时函数。

（3）用 51 单片机的 P1 端口控制 8 个发光二极管按照顺序轮流点亮，试画出 51 单片机与外设的连接图并编程实现该功能。

（4）使用单只发光二极管接在 51 单片机的 P1.0 引脚，以 1 s 为时间间隔进行闪烁（即亮 1 s，灭 1 s，进行循环），设计电路原理图并写出 C 语言源程序。

（5）在本项目中，若想对交通灯增加一个功能：当有紧急车辆通过时，所有灯亮红灯，当紧急车辆通过后重新恢复原有正常显示模式。请在原电路的基础上增加一个紧急按钮并进行软件编程实现此功能。

（6）在学校附近的一个十字交通路口，观察各个交通灯切换的设置时间，设计出切换的各个状态图，并在实验板上通过软件编程模拟实现此功能。

项目二　数码管显示音乐盒电路的设计与制作

★ 项目描述

LED 数码管是单片机控制系统中最常见的显示器件之一，一般用来显示处理结果或输出信号的数字状态。由于数码管显示是单片机控制电路中比较常见的人机交互环节，因此数码管的显示驱动是单片机应用系统中的重要研究内容。将数码管每个 LED 指示段对应单片机的一个 I/O 引脚，通过改变单片机 I/O 引脚输出的高低电平来控制对应 LED 段码的亮和灭，由于 I/O 口之间互相独立，因此可以用 I/O 口直接控制 LED 数码管的显示内容。动态显示是将多位数码管的每个相同段码引脚连接在一起，然后接单片机的任意一个 8 位输出端口，将各位数码管的公共端分别送至单片机的 I/O 口进行位选通，用单片机的引脚作为位选输出，经三极管放大后驱动数码管，从而实现数码管的动态显示。

本项目所设计的数码管显示音乐盒电路是以单片机最小应用系统为基础电路，以数码管作为时间显示元件，以蜂鸣器作为发声元件，并由数码管显示播放歌曲的序号，用 I/O 口产生一定频率的方波，驱动蜂鸣器发出不同的音调，从而实现音乐盒的效果。

★ 项目分析

1. 工作任务

设计一个由 51 单片机控制的数码管显示音乐盒电路，制作硬件电路并进行软件编程，实现数码管显示和蜂鸣器发声构成的音乐盒电路。

2. 项目任务和要求

（1）设计一个数码管显示音乐盒电路，由单片机最小系统电路扩展得到七段数码管显示和蜂鸣器音乐电路。

（2）合理选择电路元器件，了解所选用的电路元器件的主要性能特点及管脚排列。

（3）设计电路原理图，画出 PCB 版图，进行软件编程。

（4）按照给出的电路装配图进行电路安装。

（5）进行电路软、硬件联合调试与检测，并分析测试现象。

（6）将实验板上装配的数码管显示音乐盒电路上电模拟演示，并现场介绍功能。

★ 项目分解与实施

根据以上对项目的分析，依据循序渐进的原则，从实现对单片机控制数码管单个静态显示开始，到多位数码管的动态显示，能用按钮控制蜂鸣器发出音乐，最后实现数码管显示音乐盒电路的设计与制作。

因此，按照先简单、后复杂的顺序对本项目进行分解，包括以下四个学习任务：

（1）单个数码管静态显示电路的设计与制作。
（2）多位数码管动态显示电路的设计与制作。
（3）按钮控制蜂鸣器音乐电路的设计与制作。
（4）数码管显示音乐盒电路的设计与制作。

任务一　单个数码管静态显示电路的设计与制作

【任务要求】

根据 51 单片机的最小系统电路构成，结合七段数码管驱动电路的特点，设计与制作出 51 单片机对单个七段数码管的驱动电路，运用单片机的相关理论知识，编写单片机控制单个七段数码管进行 9 s 倒计时显示的程序，使用 Keil C51 和 Proteus 仿真软件进行电路的软、硬件调试与检测。

具体任务要求如下：
（1）用 51 单片机控制 1 位七段数码管进行 9 s 倒计时显示。
（2）选出适合本学习任务的七段数码管驱动元件以及其他元器件。
（3）根据设计要求，设计出单片机对单个七段数码管的驱动电路。
（4）编写单片机对单个七段数码管的显示程序。
（5）使用 Keil C51 和 Proteus 仿真软件进行软、硬件联合调试和实际电路调试、检测。

【相关知识】

一、数码管的显示原理及驱动电路

（一）数码管的显示原理

先来看几种常见的 LED 数码管图片。图 2.1 所示分别为 1 位数码管、2 位数码管和 4 位数码管实物图，图中这几种数码管右下方都有一个小数点。除此之外也有右下角不带点的数码管，还有"米"字数码管等。

  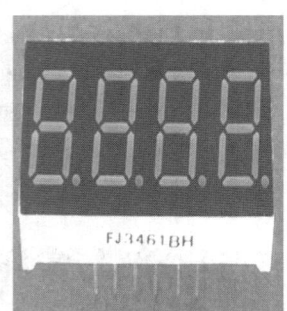

图 2.1　1 位数码管、2 位数码管、4 位数码管实物图

不论哪种数码管，它们的显示原理是一样的，都是靠点亮内部的 LED 发光二极管来发光，因此常称为 LED 数码管。下面介绍 LED 数码管是如何亮起来并显示不同字符的。

LED 数码管实际上是由内部七个发光二极管组成 8 字形构成的，如果加上小数点就是 8 个。每个发光二极管成为数码管显示的一个段，一般习惯地把它们统称为七段数码管。当数码管特定的段加上合适的正向电压后，这些特定的段就会发光，就形成人们眼睛看到的数码管所显示的字符了。这些段分别由字母 a、b、c、d、e、f、g、dp（或 A、B、C、D、E、F、G、DP）来表示，LED 数码管各个段的名称定义和封装尺寸如图 2.2 所示。

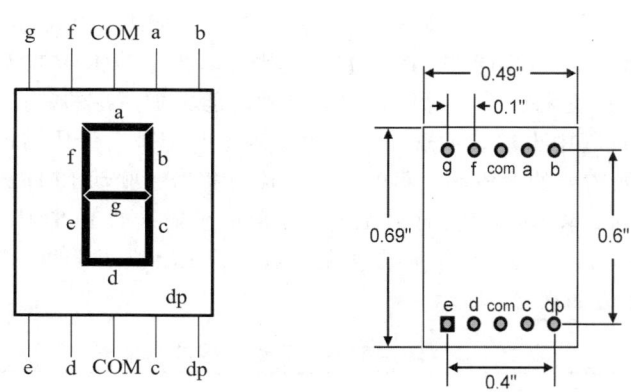

图 2.2　LED 数码管各个段的定义和封装尺寸

比如，需要数码管显示一个字符"2"，则应当是 a、b、d、e、g 亮，而 c、f、dp 不亮。LED 数码管有普通亮度和高亮度之分，也有 0.5 寸、1 寸等不同的尺寸之分。小尺寸数码管的显示段常由 1 个发光二极管组成，而大尺寸的数码管显示段常由 2 个或多个发光二极管组成。一般情况下，单个发光二极管的管压降为 1.8 V 左右，电流不超过 30 mA。发光二极管的阳极一起连接到电源正极的数码管称为共阳数码管，发光二极管的阴极一起连接到电源负极的数码管称为共阴数码管。常用 LED 数码管显示的数字和字符是 0、1、2、3、4、5、6、7、8、9、A、B、C、D、E、F。

在常用的数码管模块中，1 位数码管的封装引脚是 10 个，显示一个 8 字需要 7 个小段，另外还有一个小数点，所以其内部一共由 8 个发光二极管组成，最后还有一个公共端 com，生产商为了封装统一，1 位数码管都封装为 10 个引脚，其中第 3 和第 8 引脚是接在一起的。

数码管的公共端可分为共阳极和共阴极。对共阴极数码管来说，它的 8 个发光二极管的阴极在数码管内部是全部连接在一起的，所以称为"共阴"，而它们的阳极是独立的。通常在设计电路时一般把阴极接地，因此，当给数码管的任何一个阳极提供一个合适的高电平时，对应的这个发光二极管段就被点亮了。

如果想要共阴极数码管显示出一个"8"字，并且把右下角的小数点也点亮的话，可以给 8 个段码的阳极全部送高电平；如果想让它显示出一个"0"字，那么除了给"g"、"dp"这两个段码送低电平外，其余段码全部送高电平，这样它就显示出"0"字了。想让它显示哪部分，就给相对应的发光二极管送高电平，因此，在显示数字的时候首先做的就是给 0~9 十个数字编码，需要数码管亮什么数字就直接把相应编码送到它的阳极就行了。数码管内部的发光二极管点亮时，至少需要 5 mA 以上的电流，但电流不可过大，否则会烧毁发光二极管。由于单片机的 I/O 口作为输出口时送不出如此大的电流（只有 10~50 μA），所以共阴极数码管与单片机连接时需要考虑驱动问题，可以用上拉电阻的方法或使用专门的数码管驱动电路。

共阳极数码管内部 8 个发光二极管的所有阳极是全部连接在一起的。电路连接时，公共端接高电平，因此要点亮那个发光管，就需要给该发光管的阴极送低电平，此时显示数字的编码与共阴极编码刚好是相反的关系。

（二）数码管的驱动电路

1. 专用驱动芯片

在数字电路中，七段 LED 数码管一般是在译码驱动电路的驱动下工作的，七段数码管使用时应当配用相应的译码驱动器。常用的译码驱动器有 74LS247（配共阳极数码管）、74HC4511（配共阴极数码管）等。下面只介绍共阴极数码管对应的译码驱动芯片 74HC4511（或者 CD4511）。

集成芯片 74HC4511 是将锁存、译码、驱动三种功能集于一身的"三合一"器件。锁存器的作用是避免在计数过程中出现跳数现象，以便于观察和记录。译码器的作用是将 4 位 BCD 码转换成数码管显示所需要的七段码，再经过大电流反相器，驱动 LED 数码管（共阴极）。译码器属于非时序电路，其输出状态与时钟无关，仅取决于输入的 BCD 码。显示时利用该器件的七段码输出端 a、b、c、d、e、f、g 可直接驱动数码管 LED（共阴极）。

74HC4511 的功能表如表 2.1 所示。

表 2.1 74HC4511 译码驱动器的功能表

显示	输入							输出						
	$\overline{LT}$	$\overline{BI}$	$\overline{LE}$	D	C	B	A	a	b	c	d	e	f	g
8	0	×	×	×	×	×	×	1	1	1	1	1	1	1
空白	1	0	×	×	×	×	×	0	0	0	0	0	0	0
0	1	1	0	0	0	0	0	1	1	1	1	1	1	0
1	1	1	0	0	0	0	1	0	1	1	0	0	0	0
2	1	1	0	0	0	1	0	1	1	0	1	1	0	1
3	1	1	0	0	0	1	1	1	1	1	1	0	0	1
4	1	1	0	0	1	0	0	0	1	1	0	0	1	1
5	1	1	0	0	1	0	1	1	0	1	1	0	1	1
6	1	1	0	0	1	1	0	0	0	1	1	1	1	1
7	1	1	0	0	1	1	1	1	1	1	0	0	0	0
8	1	1	0	1	0	0	0	1	1	1	1	1	1	1
9	1	1	0	1	0	0	1	1	1	1	0	0	1	1
空白	1	1	0	1	0	1	0	0	0	0	0	0	0	0
空白	1	1	0	1	0	1	1	0	0	0	0	0	0	0
空白	1	1	0	1	1	0	0	0	0	0	0	0	0	0
空白	1	1	0	1	1	0	1	0	0	0	0	0	0	0
空白	1	1	0	1	1	1	0	0	0	0	0	0	0	0
空白	1	1	0	1	1	1	1	0	0	0	0	0	0	0
与输出相同	1	1	1	×	×	×	×	决定于 $\overline{LE}$ 变高电平前的输入状态						

2. 三极管驱动电路

如图 2.3（a）所示，对于单个共阳极七段数码管，可以把它的共阳极公共端 com 接 VCC，然后将每个阴极引脚各接 1 个限流电阻，限流电阻可选 100～330 Ω 之间的阻值。电阻值越大，亮度越弱；电阻值越小，亮度越亮。如果采用图 2.3（b）所示的接法，在 com 端只使用一个限流电阻,则显示不同的数字时,将会有不同的亮度,这样并不妥当。

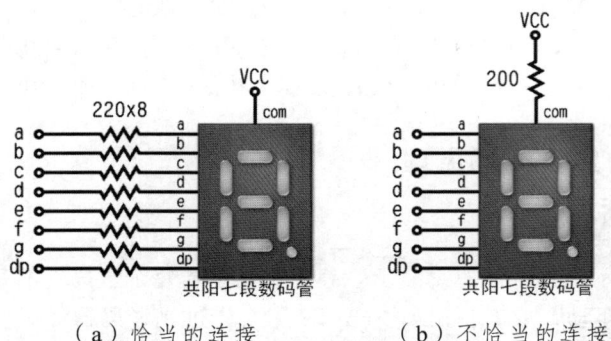

（a）恰当的连接　　　　　　（b）不恰当的连接

图 2.3　共阳极数码管的连接方法

对于单个共阴极七段数码管,如果把它的共阴极公共端 com 接 GND,然后将每个阳极引脚各接 1 个限流电阻,再接到单片机的 8 个 I/O 引脚,这种接法将会使七段数码管显示字符的亮度不足。因为单片机 I/O 引脚的输出方式为强下拉/弱上拉,而高电平输出电流很小,所以数码管会很暗,因此需要通过驱动电路进行电流的放大。

数码管的驱动电路可以采用三极管驱动,也可以用带负载能力比较强的 TTL 型 OC 门电路及 74HC 系列或专用的 CD4000 系列的驱动电路直接驱动。在单片机控制数码管电路中,较常见的驱动方法是采用便宜又实用的三极管驱动。

图 2.5 给出了单片机控制 LED 数码管的两种常见驱动电路。图 2.4（a）为共阳极数码管的驱动电路,图中单片机的 I/O 口（如果使用 P0 端口,还需要加上拉电阻,建议使用 P2 端口）接一个 1~2 kΩ 的限流电阻,然后接 PNP 型三极管的基极,三极管的发射极接 VCC,集电极接数码管的公共端 com。数码管的段码输出端（a、b、c、d、e、f、g、dp）每个都接一个 100~470 Ω 的电阻（每个段的电阻值要相同,以免产生亮度不同的现象）,然后再接单片机 I/O 口（比如 P0、P1 或 P3 端口,一般为加过上拉电阻后的 P0 端口）。PNP 型三极管一般采用中小功率三极管 8550（其他中小功率的 PNP 管也行）。

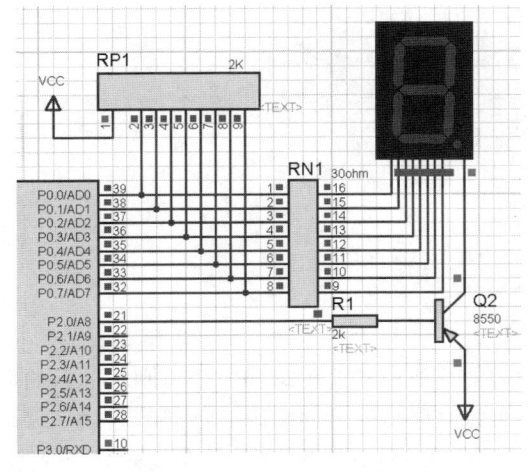

（a）共阳极数码管的驱动电路

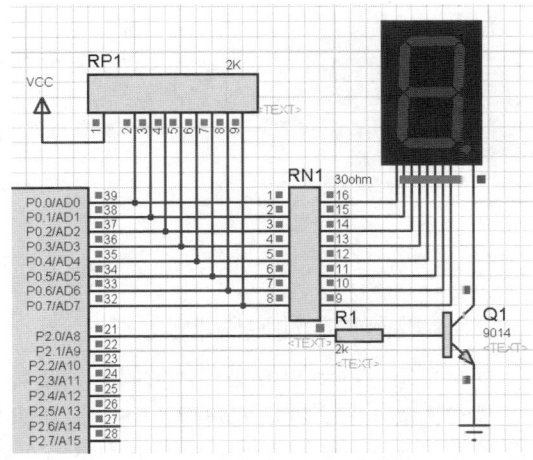

（b）共阴极数码管的驱动电路

图 2.4　三极管驱动数码管电路

图 2.4（b）为共阴极数码管的驱动电路，图中单片机的 I/O 口接一个 1～2 kΩ 的限流电阻，然后接 NPN 型三极管的基极，三极管的发射极接 GND，集电极接数码管的公共端 com。数码管的段码输出端（a、b、c、d、e、f、g、dp）每个都接一个 100～470 Ω 的电阻，然后再接单片机 I/O 口。NPN 型三极管一般采用三极管 9014（其他中小功率的 NPN 管也行）。

二、数码管的显示编码原理

（一）数码管的静态显示

数码管的静态显示也称静态驱动显示。静态驱动是指每个数码管的每一个段码都由一个单片机的 I/O 端口进行驱动，或者使用如 BCD 码、二-十进制译码器译码进行驱动。静态驱动的优点是编程简单，显示亮度高；缺点是占用 I/O 端口较多。采用静态显示的方法要想驱动 5 个数码管的段码则需要 5×8 = 40 根 I/O 引脚来驱动，要知道，一个 51 单片机可用的 I/O 引脚才 32 个。因此实际应用时必须增加译码驱动器进行驱动，这就增加了硬件电路的复杂性。

当多位数码管应用于某一系统时，它们的"位选"是可独立控制的，而"段选"是连接在一起的，我们可以通过位选信号控制哪几个数码管亮，而在同一时刻，因为它们的段选是连接在一起的，所以送入所有数码管的段选信号都是相同的，那么它们显示的数字也必定一样，数码管的这种显示方法叫做静态显示。

下面用 C 语言写一个简单的程序，先让一个共阴极数码管显示一个"8"字。假定单片机的 P0 端口接共阴极数码管的 8 个段码，P2.0 引脚通过 NPN 三极管驱动数码管的公共端 com。在操作时，可以将数据从单片机的 P0 口直接送出到数码管的 8 个段码管脚。由于数码管为共阴极，所以 com 选通时为低电平，位选（公共端 com）关闭时为高电平。位选确定后，再确定段选，要显示"8"，那么只有 dp 段为 0，其余段都为 1，所以接着应该将 P0 的数据输出端再送一个 0x7F（二进制为 0111 1111）。程序代码如下：

```
#include <reg51.h>         //包含51系列单片机头文件
sbit wei=P2^0;             //声明位选接 P2.0 引脚
void main( )               //主程序开始
{
    while(1)               //无穷循环
    {
        wei=1;             //送位选信号到 NPN 三极管
        P0=0x7f;           //送段码显示 8
    }
}
```

（二）数码管的编码原理

下面介绍一种编码方法，在数码管显示数字时通常都要用到这种编码方法。刚才显示的数字是"8"，给 P0 端口送的数据是 0x7f，这是根据实际电路图给出的编码。不同的电路，编码可能不同，共阳极数码管的编码与共阴极数码管的编码也是不同的，因此一定要掌握编码原理，也就是要明白数码管显示的原理。

对于共阴极数码管，如果 a 连接 8051 输出端口的最低位，dp 连接 8051 输出端口的最高位，并且希望小数点不亮，则可以将字符 0～F 进行如表 2.2 所示的编码。

表 2.2　共阴极数码管编码表

符　号	编　码	符　号	编　码	符　号	编　码	符　号	编　码
0	0x3f	4	0x66	8	0x7f	C	0x39
1	0x06	5	0x6d	9	0x6f	D	0x5e
2	0x5b	6	0x7d	A	0x77	E	0x79
3	0x4f	7	0x07	B	0x7c	F	0x71

在用 C 语言编程时，编码定义方法如下：

```
unsigned char code table[] = {
0x3f, 0x06, 0x5b, 0x4f,           //对应符号"0"、"1"、"2"、"3"
0x66, 0x6d, 0x7d, 0x07,           //对应符号"4"、"5"、"6"、"7"
0x7f, 0x6f, 0x77, 0x7c,           //对应符号"8"、"9"、"A"、"B"
0x39, 0x5e, 0x79, 0x71};          //对应符号"C"、"D"、"E"、"F"
```

编码的定义方法与 C 语言中的数组定义方法非常相似，不同的是在数组类型后面多了一个关键字 code，code 即表示编码的意思。需要注意的是，单片机 C 语言中定义数组时是占用内存 RAM 的空间，而定义编码时是直接分配到程序空间中，编译后编码占用的是程序存储空间，而非内存空间。

unsigned char 是数组类型，也就是数组中元素变量类型，table 是数组名，我们可以自由定义它，但不要和关键字重名；table 后面必须加中括号[]，中括号内部要注明当前数组内的元素个数，也可以不注明，C51 编译器在编译时能够自动计算出来，因此在使用时经常不注明。等号右边用一个大括号包含所有元素，大括号后面加一个分号，大括号内部元素与元素之间用逗号隔开，注意，最后一个元素后面不要加逗号。调用数组的方法如下：

P0 = table[4];

即将 table 这个数组中的第 5 个元素直接赋值给 P0 口，也就是：

P0 = 0x66;

需要注意的是，在调用数组时，table 后面的中括号里的数字是从 0 开始的，对应后面大括号里的第 1 个元素。有了这种编码方法，在编写数码管显示程序时就会方便很多。

对于共阳极数码管，如果 a 连接 8051 输出端口的最低位，dp 连接 8051 输出端口的最高位，并且希望小数点不亮，则可以将字符 0～F 进行如表 2.3 所示的编码。

表 2.3　共阳极数码管编码表

符　号	编　码	符　号	编　码	符　号	编　码	符　号	编　码
0	0xc0	4	0x99	8	0x80	C	0xa7
1	0xf9	5	0x92	9	0x90	D	0xa1
2	0xa4	6	0x82	A	0xa0	E	0x84
3	0xb0	7	0xf8	B	0x83	F	0x8e

同样的，用 C 语言编程时，编码定义方法如下：
　　　unsigned char code table[] = {
　　　0xc0，0xf9，0xa4，0xb0，　　　　　//对应符号 "0"、"1"、"2"、"3"
　　　0x99，0x92，0x82，0xf8，　　　　　//对应符号 "4"、"5"、"6"、"7"
　　　0x80，0x90，0xa0，0x83，　　　　　//对应符号 "8"、"9"、"A"、"B"
　　　0xa7，0xa1，0x84，0x8e}；　　　　//对应符号 "C"、"D"、"E"、"F"

三、数码管的静态显示编程方法

下面结合项目一介绍过的延时程序，实现 1 位七段数码管静态显示功能。

【例 2.1】　让实验板上共阳极数码管点亮，依次显示 0～F，时间间隔为 0.5 s，循环下去。
实验板上单片机的 P0 端口接共阳极数码管的 8 个段码，P2.0 引脚通过 PNP 三极管 8550 驱动数码管的公共端 com。

根据本例静态控制七段数码管显示 0～F 的先后顺序和各个字符亮灭时间，可以画出对应的时序图，具体程序流程图与算法描述此处略。参考程序源代码如下：

```c
/******************************************************************
    静态显示程序：Tube1_Static.c   一个数码管静态显示的简单程序
******************************************************************/
//== 声明区 ==========================================
    #include <reg51.h>                //包含 8051 寄存器的头文件
    #define uchar unsigned char
    #define uint unsigned int
    sbit wei=P2^0;                    //声明位选的位置
    uchar num;                        //声明变量 num
    uchar code table[]={              //声明段码数组变量
      0xc0,0xf9,0xa4,0xb0,            //对应符号 "0"、"1"、"2"、"3"
      0x99,0x92,0x82,0xf8,            //对应符号 "4"、"5"、"6"、"7"
      0x80,0x90,0xa0,0x83,            //对应符号 "8"、"9"、"A"、"B"
      0xa7,0xa1,0x84,0x8e};           //对应符号 "C"、"D"、"E"、"F"
    void delayms(uint);               //声明 1 ms 延时函数
//== 主程序 ==========================================
    void main()                       //主函数
    {
        wei=0;                        //关闭位选
        P0=0xff;                      //初始化 P0 端口
        while(1)                      //无穷循环
        {
            for(num=0;num<16;num++)   //循环 16 次
            {
                wei=1;                //位选中
```

```c
            P0=table[num];              //P0 送段码
            delayms(500);               //延时 0.5 s
            wei=0;                      //消影
        }
    }
}
//==子程序=====================================
void delayms(uint x)                    //延时函数
{
    uint i;                             //声明变量 i
    while(x--)                          //循环 x 次
        for(i=120;i>0;i--);             //循环 120 次（约 1 ms）
}
```

将代码编译下载到实验板后，可以看到共阳极数码管上的数字依次从 0~F 变换显示。本程序有两个方面需要注意：

第一，在刚进入主函数后，执行了一次位选关闭命令，接着便进入了大循环。因为本例的要求是让数码管依次从 0~F 变换显示，所以位选命令关闭执行一次，也就是开始的时候先关闭数码管显示，然后再根据需要操作位选。

第二，在 while(1) 大循环中，使用了一个 for 循环语句，原来仅用 for 作延时，而在这里用 for 语句来实现一个规定数目的有限循环，大家要掌握它的用法，以后会经常用到。

【例 2.2】 让实验板上共阳极数码管点亮，倒计时显示 9~0，时间间隔为 1 s，循环下去。

实验板上单片机的 P0 端口接共阳极数码管的 8 个段码，P2.0 引脚通过 PNP 三极管 8550 驱动数码管的公共端 com。

根据本例静态控制七段数码管倒计时显示 9~0 的先后顺序和各个字符亮灭时间，可以画出对应的时序图，具体程序流程图与算法描述此处略。参考例 2.1，得到程序源代码如下：

```c
/*************************************************************
    静态显示程序：Tube2_Static.c   数码管静态显示的倒计时程序
*************************************************************/
//==声明区=====================================
#include <reg51.h>                      //包含 8051 寄存器的头文件
#define uchar unsigned char
#define uint unsigned int
sbit wei=P2^0;                          //声明位选的位
uchar num;                              //声明变量 num
uchar code table[]={                    //声明段码数组变量
0xc0,0xf9,0xa4,0xb0,0x99,               //对应符号 "0"、"1"、"2"、"3"、"4"
0x92,0x82,0xf8,0x80,0x90};              //对应符号 "5"、"6"、"7"、"8"、"9"
void delayms(uint);                     //声明 1ms 延时函数
//==主程序=====================================
```

```c
    void main()                              //主函数
    {
        wei=0;                               //关闭位选
        P0=0xff;                             //初始化 P0 端口
        while(1)                             //无穷循环
        {
          for(num=9;num>=0;num--)            //循环 10 次
            {
                wei=1;                       //位选中
                P0=table[num];               //P0 送段码
                delayms(1000);               //延时 1 s
                wei=0;                       //消影
            }
        }
    }
//==子程序======================================
    void delayms(uint x)                     //延时函数
    {
        uint i;                              //声明变量i
        while(x--)
            for(i=120;i>0;i--);              //延时约 x 个 1 ms
    }
```

【任务实施】

1. 实施步骤

（1）各部分芯片及元件的选择：

① 根据本任务的需要，这里推荐选择的 51 单片机型号是 DIP40 封装的 STC89C52RC。

② 单片机最小系统电路的相关元器件可以参考项目一中的任务一进行选择。

③ 数码管采用共阳极七段数码管，驱动电路元器件采用中小功率 PNP 型三极管 8550。

（2）各部分电路的设计：

① 数码管显示电路的设计：数码管的公共端 com 接驱动电路的输出，数码管的段码输出端（a、b、c、d、e、f、g、dp）每个都接一个 100~470 Ω 的电阻后再接单片机 I/O 口（比如 P0、P1 或 P3 端口，一般为加过上拉电阻后的 P0 端口）。

② 驱动电路的设计：单片机的 I/O 口 P2.0（第 21 引脚）接一个 1~2 kΩ 的限流电阻，然后接 PNP 型三极管 8550 的基极，三极管 8550 的发射极接 VCC，集电极接数码管的公共端 com。

（3）画出相应的 PCB 图：使用相应的电路图绘制工具 Altium Designer 或者 Protel 99SE 等软件画出相应的 PCB 图。

（4）编写软件，并进行软件仿真：

① 运用 Keil 软件建立一个工程，用 C 语言编写一个程序，实现数码管从数字 9 到数字 0 每秒倒计时循环显示。编好的程序添加到工程中进行调试并产生 hex 文件。参考源程序如下：

```c
#include <reg51.h>
#define uchar unsigned char
#define uint unsigned int
sbit wei=P2^0;
uchar num;
uchar code table[]={
0xc0,0xf9,0xa4,0xb0,0x99,
0x92,0x82,0xf8,0x80,0x90 };
void delayms(uint);
void main()
{
    wei=0;
    P0=0xff;
    while(1)
    {
      for(num=9;num>=0;num--)
        {
            wei=0;
            P0=table[num];
            delayms(1000);
            wei=1;
        }
    }
}
void delayms(uint x)
{
   uint i;
   while(x--)
      for(i=120;i>0;i--);
}
```

② 运用 Proteus 软件进行仿真：打开 Proteus 应用程序，在其中找到元器件（AT89C51、7SEG-MPX1-CA 显示数码管，RES 电阻等）按图 2.5 连接好，将 Keil 生成的 hex 文件装载入 51 单片机芯片中，进行仿真。

（5）装配单片机驱动 1 个七段数码管的电路板。

① 根据指导老师发放的焊接装配图，参考任务小组设计的电路图，领取相应的元器件并识别、测试元器件性能是否满足需要。

② 工具准备：电烙铁、焊锡丝、金属镊子、尖嘴钳、斜口钳、吸锡器等焊接工具，万用表、示波器、直流稳压电源等测试工具。

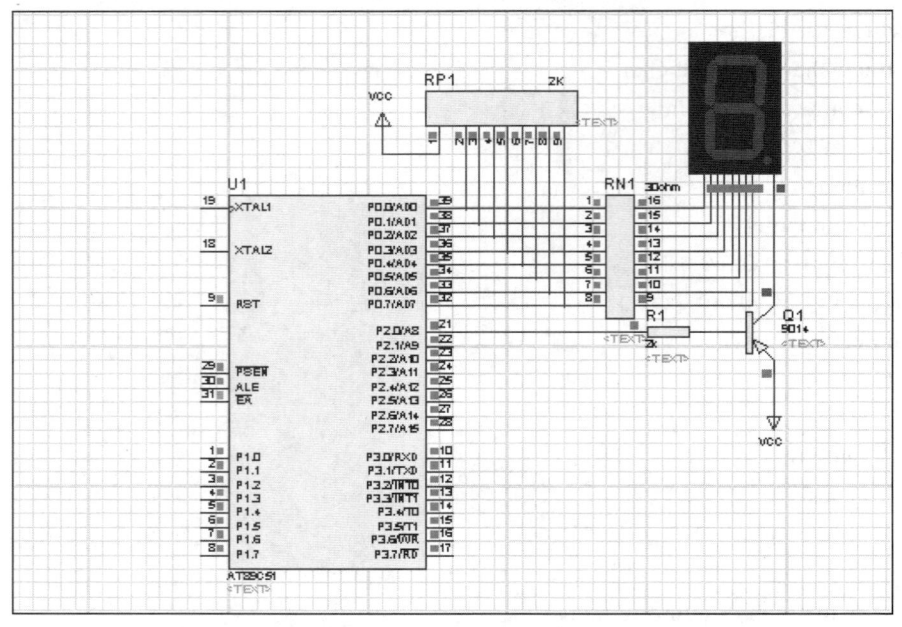

图 2.5　数码管 9 s 倒计时仿真电路

③ 按照工艺要求安装元器件并焊接。步骤如下：
· 在给出的实验板上安装共阳极数码管并焊接。
· 按焊接图所示插入三极管驱动电路的相关元器件电阻 R1~R9 和三极管 Q1 并焊接。
· 按焊接图所示插入输入/输出端口的连接插座 JP1、JP3 和上拉电阻 RP3 并焊接。
（6）把编译好的程序下载烧写到单片机芯片中，进行软、硬件联合调试。
（7）观察实验现象，如有故障，测试电路板并查找原因。

2. 技术报告及评测

将测试点、测试结果及故障原因分析记录下来，撰写技术报告及效果评测。

任务二　多位数码管动态显示电路的设计与制作

【任务要求】

根据 51 单片机的最小系统电路构成，结合多位七段数码管动态显示驱动电路的特点，设计与制作一个 51 单片机对多位七段数码管的驱动电路，运用单片机的相关理论知识，编写单片机控制多位七段数码管 60 s 倒计时的显示程序，并进行实际电路的调试与检测。

具体任务要求如下：
（1）用 51 单片机控制多位七段数码管进行 60 s 倒计时显示。
（2）选出适合本学习任务的多位七段数码管元件以及其他元器件。
（3）根据设计要求，设计出单片机对多位七段数码管的驱动电路。
（4）编写单片机对多位七段数码管的显示程序，并进行软、硬件联合调试。

【相关知识】

一、数码管的动态显示原理

在实际的单片机系统中，往往需要显示多位数字信息。用数码管显示多位信息时，由于每个数码管至少需要 8 个 I/O 口，如果需要多个数码管，就需要太多 I/O 口，而单片机的 I/O 口资源是有限的。在实际应用中，一般采用动态显示的方式解决此问题。

动态显示是把所有数码管的段选全部连接在一起进行交替显示。将所有数码管的段选全部连接在一起，如何能显示不同的内容呢？原来，这是利用人的视觉暂留效应，使人看到多个数码管同时显示各自的信息，它是一种最常见的多位显示方法，应用非常广泛。

2 个数码管在同一时间进行显示可用两种不同的方式获得：第一就是传统的方式，一个数码管连接一个译码及驱动电路，这种方式需要太多 I/O 口；第二种方式是利用人眼的视觉暂留效应，把 2 个数码管按一定顺序（从左至右或从右至左）循环进行点亮，当点亮的频率（即扫描频率）很低时，人们看到的是数码管一个个被点亮；然而，当点亮频率足够高时，看到的不再是一个一个被点亮，而是全部同时显示（点亮），与传统方式得到的结果看起来是一样的。因此，只要给数码管驱动电路一个足够高的扫描工作频率，就可以实现 2 个（或更多）数码管同时被点亮。如果在 2 个（或更多）数码管点亮的同时，同步地切换 BCD 七段译码器的输入数据，就可以实现 2 个（或更多）数码管显示不同的数据。而产生这个扫描频率的驱动电路，可以通过硬件的计数器和译码器来实现，BCD 七段译码器的输入数据切换电路，可以通过计数器的输出来控制几个多路数据选择器电路实现，只要计数频率足够高，就可以实现显示的要求。

当然，以上硬件电路也可以通过软件编程来实现。在进行软件编程时，需要输出段选和位选信号。位选信号选中其中一位数码管，然后输出段码，使该数码管显示所需要的内容，延时一段时间后，再选中另一位数码管，再输出对应的段码，高速交替。例如，需要显示数字"12"时，先输出位选信号，选中第一个数码管，输出数字"1"的段码，延时一段时间后再选中第二个数码管，输出数字"2"的段码。把上面的流程以较快速度循环执行就可以显示出"12"，由于交替的速度非常快，人眼看到的就是连续的数字"12"。

在动态显示程序中，各个位的延时时间长短是非常重要的，如果延时时间长，会出现闪烁现象；如果延时时间太短，则会出现显示暗淡且有重影的现象。

单片机控制 2 位数码管驱动电路的设计方法与 1 位数码管的完全相同。共阳极数码管的位选驱动电路是将单片机的 I/O 口接一个 1～2 kΩ 的限流电阻，然后接 PNP 型三极管的基极，三极管的发射极接 VCC，集电极接各位数码管的位选端。各位数码管的段码输出端（a、b、c、d、e、f、g、dp）接在一起，外面接一个 100～470 Ω 的电阻（每个段的电阻值要相同，以免产生亮度不同的现象），然后再接单片机的 I/O 口。

共阴极数码管的位选驱动电路是将单片机的 I/O 口接一个 1～2 kΩ 的限流电阻，然后接 NPN 型三极管的基极，三极管的发射极接 GND，集电极接各位数码管的位选端。各位数码管的段码输出端（a、b、c、d、e、f、g、dp）接在一起，外面接一个 100～470 Ω 的电阻，然后再接单片机的 I/O 口。

二、数码管的动态显示编程方法

为了更容易理解数码管动态扫描的原理和编程方法，先来看几个例程，通过感观认识，再加上理论分析，大家很容易就可掌握。

【例 2.3】 通过编程在实验板上实现如下现象：第一个数码管显示 1，时间为 0.5 s，然后关闭它，立即让第二个数码管显示 2，时间为 0.5 s，再关闭它，再回来显示第一个数码管，一直循环下去。

实验板上单片机的 P0 端口接共阳极数码管的 8 个段码，P2.0 引脚通过 PNP 三极管 8550 驱动个位数码管的位选端，P2.1 引脚通过 PNP 三极管 8550 驱动十位数码管的位选端。

根据本例动态控制 2 位七段数码管显示字符的先后顺序和各个字符亮灭时间，可以画出对应的时序图，具体程序流程图与算法描述此处略。参考程序源代码如下：

```c
/***************************************************************
    动态显示程序：Tube1_Dynamic.c   2 位数码管动态显示的简单程序
***************************************************************/
//== 声明区 ====================================
#include <reg51.h>                  //包含 51 单片机头文件
#define uchar unsigned char
#define uint unsigned int
uchar code table[]={                //声明段码数组变量
0xc0,0xf9,0xa4,0xb0,0x99,           //对应符号 "0"、"1"、"2"、"3"、"4"
0x92,0x82,0xf8,0x80,0x90};          //对应符号 "5"、"6"、"7"、"8"、"9"
uchar code wei[]={0xfe,0xfd};       //声明位选的位置
void delayms(uint);                 //声明 1ms 延时函数
//== 主程序 ====================================
void main()                         //主函数
{
    uchar num;                      //声明变量
    P0=0xff;                        //初始化 P0 端口
    while(1)                        //无穷循环
    {
        for(num=1;num<3;num++)      //循环 2 次
        {
            P2=wei[num];            //位选中
            P0=table[num];          //P0 送段码
            delayms(500);           //延时 0.5 s
            P0=0xff;                //消影
        }
    }
}
//== 子程序 ====================================
void delayms(uint x)                //延时函数
{
    uint i,j;                       //声明变量 i, j
    for(i=x;i>0;i--)                //循环 x 次
```

```
        for(j=120;j>0;j--);              //循环 120 次（约 1 ms）
}
```

程序中需要注意的是：在每次送完段选数据后，在送入位选数据之前，需要加上一句"P0 = 0xff;"，这条语句的专业名称叫做"消影"。解释如下：在刚送完段选数据后，P0 口仍然保持着上次的段选数据，若不加"P0 = 0xff;"再执行接下来的打开位选锁存器命令后，原来保持在 P0 口的段选数据将立即通过位选通直接加在数码管上，接下来才是再次通过 P0 口给位选锁存器送入位选数据，虽然这个过程非常短暂，但是在数码管高速显示状态下，人们仍然可以看见数码管出现显示混乱的现象，加上"消影"后，在开启位选锁存器后，P0 口数据全为高电平，所以哪个数码管都不会亮，因此这个"消影"动作是很重要的。

编译代码下载程序后观察，上面的代码虽然实现了题目的要求，但还没有体现出本任务的重点。

【例 2.4】 通过编程在实验板上实现如下现象：第一个数码管显示"1"，时间为 0.1 s，然后关闭它，立即让第二个数码管显示"2"，时间为 0.1 s，再关闭它，再回来显示第一个数码管，一直循环下去。

此例可将例 2.3 的源程序稍加修改，即将 delayms（500）修改为 delayms（100）即可实现。将每个数码管点亮的时间缩短到 100 ms，编译下载，可看见数码管变换显示的速度快多了；如果将数码管显示切换时间再缩短至 25 ms，编译下载，此时已经可以隐约看见 2 个数码管上同时显示着数字"12"字样，但是看上去有点晃眼；将数码管显示切换时间再缩短至 5 ms，编译下载，这时 2 个数码管上非常稳定、清晰地显示着"12"字样。

【例 2.5】 通过编程在实验板上实现：两位数码管从"60"开始显示，每 1 s 减少 1，倒计时到达"00"后，再从"60"开始，也就是 60 s 的倒计时器。

实验板上单片机的 P0 端口接 2 位共阳极数码管的 8 个段码，P2.0 引脚通过 PNP 三极管 8550 驱动个位数码管的位选端，P2.1 引脚通过 PNP 三极管 8550 驱动十位数码管的位选端。

根据本例动态控制 2 位七段数码管进行 60 s 倒计时显示字符的先后顺序和各个字符亮灭时间，可以画出对应的时序图，具体程序流程图与算法描述此处略。参考程序源代码如下：

```
/*******************************************************************
        动态显示程序：Tube2_Dynamic.c  2 位数码管动态显示的简单程序
********************************************************************/
//==声明区========================================
#include <reg51.h>                      //包含 51 单片机头文件
#define uchar unsigned char
#define uint unsigned int
uchar code table[]={                    //声明段码数组变量
0xc0,0xf9,0xa4,0xb0,0x99,               //对应符号"0"、"1"、"2"、"3"、"4"
0x92,0x82,0xf8,0x80,0x90};              //对应符号"5"、"6"、"7"、"8"、"9"
uchar code wei[]={0xfe,0xfd};           //声明位选的位置
int i,j,sec=60;                         //声明变量
void delay(uint);                       //声明 1 ms 延时函数
//==主程序========================================
void main()                             //主函数
```

```
    {
        P0=0xff;                          //初始化 P0 端口
        while(1)                          //无穷循环
        {
            for(j=0;j<50;j++)             //循环 50 次,每次大约 20 ms
            {
                P2=wei[0];                //位选中个位
                P0=table[sec%10];         //P0 送个位段码
                delay(8);                 //延时 8 ms
                P0=0xff;                  //消影
                P2=wei[1];                //位选中十位
                P0=table[sec/10];         //P0 送十位段码
                delay(8);                 //延时 8 ms
                P0=0xff;                  //消影
            }
            sec--;                        //秒变量减 1
            if(sec<0)sec=60;              //如果秒变量减到 0 则变为 60
        }
    }
    //==子程序======================================
    void delay(uint x)                    //延时函数
    {
        while(x--)                        //循环 x 次
            for(i=0;i<120;i++);           //循环 120 次(约 1 ms)
    }
```

三、4 位数码管的扫描驱动

数码管动态显示就是逐位轮流点亮各位数码管,它是利用人眼的"视觉暂留"效应,采用循环扫描的方式,分时轮流选通各位数码管的公共端,使数码管轮流导通显示。尽管实际上各位数码管并非同时点亮,但只要扫描的速度足够快,给人的印象就是一组稳定的显示数据,感觉到各数码管是同时发光的。若数码管的位数不大于 8 位时,只需两个 8 位 I/O 口。

数码管动态显示要考虑每一位点亮的保持时间和间隔时间。保持时间太短,则发光太弱使人眼无法看清;时间太长,则间隔时间也会太长[假设数码管为 N 位,则间隔时间 = 保持时间 $\times(N-1)$],使人眼看到的数字闪烁。因此在程序中要合理地选择恰当的保持时间和间隔时间,也就是扫描驱动问题。

对于采用扫描方式驱动的 LED 数码管而言,若要亮一点,其扫描的频率要低,以提高工作周期;若扫描频率太低,则会有闪烁的感觉。因此,需要把扫描频率限制在 60 Hz 以上,也就是在 16 ms 之内完整扫描一周才不会闪烁。以 4 位数码管为例,其每位数的工作周期为 1 位数码管的 1/4,其亮度也为 1 位数码管的 1/4。如果是 8 位的数码管,其每位的工作周期只有 1 位数码管的 1/8,其亮度更低。如何提升亮度呢?在此有两个方法:

（1）选用高亮度的七段LED数码管模块。随着LED技术的发展，市面上不乏高亮度的产品。当然，高亮度数码管模块的价格比普通亮度数码管的价格要贵一些。

（2）降低限流电阻的阻值。前面学过，数码管的限流电阻值在100~330 Ω之间，让其正向电流限制在10~20 mA。对于动态扫描方式驱动的数码管而言，还需要再降低限流电阻的阻值。对于4位数码管，可使用50~100 Ω的限流电阻，其瞬间电流将限制在33~66 mA。若整个扫描周期为16 ms，每位数码管约4 ms点亮，因此平均电流为8.3~16.5 mA。对于8位数码管，可使用25~50 Ω的限流电阻，其瞬间电流将限制在66~132 mA。若整个扫描周期为16 ms，每位数码管约2 ms点亮，因此平均电流为8.3~16.5 mA。

不过，上述降低限流电阻的方法在进行在线仿真时要特别小心。若程序停止或暂停时，LED数码管可能持续点亮。这时候，可能就会有33~66 mA（4位数码管）或者66~132 mA（8位数码管）的电流流过某位数码管，即使不会马上烧毁该位数码管，也会降低其寿命。

【例2.6】 通过编程在实验板上实现如下功能：2个4位数码管构成显示8位字符的数码管，实现中等精度的数字时钟功能。要求最高两位显示"小时"时间，下一位为一个"-"号，接下来两位显示"分钟"时间，下一位为一个"-"号，最低两位显示"秒"的时间。时间从"00-00-00"开始计时，每1 s更新一次。"秒"每次计到"60"时，向"分钟"进位，"分钟"每次计到"60"时，向"小时"进位，当计时到"23-59-59"时，下一秒又从"00-00-00"开始显示，依次循环。

实验板上单片机的P0端口接2个4位共阳极数码管的8个段码，P2.0~P2.3引脚各自通过PNP三极管8550驱动一个4位数码管的位选端，P2.4~ P2.7引脚各自通过PNP三极管8550驱动另一个4位数码管的位选端。

根据本例动态控制2个4位七段数码管显示字符的先后顺序和各个字符的亮灭时间，可以画出对应的时序图，具体程序流程图与算法描述此处略。参考程序源代码如下：

```
/*************************************************************
  动态显示程序：Tube3_Dynamic.c  数码管动态显示的数字时钟程序
*************************************************************/
//==声明区=====================================
#include <reg51.h>                //包含51单片机头文件
char code seg[]={                 //声明段码数组变量
0xc0,0xf9,0xa4,0xb0,              //对应符号"0"、"1"、"2"、"3"
0x99,0x92,0x82,0xf8,              //对应符号"4"、"5"、"6"、"7"
0x80,0x90,0xbf};                  //对应符号"8"、"9"、"-"
char code wei[]={                 //声明位码数组变量
0xfe,0xfd,0xfb,0xf7,
0xef,0xdf,0xbf,0x7f};
int i,j,sec=0,min=0,hour=0;       //声明变量i，j，秒，分钟，小时
void delay(int);                  //声明1 ms延时函数
//==主程序=====================================
main()                            //主函数
{
    while(1)                      //无穷循环
    {
```

```c
        for(j=0;j<70;j++)                          //循环 70 次
        {
            P0=seg[sec%10];                        //P0 送秒个位段码
            P2=wei[0];                             //位选中第 1 位
                delay(1);                          //延时 1 ms
                P0=0xff;                           //消影
            P0=seg[sec/10];                        //P0 送秒十位段码
            P2=wei[1];                             //位选中第 2 位
                delay(1);                          //延时 1 ms
                P0=0xff;                           //延时 1 ms
            P0=seg[10];                            //P0 送 "-" 段码
            P2=wei[2];                             //位选中第 3 位
                delay(1);                          //延时 1 ms
                P0=0xff;                           //消影
            P0=seg[min%10];                        //P0 送分钟个位段码
            P2=wei[3];                             //位选中第 4 位
                delay(1);                          //延时 1 ms
                P0=0xff;                           //消影
            P0=seg[min/10];                        //P0 送分钟十位段码
            P2=wei[4];                             //位选中第 5 位
                delay(1);                          //延时 1 ms
                P0=0xff;                           //消影
            P0=seg[10];                            //P0 送 "-" 段码
            P2=wei[5];                             //位选中第 6 位
                delay(1);                          //延时 1 ms
                P0=0xff;                           //消影
            P0=seg[hour%10];                       //P0 送小时个位段码
            P2=wei[6];                             //位选中第 7 位
                delay(1);                          //延时 1 ms
                P0=0xff;                           //消影
            P0=seg[hour/10];                       //P0 送小时十位段码
            P2=wei[7];                             //位选中第 7 位
                delay(1);                          //延时 1 ms
                P0=0xff;                           //消影
        }
        sec++;                                     //秒变量加 1
        if(sec==60)                                //秒变量加到 60
        {
            sec=0;                                 //秒变量清零
            min++;                                 //分钟变量加 1
```

```
            }
            if(min==60)                         //分钟变量加到 60
            {
                min=0;                          //分钟变量清零
                hour++;                         //小时变量加 1
            }
            if(hour==24)                        //小时变量加到 24
                hour=0;                         //小时变量清零
        }
    }
    //==子程序======================================
    void delay(int x)                           //延时函数
    {
        while(x--)                              //循环 x 次
            for(i=0;i<120;i++);                 //循环 120 次（约 1 ms）
    }
```

四、多位数码管的驱动芯片

前面介绍的动态扫描方法可以减少多位数码管占用单片机 I/O 的资源，比如，2 位数码管只需要 10 个 I/O 引脚，4 位数码管只需要 12 个 I/O 引脚，8 位数码管只需要 16 个 I/O 引脚。但如果在复杂的单片机控制系统中，单片机的 I/O 引脚已经用得差不多了，比如只剩下有限个空闲的 I/O 引脚用于控制多位数码管显示，在这种情况下，有没有数码管的集成式显示驱动器呢？MAX7219 和 MAX7221 就是两种常用的数码管显示驱动芯片，它们是 MAXIM 公司生产的串行输入/输出共阴极数码管显示驱动芯片，下面以 MAX7219 为例进行介绍。

一片 MAX7219 可以驱动 8 个七段（包括小数点共 8 段）共阴极数码管，该芯片只需要单片机的 3 根普通 I/O 线就可以与 51 单片机相连，只需一个外接电阻即可设置所有 LED 数码管的段电流，显示时刷新数据的速率可以达到 10 MHz。

MAX7219 的外部引脚排列如图 2.6 所示，它与单片机连接控制多位数码管的典型应用电路如图 2.7 所示。

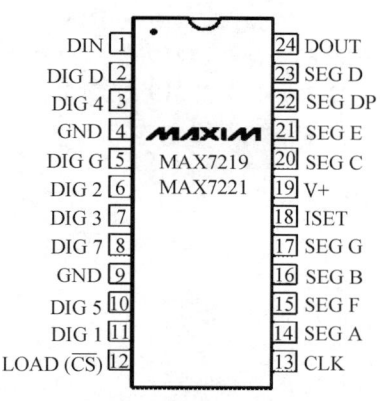

图 2.6　MAX7219 的引脚排列

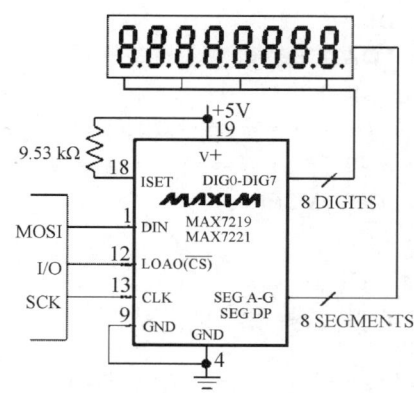

图 2.7　MAX7219 的典型应用电路

表 2.4 所示是 MAX7219 各引脚的功能说明。

表 2.4 MAX7219 各引脚的功能简介

管　脚	名　称	功　能
1	DIN	串行数据输入端口
24	DOUT	串行数据输出端,用于级联扩展
12	LOAD	装载数据输入
13	CLK	串行时钟输入
14～17,20～23	SEG A～SEG DP	七段驱动和小数点驱动
2,3,5～8,10,11	DIG0～DIG7	8 位 LED 位选线,从共阴极 LED 中吸入电流
18	ISET	通过一个 10 kΩ 电阻和 VCC 相连,设置段电流
19	V+	正极电压输入,+5 V
4,9	GND	地线(4 脚和 9 脚必须同时接地)

MAX7219 的操作很简单,51 单片机只需通过 3 个 I/O 引脚就可以将相关的指令写入 MAX7219 的内部指令和数据寄存器,同时在它输出显示内容后,单片机不需要高速刷新数码管,因而节省了对单片机资源的占用。此外它还支持多片 7219 串联方式,这样 51 单片机就可以通过 3 根线(即串行数据线、串行时钟线和芯片选通线)控制更多的数码管显示。

【例 2.7】 采用 51 单片机控制 MAX7219 驱动 8 个共阴极数码管,显示数字"2018-8-8"。其中 51 单片机的引脚 P2.5 接 MAX7219 的 DIN,引脚 P2.6 接 MAX7219 的 LOAD,引脚 P2.7 接 MAX7219 的 CLK,MAX7219 的 SEG A～SEG DP 接 8 个共阴极数码管的段码,MAX7219 的 DIG0～DIG7 接 8 个共阴极数码管的位码,通过编程在实验板上实现该功能。

参考程序源代码如下:

```
/*****************************************************************
    多数码管显示程序:Tube_7219.c  数码管 7219 驱动显示的程序
*****************************************************************/
//==声明区==========================================
#include<reg51.h>                    //包含 51 单片机头文件
#include<intrins.h>                  //包含 intrins 头文件
#define uchar unsigned char
#define uint unsigned int
sbit DIN=P2^5;                       //P2.5 接 MAX7219 的 DIN
sbit LOAD=P2^6;                      //P2.6 接 MAX7219 的 LOAD
sbit CLK=P2^7;                       //P2.7 接 MAX7219 的 CLK
uchar Disp_Buffer[]={2,0,1,8,10,8,10,8};   //显示缓冲,10 为"-"
//==子程序==========================================
void DelayMS(uint ms)                //延时函数
{
    uchar i;                         //声明变量
    while(ms--)for(i=0;i<120;i++);   //延时 ms 个毫秒
}
void Write(uchar Addr,uchar Dat)     //写数据函数
{
```

```
    uchar i;                                //声明变量
    LOAD=0;                                 //装载数据输入引脚置零
    for(i=0;i<8;i++)                        //循环 8 次
    {
        CLK=0;Addr<<=1;DIN=CY;              //送地址信号
        CLK=1;_nop_();_nop_();CLK=0;        //送 CLK 信号
    }
    for(i=0;i<8;i++)                        //循环 8 次
    {
        CLK=0;Dat<<=1;DIN=CY;               //送数据信号
        CLK=1;_nop_();_nop_();CLK=0;        //送 CLK 信号
    }
    LOAD=1;                                 //装载数据输入引脚置 1
}
void Initialise()                           //MAX7219 初始化函数
{
    Write(0x09,0xff);    //编码模式地址 0x09 0x00～0xff, 为 1 的则位选通
    Write(0x0a,0x07);    //亮度地址 0x0a 0x00~0x0f, 0x0f 最亮
    Write(0x0b,0x07);    //扫描数码管个数地址 0x0b, 最多扫描 8 只数码管
    Write(0x0c,0x01);    //工作模式地址 0x0c 0x00: 关闭。0x01: 正常
}
//==主程序======================================
void main()                                 //主函数
{
    uchar i;                                //声明变量
    Initialise();                           //调用初始化函数
    DelayMS(1);                             //延时 1 ms
    for(i=0;i<8;i++)                        //循环 8 次
    {
        Write(i+1,Disp_Buffer[i]);          //8 个数码管逐个显示
    }
    while(1);                               //无穷循环
}
```

【任务实施】

1. 实施步骤

(1) 各部分芯片及元件的选择:

① 根据本任务的需要,这里推荐选择的 51 单片机型号是 DIP40 封装的 STC89C52RC。
② 单片机最小系统电路的相关元器件可以参考项目一中的任务一进行选择。
③ 数码管采用共阳极七段数码管,驱动电路元器件采用中小功率 PNP 型三极管 8550。

(2) 各部分电路的设计:

① 数码管显示电路的设计:数码管的 2 个公共端 com1、com2 分别接驱动电路的输出,数码管的段码输出端(a、b、c、d、e、f、g、dp)每个都接一个 100～470 Ω 的电阻后再接单片

机 I/O 口（比如 P0、P1 或 P3 端口，一般为加过上拉电阻后的 P0 端口）。

② 驱动电路的设计：单片机的 I/O 口 P2.0 和 P2.1（第 21 和第 22 引脚）分别接一个 1～2 kΩ 的限流电阻，然后各自接一个 PNP 型三极管 8550 的基极，三极管 8550 的发射极接 VCC，2 个三极管的集电极分别接数码管的 2 个公共端 com1、com2。

（3）画出相应的 PCB 图：使用相应的电路图绘制工具 Altium Designer 或者 Protel 99SE 等软件画出相应的 PCB 图。

（4）编写软件，并进行软件仿真：

① 运用 Keil 软件建立一个工程，用 C 语言编写一个程序，实现数码管每秒从 60 到 0 的倒计时显示，编好的程序添加到工程中进行调试并产生 hex 文件。

② 运用 Proteus 软件进行仿真：打开 Proteus 应用程序，在其中找到元器件（AT89C51、7SEG-MPX2-CA 显示数码管，RES 电阻等）按图 2.8 所示连接好，将 Keil 生成的 hex 文件装载入 51 单片机芯片中，进行仿真。

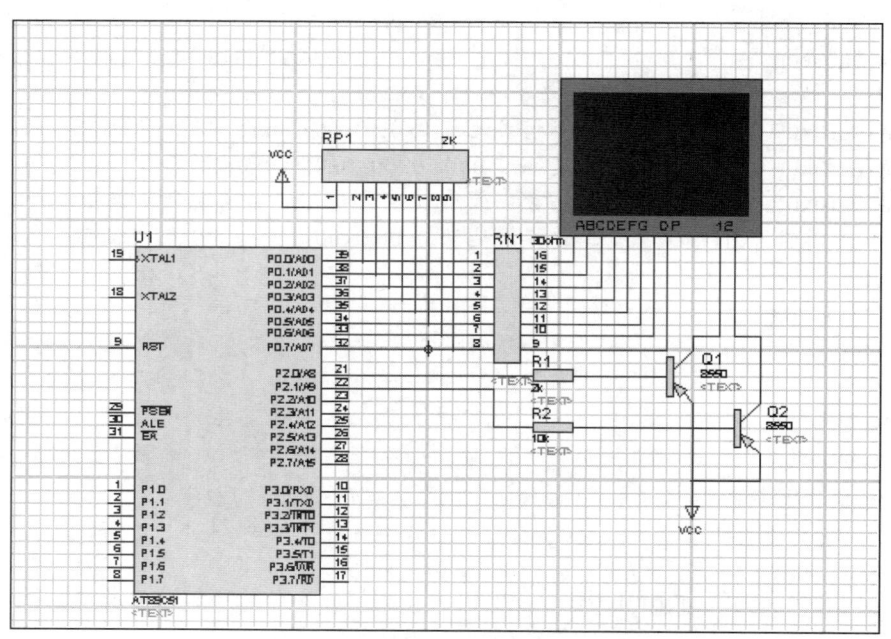

图 2.8　数码管 60 s 倒计时仿真电路

（5）装配制作单片机控制 2 位七段数码管显示电路板。

① 根据指导老师发放的焊接装配图，参考任务小组设计的电路图，领取相应的元器件并识别、测试元器件性能是否符合要求。

② 工具准备：电烙铁、焊锡丝、金属镊子、尖嘴钳、斜口钳、吸锡器等焊接工具，万用表、示波器、直流稳压电源等测试工具。

③ 安装元器件并焊接。步骤如下：

·在给出的实验板上按焊接图插入三极管元件并焊接。

·按焊接图插入电阻元器件并焊接。

（6）把编译好的程序下载烧写到单片机芯片中，进行软、硬件联合调试。

（7）观察实验现象，如有故障，测试电路板并查找原因。

2. 技术报告及评测

将测试点、测试结果及故障原因分析记录下来，撰写技术报告及效果评测。

任务三 按钮控制蜂鸣器音乐电路的设计与制作

【任务要求】

根据 51 单片机的最小系统电路构成，结合蜂鸣器的驱动电路特点，设计与制作一个 51 单片机对蜂鸣器的驱动电路，运用单片机的相关理论知识，编写单片机通过按钮控制蜂鸣器电路发声的程序，并进行实际电路的调试与检测。

具体任务要求如下：
（1）选出适合本学习任务的相关元器件。
（2）根据设计要求，设计出单片机对蜂鸣器的驱动电路。
（3）编写单片机对蜂鸣器的发声程序，并进行软硬件联合调试。

【相关知识】

一、单片机驱动蜂鸣器

蜂鸣器是一种一体化结构的电子讯响器，广泛应用于计算机、打印机、报警器、电话机等电子产品中作为发声器件。

蜂鸣器主要分为压电式蜂鸣器和电磁式蜂鸣器两种类型。电磁式蜂鸣器由振荡器、电磁线圈、磁铁、振动膜片及外壳等组成。接通电源后，振荡器产生的音频信号电流通过电磁线圈，使电磁线圈产生磁场，振动膜片在电磁线圈和磁铁的相互作用下，周期性地振动发声。压电式蜂鸣器主要由多谐振荡器、压电蜂鸣片、阻抗匹配器及共鸣箱、外壳等组成。多谐振荡器由晶体管或集成电路构成，当接通电源后（1.5~15 V 直流工作电压），多谐振荡器起振，输出 1.5~2.5 kHz 的音频信号，阻抗匹配器推动压电蜂鸣片发声。

蜂鸣器类似于小型喇叭，市售蜂鸣器分为有源蜂鸣器（电压型）和无源蜂鸣器（脉冲型）两类。电压型蜂鸣器加上电压就会发出声音，其声音频率固定；脉冲型蜂鸣器必须加入脉冲才会发出声音，其声音频率就是加入脉冲的频率。我们一般使用无源脉冲型蜂鸣器。判断有源蜂鸣器和无源蜂鸣器，可以用万用表电阻挡 R×1 挡测试：用红表笔接蜂鸣器的"+"引脚，黑表笔在另一引脚上来回触碰，如果触碰发出"咔咔"声且电阻只有 8 Ω（或 16 Ω）的，是无源蜂鸣器；如果能发出持续声音且电阻在几百欧以上的，是有源蜂鸣器。有源蜂鸣器直接接上额定电源（新的蜂鸣器在标签上都有注明）就可连续发声；而无源蜂鸣器则和电磁扬声器一样，需要接在音频输出电路中才能发声。图 2.9 所示为 12 mm 脉冲型蜂鸣器的外观与尺寸。

 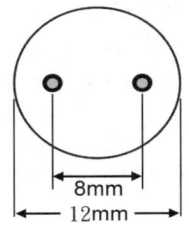

图 2.9 12 mm 脉冲型蜂鸣器的外观与尺寸

单片机驱动蜂鸣器的信号为各种频率的脉冲，其驱动方式可采用达林顿晶体管，或以两个常用的三极管（如 CS9013）连接成达林顿结构，图 2.10（a）所示电路适用于 P1~P3 端口，图 2.10（b）所示电路增加了一个上拉电阻，适用于单片机的所有端口。这两个驱动电路属于高电平动作，也就是输出 1 时蜂鸣器吸住、输出 0 时蜂鸣器放开。对于蜂鸣器来说，其发声原理在于吸住动作所引起的簧片振动，至于先放后吸还是先吸后放并不重要。

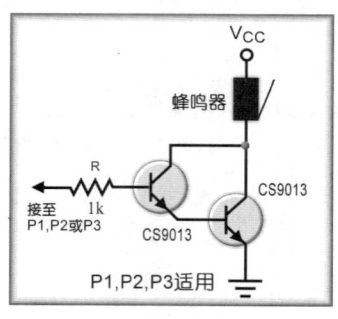
（a）适用于 P1~P3 端口

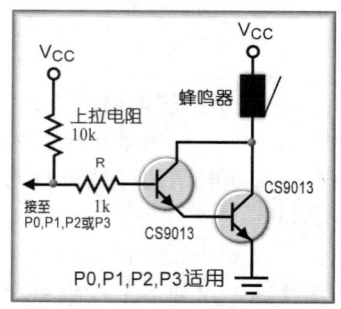
（b）适用于 P0~P3 端口

图 2.10　高电平驱动蜂鸣器电路

二、音调与节拍的产生

声音的产生是一种音频振动的效果，振动的频率高则为高音，振动的频率低则为低音。人耳能感知的音频范围为 20 Hz~200 kHz。在数字电路里，是以脉冲信号驱动蜂鸣器产生声音。同样的频率，以脉冲信号或以正弦波信号驱动所产生的音效，人们听起来没有什么区别。

在音乐中，通常以 Do、Re、Mi、Fa、So、La、Si 分别代表某一个频率的声音，称之为音调。表 2.5 所示为 C 调音阶表，包括三个音阶（低音、中音与高音），每个音阶为八音度，其中细分为 12 个半音，而每个音阶之间的频率相差一倍。

表 2.5　C 调音阶与频率对照表

音阶	1	2	3	4	5	6	7	8	9	10	11	12
	Do	Do#	Re	Re#	Mi	Fa	Fa#	So	So#	La	La#	Si
低音	262	277	294	311	330	349	370	392	415	440	464	494
中音	523	554	587	622	659	698	740	784	831	880	932	988
高音	1046	1109	1175	1245	1318	1397	1480	1568	1661	1760	1865	1976

若要构成音乐，只有音调是不够的，还需要节拍，让音乐具有旋律，可以调节各个音调的快慢。简单来讲节拍就是打拍子，若 1 拍是 0.5 s，则半拍就是 0.25 s，四分之一拍就是 0.125 s。不过 1 拍多少秒并没有严格规定，只要听起来顺耳就行。

若要产生表 2.5 所示的音阶，可使用延迟函数。在 Keil C 里，延迟函数无法很精确地掌握延迟的时间长短。比如前面我们所使用的一个 1 ms 延迟函数如下：

```
//==延迟 1ms 函数================================
void delayms(unsigned int x)                //延时 1 ms 函数
{
    unsigned int i,j;                       //声明变量 i, j
```

```
        for(i=x;i>0;i--)                    //循环 x 次
            for(j=l20;j>0;j--);             //循环 120 次（约 1 ms）
}
```

若要延迟 1 ms，可以使用 delayms(1) 指令，函数的内循环执行 120 次，外循环执行 1 次。对单片机而言，执行 120 次大约耗时 1 ms。内循环的数量决定了延时的时间，将内循环的数量降为 12，可延时 0.1 ms，即 100 μs，以此类推，可以得到内循环为 1 的延迟 8 μs 函数。

```
//==延迟 8 μs 函数=======================================
void delay8us(unsigned int x)               //延时 8 μs 函数
{
        unsigned int i,j;                   //声明变量 i, j
        for(i=0;i<x;i++)                    //循环 x 次
            for(j=0;j<1;j++);               //循环 1 次（约 8.4 μs）
}
```

由于高音 Si 频率为 1 976 Hz，则周期为 506 μs，其半周期 253 μs 是 8.4 μs 的 30 倍，因此可以用 delay8us（30）产生。类似地，可以写出适用于 delay8us（unsigned int）函数的参数，将这些音节参数存入如下数组：

```
unsigned char code tone[36]={
229, 217, 204, 193, 182, 172,
162, 153, 145, 136, 129, 121,      //低音
115, 108, 102,  97,  91,  86,
 81,  77,  72,  68,  64,  61,      //中音
 57,  54,  51,  49,  48,  45,
 41,  38,  36,  34,  32,  30  };   //高音
```

也可以写成：

```
unsigned char code tone[3][12]={
{  229, 217, 204, 193, 182, 172,
   162, 153, 145, 136, 129, 121},  //低音
{  115, 108, 102,  97,  91,  86,
    81,  77,  72,  68,  64,  61},  //中音
{   57,  54,  51,  49,  48,  45,
    41,  38,  36,  34,  32,  30 } };//高音
```

如果想发出最低音到最高音的 36 个音，每个音重复 100 次，程序如下：

```
 for(i=0;i<3;i++)                          //从低音到高音
        for(j=0;j<12;j++)                  //执行每个音阶
            for(k=0;k<100;k++)             //每个音阶各执行 100 次
            {
                buzzer=1;                  //buzzer 输出高电平
                delay8us(tone[i][j]);      //延迟该音阶对应时间
                buzzer=0;                  //buzzer 输出低电平
```

```
            delay8us(tone[i][j]);            //延迟该音阶对应时间
        }
```

音阶的频率是固定的，而节拍有快有慢，节拍越长节奏越慢，节拍越短节奏越快。产生节拍的方法也是一种时间处理的方法，以生日快乐歌前两个音节为例，第一个音是 Do，这个音的时间长度是 250 ms（也就是说 250 ms 都是产生 Do 的音），停顿一下，再发出第二个音 Do，还是持续 250 ms，接着再发 Re 的音，时间持续 500 ms，再发出 Do 音，时间持续 500 ms，第一小节结束。第二小节首先发出 Fa 的音，时间持续 500 ms，再发 Mi 的音，时间长达 1 000 ms，以此类推。

【例 2.8】 采用 51 单片机的 P3.2 管脚连接的按钮开关，控制接在 P3.7 端口的无源蜂鸣器发出两种不同频率的声音，模拟报警效果，当按下按钮时，蜂鸣器发出报警音。通过编程在实验板上实现该功能。

参考程序源代码如下：

```c
/***************************************************************
    蜂鸣器报警程序：alarm.c    按钮开关控制蜂鸣器的程序
***************************************************************/
//==声明区==========================================================
#include <reg51.h>
#define uchar unsigned char
#define uint unsigned int
sbit button=P3^2;
sbit buzzer=P3^7;
//==发声函数========================================================
void alarm (uchar x)
{
    uchar i,j;
    for(i=0;i<200;i++)
    {
        buzzer=~buzzer;
        for(j=0;j<x;j++);           //由参数 x 产生不同的频率
    }
}
//==主程序==========================================================
void main ( )
{
    buzzer=0;
    while(1)
    {
        if ( button==0)
        {
            alarm(80);
```

```
                alarm(100);
            }
        }
    }
}
```

【例 2.9】 采用 51 单片机的 P3.2~P3.5 管脚连接的 4 个按钮开关，控制接在 P3.7 端口的无源蜂鸣器发出声音模拟电子琴的效果，按下不同的按键会使蜂鸣器发出不同频率的声音。本例使用延时函数实现不同频率的声音输出，以后也可使用定时器。

参考程序源代码如下：

```c
/*****************************************************************
    四按键弹奏电子琴程序：key4_piano.c
*****************************************************************/
//==声明区=========================================================
#include<reg51.h>
#define uchar unsigned char
#define uint unsigned int
sbit buzzer=P3^7;
sbit K1=P3^2;
sbit K2=P3^3;
sbit K3=P3^4;
sbit K4=P3^5;
//==延时函数=======================================================
void delayms(uint x)
{
    uchar t;
    while(x--) for(t=0;t<120;t++);
}
//==按周期 t 发音函数===============================================
void play(uchar t)
{
    uchar i;
    for(i=0;i<100;i++)
    {
        buzzer=~buzzer;
        delayms(t);
    }
    buzzer=0;
}
//==主函数=========================================================
void main()
{
```

```
            P3=0x3a;
            buzzer=0;
            while(1)
            {
                if (K1==0)    play(1);
                if (K2==0)    play(2);
                if (K3==0)    play(3);
                if (K4==0)    play(4);
            }
        }
```

【任务实施】

1. 实施步骤

（1）各部分芯片及元件的选择。

（2）各部分电路的设计：

① 按钮开关电路的设计：按键接在 P2 端口，电路参考项目一的任务四。

② 蜂鸣器驱动电路的设计：蜂鸣器接在 P3.7 端口，具体电路参考本任务的相关知识。

（3）画出相应的 PCB 图：使用相应的电路图绘制工具 Altium Designer 或者 Protel 99SE 等软件，画出相应的 PCB 图。

（4）编写软件，并进行软件仿真：

① 运用 Keil 建立一个工程，将编好的程序添加到工程中进行调试并产生 hex 文件。

② 进行仿真，将 Keil 生成的 hex 文件在 Proteus 中载入 51 单片机芯片，进行仿真。

参考源程序如下：

```
/******************************************************************
      八按键弹奏电子琴实验程序：key8_piano.c
*******************************************************************/
#include <reg51.h>                    // 包含reg51.h头文件
#define LED    P1                     // 定义LED位置
#define SW     P2                     // 定义按键位置
sbit    buzzer=P3^7;                  // 声明蜂鸣器位置
unsigned char    keystate;            // 声明变量
/* 声明音阶                  Do  Re  Mi  Fa  So  La  Si  Do_H  */
unsigned char code tone[]= { 115, 102, 91, 86, 77, 68, 61, 57 };
void sound(unsigned char);            // 声明发声函数
void delay8us(unsigned char);         // 声明延迟函数
//====主程序=========================================
main()                                // 主程序开始
{   while (1)                         // while 循环
    {    LED=SW = 0xff ;              // 将 LED 关闭，SW 为输入
         keystate=~SW ;               // 读取按键状态
         switch (keystate)            // 判读按键
```

```
            { case 0x01: sound(0);break;        // 按下 S1，发 Do 音
              case 0x02: sound(1);break;        // 按下 S2，发 Re 音
              case 0x04: sound(2);break;        // 按下 S3，发 Mi 音
              case 0x08: sound(3);break;        // 按下 S4，发 Fa 音
              case 0x10: sound(4);break;        // 按下 S5，发 So 音
              case 0x20: sound(5);break;        // 按下 S6，发 La 音
              case 0x40: sound(6);break;        // 按下 S7，发 Si 音
              case 0x80: sound(7);break;        // 按下 S8，发高音 Do 音
            }
        }                                       // while 循环结束
}                                               // 主程序结束
//======发声函数===========================================
void sound(unsigned char x)                     // 发声函数开始
{   unsigned char i;                            // 声明变量
    LED=SW ;                                    // 点亮 LED
    for (i=0;i<80;i++)                          // 执行 80 次
        { buzzer=0; delay8us(tone[x]);          // 蜂鸣器动作
          buzzer=1; delay8us(tone[x]);}         // 蜂鸣器不动作
    LED=0xff;                                   // 关闭 LED
}                                               // 结束
//======延迟函数===========================================
void delay8us(unsigned char x)                  // 延迟函数开始
{   unsigned char i,j;                          // 声明变量
    for (i=0;i<x;i++)                           // 外循环
        for (j=0;j<1;j++);                      // 内循环
}                                               // 结束
```

（5）把编译好的程序下载烧写到单片机芯片中，进行软、硬件联合调试。

2. 技术报告及评测

将测试点、测试结果及故障原因分析记录下来，任务完成后撰写技术报告及效果评测。

任务四　数码管显示音乐盒电路的设计与制作

【任务要求】

根据 51 单片机的最小系统电路构成，结合数码管和蜂鸣器驱动电路的特点，设计与制作一个数码管显示的音乐盒电路，运用单片机的相关理论知识，编写单片机控制蜂鸣器发声和数码管显示的程序，并进行实际电路的调试。

具体任务要求如下：

（1）用 51 单片机控制蜂鸣器发出音乐盒数码管显示的对应序号的乐曲。

（2）选出适合本学习任务的相关元器件。

（3）根据设计要求，设计出单片机对应电路。
（4）编写单片机控制蜂鸣器发声和数码管显示的程序，并进行软硬件联合调试。

【相关知识】

一、蜂鸣器发出音乐的原理

声音是通过振动产生的。单片机对某一引脚以一定的频率循环置1、置0，该引脚便产生一定频率的方波，方波通过放大，作用于一定的物理器件（蜂鸣器），就产生了一定频率的声音。若改变输出方波的频率，则产生的声音随之改变。通过控制输出方波的时间长短，声音的长短也可以得到控制，因此，根据乐谱，以类似的音及同样的节拍，单片机就可以产生电子音乐。音乐播放的选择可以通过按键输入得以实现。

为了简便起见，以一定频率方波产生的音在其每个周期内出现高低幅值的时间各占一半。因此，输出引脚在每个方波周期内要动作两次：一次升高，一次降低，即输出引脚的频率是原音频率的两倍。一般说来，单片机演奏音乐基本上都是单音频率，它不包含相应幅度的谐波频率，也就是说，不能像真正的乐器那样能发出多种音色的声音。因此，单片机奏乐只需弄清楚两个概念即可，也就是"音调"和"节拍"。音调表示一个音符唱多高的频率，节拍表示一个音符唱多长的时间。音调就是我们常说的音高，它是由频率来确定的。我们可以查出各个音符所对应的频率，然后用单片机控制蜂鸣器发出相应频率的声音即可。

在一张乐谱中，我们经常会看到这样的表达式，如 1=C(4/4)、1=G(3/4) 等，这里 1=C(4/4)、1=G(3/4) 表示乐谱的曲调，和我们前面所谈的音调有很大的关联，4/4、3/4 就是用来表示节拍的。以 3/4 为例，它表示乐谱中以四分音符为节拍，每一小节有三拍。

对于一首歌曲，先整理出整首乐曲中的拍子种类，找出其中最短的节拍。如果整首歌曲中包含 1/4 拍、3/4 拍、1/2 拍、1 拍等，则以最短的 1/4 拍为基准，写一段 1/4 拍的延迟函数。执行函数时，参数为1则为1/4拍，参数为3则为3/4拍，参数为4则为1拍，以此类推。

如果 1/4 拍的时间为 0.125 s，则 beat125( ) 节拍的函数如下：

```
//==节拍 125 ms 函数=====================================
void beat125ms(unsigned int x)              //延时 125 ms 函数
{
    unsigned int i,j,k;                     //声明变量i, j
    for(i=0;i<x;i++)                        //循环 x 次
        for(j=0;j<125;j++)                  //循环 125 次
            for(k=0;k<120;k++);             //循环 120 次（约 1 ms）
}
```

以上函数如果要延迟1拍，则参数为4，即：
beat125ms（4）；
因此，如果利用该函数产生"生日快乐歌"的节拍，则节拍数组可定义如下：
unsigned char code beat[ ]={
 4，4，8，8，8，16，4，4，8，8，8，16，
 4，4，8，8， 8，8，4，4，8，8，8，16}；   //节拍

二、音乐盒例程

【例 2.10】 采用 51 单片机控制接在 P3.7 端口的无源蜂鸣器发出声音演奏《生日快乐》歌。本例使用延时函数实现不同频率的声音输出，以后也可使用定时器。

分析：首先准备待播放音乐的两个延时数组，tone 延时数组决定了 buzzer=~buzzer 输出 010101 时，每个高脉冲或低脉冲的延时，从而形成某种频率的声音输出。beat 延时数组控制着每个不同频率声音输出的时间长短，从而形成节拍效果，两个数组末尾的 0 为结束标志。

程序中第一个 for 循环内 50 为延时倍数，修改这个值可以减缓或加快音乐的播放速度。由于 beat[i]*50 会超过 uchar 的最大值，因此注意将变量 j 定义为 uint 类型。内层 for 循环中的 3 为频率递减调节，修改该值，如取值为 1，2，3，4 等，会整体调高或调低音调，但应注意，降低该值时，应适当加大节拍延时，即加大 50，否则可适当将 50 调小。

参考程序源代码如下：

```
/***************************************************************
生日快乐歌程序：music1.c
说明：程序运行时播放《生日快乐》歌，未使用定时器中断，所有频率完全用延时实现
***************************************************************/
//==声明区==================================================
#include <reg51.h>
#define uchar unsigned char
#define uint unsigned int
sbit buzzer=P3^7;
//==生日快乐歌的音符频率表，不同频率由不同的延时来决定==============
uchar code tone[]={
115,115,102,115,86,91,115,115,102,115,77,86,
115,115,57,68,86,91,102,61,61,68,86,77,86,0};
//==生日快乐歌节拍表，节拍决定每个音符的演奏长短====================
uchar code beat[] = {
3,1,4,4,4,8,3,1,4,4,4,8,
3,1,4,4,4,4,3,1,4,4,4,8,0};
//===延时函数================================================
void delayms(uint x)
{
    uchar t;
    while(x--) for(t=0;t<120;t++);
}
//===播放函数================================================
void play ( )
{
    uint i=0,j,k;
    while(beat[i]!=0||tone[i]!=0)
```

```c
        {
            for(j=0;j<beat[i]*50;j++)          //播放各个音符,beat 为拍子长度
            {
                buzzer=~buzzer;
                for(k=0;k<tone[i];k++);        //tone 延时表决定了每个音符的频率
            }
            delayms(10);
            i++;
        }
    }
    void main()
    {
        buzzer=0;
        while(1)
        {
            play ();                            //播放《生日快乐》
            delayms(500);                       //播放完后暂停一段时间
        }
    }
```

读者可尝试重新写一段音乐,并增加几个按键开关,使播放的开始、暂停、继续、停止操作均可自由控制。

【例 2.11】 采用 51 单片机控制接在 P3.7 端口的无源蜂鸣器发出声音分别演奏《送别》和《生日快乐》歌。当按下接在 P3.2 引脚的按钮时,蜂鸣器演奏歌曲《生日快乐》歌,同时接在 P2 端口的数码管显示歌曲序号 1;演奏完毕再按下接在 P3.3 引脚的按钮时,蜂鸣器演奏歌曲《送别》,同时数码管显示歌曲序号 2。本例使用延时函数实现声音输出,以后也可以使用定时器。

参考程序如下:

```c
/***************************************************************
《生日快乐》歌和《送别》歌曲程序:music2.c    所有频率完全用延时实现
***************************************************************/
//== 声明区 ====================================================
#include <reg51.h>
#define uchar unsigned char
#define uint unsigned int
sbit K1=P3^2;
sbit K2=P3^3;
sbit buzzer=P3^7;
unsigned tab[]={
0x3f,0x06,0x5b,0x4f,0x66,0x6d,
0x7d,0x07,0x7f,0x6f };
```

```c
uchar code tone1[]={
115,115,102,115,86,91,115,115,102,115,77,86,
115,115,57,68,86,91,102,61,61,68,86,77,86,0};
uchar code beat1[] = {
3,1,4,4,4,8,3,1,4,4,4,8,
3,1,4,4,4,4,3,1,4,4,4,8,0};
uchar code tone2[]={
77,91,77,57,68,57,77,77,115,102,91,102,115,102,
77,91,77,57,61,68,57,77,77,102,91,86,121,115,0};
uchar code beat2[] = {
2,1,1,4,2,2,4,2,1,1,2,1,1,8,
2,1,1,2,2,2,2,4,2,1,1,2,2,8,0};
//==延迟函数=====================================================
void delayms(uint x)
{
    uchar t;
    while(x--) for(t=0;t<120;t++);
}
//==播放函数 1===================================================
void play1 ( )
{
    uint i=0,j,k;
    while(beat1[i]!=0||tone1[i]!=0)
    {
        for(j=0;j<beat1[i]*50;j++)
        {
            buzzer=~buzzer;
            for(k=0;k<tone1[i];k++);
        }
        delayms(10);
        i++;
    }
}
//==播放函数 2===================================================
void play2 ( )
{
    uint i=0,j,k;
    while(beat2[i]!=0||tone2[i]!=0)
    {
```

```c
            for(j=0;j<beat2[i]*100;j++)
            {
                buzzer=~buzzer;
                for(k=0;k<tone2[i];k++);
            }
            delayms(10);
            i++;
        }
}
//==主函数======================================================
void main()
{
    buzzer=0;
    while(1)
    {
        if(K1==0)
        {
            while(K1==0);
            {
                P2=0xfe;
                P0=~tab[1];
                play1();
                delayms(500);
                P2=0xff;
            }
        }
        if(K2==0)
        {
            while(K2==0);
            {
                P2=0xfe;
                P0=~tab[2];
                play2();
                delayms(500);
                P2=0xff;
            }
        }
    }
}
```

★ 项目实践

1. 项目要求

设计一个由 51 单片机控制的数码管显示音乐盒电路,并在实验板上制作硬件电路,进行软件编程和下载调试,实现按照规定歌曲要求进行演奏配合显示。

具体任务要求如下:

(1)选择 2 首以上的歌曲,通过按钮控制蜂鸣器演奏歌曲,同时数码管显示歌曲序号。
(2)合理选择电路元器件,了解所选用的电路元器件的主要性能特点及管脚排列。
(3)设计电路原理图,画出 PCB 版图,进行软件编程。
(4)按照给出的电路装配图进行电路安装。
(5)进行音乐盒电路软硬件联合调整与测试,并分析测试现象。
(6)编写电路装配的工艺流程说明、调整测试记录、测试结果分析等。

2. 实施步骤

(1)芯片的选择:根据本实践任务需要,这里推荐选择的单片机型号是 DIP40 封装的 STC89C52RC;数码管采用共阴七段数码管;蜂鸣器元器件采用 5 V 工作的无源蜂鸣器。
(2)各部分电路的设计:数码管显示电路的设计方案可以参考图 2.8。
(3)画出相应的 PCB 图:使用电路图绘制工具画出相应的 PCB 图。
(4)编写软件,并进行软件仿真:
① 运用 Keil 建立一个工程,将编好的程序添加到工程中进行调试并产生 hex 文件。
② 进行仿真,将 Keil 生成的 hex 文件在 Proteus 中载入 51 单片机芯片,进行仿真。
(5)根据设计的单片机控制系统,选用相应的元器件并测试元器件。
(6)根据制作工艺要求,制作电路板。
(7)把编写的软件下载烧写到单片机芯片中,进行软、硬件联合调试。

3. 结果评估

以项目组为单位展示在实验板上制作的数显音乐盒电路,对电路上电演示并现场介绍功能,以项目组为单位测试电路板,将测试点、测试结果及故障原因分析记录下来。测试点有:电路板电源电压(JP10)、单片机电源管脚(第 20、40 脚)、单片机复位管脚(第 9 脚)、单片机晶体管脚(第 18、19 脚)、单片机 $\overline{EA}$ 管脚(第 31 脚)、蜂鸣器的各个引脚、数码管段码和位选管脚。

提交项目相关的技术文档及工艺文档,经项目指导老师审核后进行统一评估。

★ 练习与思考

1. 单选题

(1)AT89C51 单片机复位后 P2 端口的状态是(   )。
  A. 00H   B. 07H   C. 7FH   D. 0FFH
(2)8951 单片机的 P0 端口可以驱动(   )个 LS TTL 负载。
  A. 2   B. 4   C. 8   D. 16
(3)8051 单片机的 P0 端口驱动拉电流负载时必须接(   )。

A．电源　　　　　B．地　　　　　C．下拉电阻　　　D．上拉电阻

（4）8051单片机的P2端口除作为输入/输出接口使用外，还可以作为（　　）使用。

A．数据总线　　　B．控制总线　　　C．低8位地址总线　D．高8位地址总线

（5）8051单片机的P3端口可以驱动（　　）个LSTTL负载。

A．2　　　　　　B．4　　　　　　C．8　　　　　　D．16

（6）共阳极LED数码管加反相器驱动时显示字符"0"的段码是3FH，则显示字符"6"的段码是（　　）。

A．06H　　　　　B．7DH　　　　　C．82H　　　　　D．FAH

（7）共阳极数码管段选信号接（　　）有效。

A．高电平　　　　B．低电平　　　　C．脉冲　　　　　D．上升沿

（8）MCS-51单片机有（　　）根I/O线。

A．32　　　　　　B．24　　　　　　C．16　　　　　　D．8

（9）MCS-51单片机的最小定时单位是（　　）。

A．状态　　　　　B．节拍　　　　　C．机器周期　　　D．指令周期

（10）8051单片机传送外部存储器地址信号的端口是（　　）。

A．P0口和P1口　　　　　　　　　　B．P1口和P2口
C．P1口和P3口　　　　　　　　　　D．P0口和P2口

2. 设计题

使用单只数码管循环显示数字0~9，间隔时间约为1s，设计原理图并使用C语言编程。其中共阳极数码管字库为：

数字	0	1	2	3	4	5	6	7	8	9
编码	0xc0	0xf9	0xa4	0xb0	0x99	0x92	0x82	0xf8	0x80	0x90

项目三　可调式数字时钟的设计与制作

★ 项目描述

现代生活中，人们越来越重视时间观念，数字钟以其价格低廉、使用方便、走时精度高、便于集成化而受到广大消费者的喜爱，得到了广泛的使用。数字钟是采用数字电路实现对"时"、"分"、"秒"数字显示的计时装置，数字钟的精度、稳定度远远超过老式机械钟。

本项目利用单片机的中断控制技术和定时器，通过数字按键实时设置数字时钟的时间，以 24 小时制计时方式，采用 LED 数码管显示时、分、秒，电路除了具有显示时间的基本功能外，还可以实现对时间的手动调整。

图 3.1　数字时钟实物图

★ 项目分析

1. 工作任务

通过单片机的定时器实时刷新数码管所显示的"时-分-秒"时间，采用按钮调节时间的控制方式，手动调节数字时钟时间。

2. 项目任务和要求

（1）设计一个数字时钟，由数码管构成显示电路，以按钮作为控制电路，要求按钮 1 按下时，小时加 1，按钮 2 按下时，分钟加 1。

（2）合理选择电路元器件，通过查阅手册了解所选用的电路元器件的主要性能特点及管脚排列。

（3）画出电路图，进行电路装配，进行电路软、硬件联合调试，并分析测试现象。

（4）编写相关技术文档及工艺文档。

★ 项目分解与实施

根据以上对项目的分析，依据循序渐进的原则，从实现按钮开关中断控制和矩阵键盘扫描控制电路开始，再到采用定时器实现可调式数字时钟电路的设计与制作。

因此，按照先简单、后复杂的顺序对本学习项目进行分解，包括以下三个学习任务：

（1）按钮开关中断控制电路的设计与制作。

（2）矩阵键盘扫描电路的设计与制作。

（3）可调式数字时钟的设计与制作。

任务一　按钮开关中断控制电路的设计与制作

【任务要求】

根据给出的 51 单片机实验板已有的相关硬件和元器件，设计与制作出按钮开关中断控制电路，并运用单片机中断理论知识对按钮开关外部中断控制电路进行软件编程和软硬件调试与检测。具体任务要求如下：

（1）在项目 1 制作的交通信号指示灯原有功能的基础上增加紧急模式和夜间工作模式：按下紧急按钮时，各个路口红灯全亮，60 s 过后返回正常模式；按下夜间工作模式按钮时，各个方向上的黄灯闪烁（0.5 s 亮，0.5 s 灭）60 s，60 s 过后返回正常模式。

（2）选出适合本学习任务的单片机外围电路相关元器件。

（3）对按钮开关外部中断控制电路进行软件编程。

（4）根据设计要求，装配出按钮开关接口电路，实现软、硬件联合调试。

【相关知识】

一、51 单片机中断概述

（一）51 单片机的中断源

什么是单片机的中断呢？在日常生活中就存在着许多中断现象，请看下面的例子。

你在看书，电话铃响了，你在书上做个记号，走到电话机旁。你拿起电话与对方通话，门铃响了，你让打电话的对方稍等一下，你去开门，并与来访者交谈。谈话结束，关好门，回到电话机旁，拿起电话，继续通话。通话完毕，挂上电话，你再从书上作记号的地方开始继续往下阅读。这是一个很常见的中断现象。从看书到接电话，是一次中断过程，而从接电话到与门外来访者交谈，则是在中断过程中发生的又一次中断，即所谓中断嵌套。

为什么会发生上述中断现象呢？这是因为，你在一个特定的时刻面对着三项任务：看书、接电话和接待来访者，但又不可能同时完成这三项任务，因此你只好采用中断方法，穿插着去做。

类似的情况在单片机的工作中也存在，因为 51 单片机只有一个 CPU，在 CPU 运行程序的过程中可能会出现诸如数据输入、输出或特殊情况处理等其他需要 CPU 去处理的事情，对此，CPU 也只能采取停下一个任务去处理另一个任务的中断解决方案。

中断（interrupt）是指，单片机暂时停下目前所执行的程序，先去执行特定的程序（即中断子程序），待完成特定的程序后，再返回原处接着执行原来停下的程序这一过程。

51 单片机有 5 个中断源，它们分别是：

（1）2 个外部中断：INT0（P3.2）和 INT1（P3.3）。

（2）2 个片内定时/计数器中断：T0 和 T1。
（3）1 个片内串行口中断：TI 或 RI。
这 5 个中断源的中断编号和程序入口地址如表 3.1 所示。

表 3.1 5 个中断源的中断编号和程序入口地址

中断源	中断编号	入口地址
外部中断 0	0	0003H
定时器/计数器 0	1	000BH
外部中断 1	2	0013H
定时器/计数器 1	3	001BH
串行口中断	4	0023H

51 单片机的中断控制系统如图 3.2 所示。

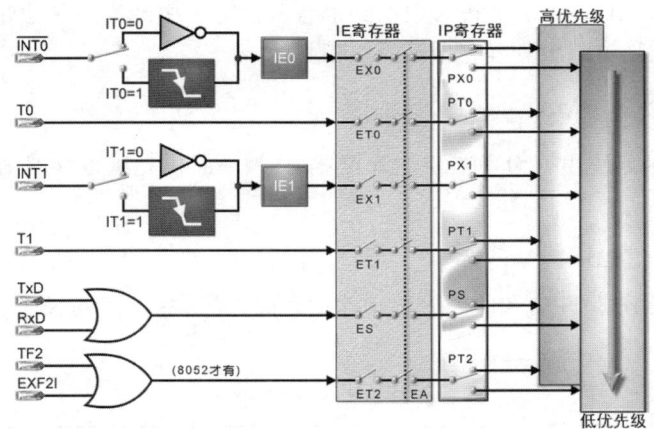

图 3.2 MCS-51 的中断控制系统

而 8052 提供 6 个中断服务，除了以上 5 个中断外，还包括一个定时/计数器（Timer2）的中断。

（二）单片机对中断请求的处理流程

CPU 响应中断请求后，就立即转去执行中断服务程序。不同的中断源、不同的中断要求可能有不同的中断处理方法，但它们的处理流程大致相同，下面介绍这一流程。

1. 现场保护和现场恢复

中断是指 CPU 在执行某一任务的过程中中断而转去执行其他任务，为了在执行完中断服务程序后，回头再接着执行原先的程序时知道程序是从何处打断的，各相关寄存器的内容如何，就必须在转去执行中断服务程序之前，将这些内容和状态进行备份——即保护现场。比如，上面举的例子中，走在看书时，电话铃响需要去接电话，于是在书上做个记号，以便在接完电话回来看书时知道从哪里继续往下看。计算机的中断处理方法也是如此，中断开始前需要将有关寄存器的内容压入堆栈进行保存，以便在恢复执行原来的程序时使用。中断服务程序完成后，要继续执行原先的程序，就需要将保存在堆栈中的现场内容弹出，恢复寄存器和存储单元的原有内容，这就是现场恢复。如果在执行中断服务程序时不是按上述方法进行现场保护和现场恢复,就会使程序运行紊乱,程序跑飞,从而使单片机不能正常工作。

2. 中断打开和中断关闭

在中断处理进行的过程中,可能又有新的中断请求到来,按规定,现场保护和现场恢复的操作是不允许打扰的,否则保护和恢复的过程就可能使数据出错。为此在进行现场保护和现场恢复的过程中,必须关闭总中断,屏蔽其他所有的中断,待这个操作完成后再打开总中断,以便实现中断嵌套。

3. 中断服务程序

既然有中断产生,就必然有其需要具体执行的任务,中断服务程序就是执行中断处理的具体内容,一般以子程序的形式出现,所有中断都要求 CPU 转去执行中断服务程序。

4. 中断返回

执行完中断服务程序后,必然要返回。中断返回就是让程序运行从中断服务程序转回到先前执行的程序处。在 MCS-51 单片机采用汇编语言编程时,中断返回是通过一条专门的指令实现的,自然这条指令是中断服务程序的最后一条指令。

(三) IE 寄存器和 IP 寄存器

8051 的中断控制系统主要由中断使能寄存器 IE 和中断优先级寄存器 IP 控制。下面对这两个寄存器进行说明。

1. 中断使能寄存器 IE

中断使能寄存器 IE 是开启和关闭中断功能的开关,它是一个 8 位的可位寻址寄存器,其各允许位如表 3.2 所示。

表 3.2 IE 寄存器

D7	D6	D5	D4	D3	D2	D1	D0
EA	—	ET2	ES	ET1	EX1	ET0	EX0

表 3.2 中各位功能说明如下:

EX0——外部中断 0 中断请求允许位。

ET0——定时器/计数器 0 中断请求允许位。

EX1——外部中断 1 中断请求允许位。

ET1——定时器/计数器 1 中断请求允许位。

ES——串行口中断请求允许位。

ET2——定时器/计数器 2 中断请求允许位,该位是 52 单片机特有的,8051 没有该位。

EA——中断请求允许总控制位。

说明:IE 寄存器中各个允许位为 0 时对应中断请求被禁止,为 1 时允许对应中断请求;EA 是中断总开关,如果它等于 0,则全部的中断请求都将被禁止。

2. 中断优先级寄存器 IP

中断优先级寄存器 IP 是设置各个中断优先级的开关,它是一个 8 位的可位寻址寄存器,其各允许位如表 3.3 所示。

表 3.3　IP 寄存器

D7	D6	D5	D4	D3	D2	D1	D0
—	—	PT2	PS	PT1	PX1	PT0	PX0

表 3.3 中各位功能说明如下：
PX0——外部中断 0 中断优先级设置位。
PT0——定时器/计数器 0 中断优先级设置位。
PX1——外部中断 1 中断优先级设置位。
PT1——定时器/计数器 1 中断优先级设置位。
PS——串行口中断优先级设置位。
PT2——定时器/计数器 2 中断优先级设置位，该位是 52 单片机特有的。
以上各位为 1，则对应的中断为高优先级，为 0，则对应的中断为低优先级。
如果将 IE 寄存器和 IP 寄存器进行比对，可以发现其中各位几乎是相对应的。所以，记住 IE 寄存器也就记住 IP 寄存器了。
很明显，IP 寄存器只是设置各个中断的优先级高低，而原先各个中断已有先后优先之分，称为自然优先级。自然优先级规定的中断优先等级为：INT0 > TF0 > INT1 > TF1 > RI/TI > TF2。
如果 IP 寄存器设置为 0x0c，即将外部中断 1 和定时器/计数器 1 的对应位设置为 1，其他各位设置为 0，则中断的优先等级变为：INT1 > TF1 > INT0 > TF0 > RI/TI > TF2。

二、51 单片机的外部中断

（一）51 单片机的外部中断引脚

51 单片机有 INT0 与 INT1 两个外部中断，CPU 通过 INT0 及 INT1 引脚接受外部的中断请求。
外部中断 0：端口引脚为第 12 脚（P3.2 复用引脚），引脚符号为 INT0。
外部中断 1：端口引脚为第 13 脚（P3.3 复用引脚），引脚符号为 INT1。
外部中断信号的采样方式可分为电平触发（低电平触发）和边沿触发（负边沿触发）两种。若采用电平触发，则必须将 TCON 寄存器（稍后介绍）中的 IT0（或 IT1）设置为 0，只要第 12 引脚（或第 13 引脚）为低电平，即视为外部中断请求。若采用边沿触发，则必须将 TCON 寄存器中的 IT0（或 IT1）设置为 1，只要第 12 引脚（或第 13 引脚）的信号由高电平变为低电平，即视为外部中断请求。这些中断请求将反映在 IE0（或 IE1）里，若 IE 寄存器的 EX0（或 EX1）= 1 且 EA = 1，CPU 将进入该中断的服务程序。中断优先级寄存器 IP 用于安排多个中断发生时中断服务执行的顺序。

（二）定时器/计数器控制寄存器 TCON

几个中断源的具体工作方式是由 TCON（定时器/计数器控制寄存器）和 SCON（串口控制寄存器）两个特殊功能寄存器进行控制的，其中 SCON 寄存器在项目四的串口部分再做介绍，这里只介绍 TCON 寄存器。
TCON 寄存器是一个 8 位的可位寻址寄存器，如表 3.4 所示。

表 3.4　TCON 寄存器

D7	D6	D5	D4	D3	D2	D1	D0
TF1	TR1	TF0	TR0	IE1	IT1	IE0	IT0

表 3.4 中低 4 位功能说明如下：

IT0——外部中断 0 的触发方式，1 为负边沿触发，0 为低电平触发。

IE0——外部中断 0 的中断标志位，1 为外部中断 0 向 CPU 请求中断，0 为没有请求中断。

IT1——外部中断 1 的触发方式，1 为负边沿触发，0 为低电平触发。

IE1——外部中断 1 的中断标志位，1 为外部中断 1 向 CPU 请求中断，0 为没有请求中断。

在定时器/计数器控制寄存器 TCON 里，其高 4 位只与定时器/计数器有关，而低 4 位的设置与外部中断信号的采样方式有关。其中 IT0 与 IT1 分别为 INT0 与 INT1 的采样信号设置位，采用负边沿触发信号，可将它设置为 1；采用低电平动作信号，可将它设置为 0。而 IE0 与 IE1 两个位是由 CPU 操作的中断标志，当中断发生时，将被设置为 1；中断结束时，将恢复为 0。51 单片机响应外部中断请求后会自动将外部中断标志位清零，但由于外部中断请求方式的特点，在使用外部中断中要注意避免重复请求。

（三）外部中断的应用

中断的应用包括中断寄存器的设置与中断子程序的编写。

中断寄存器的设置包括开启中断开关（即 IE 寄存器的设置）、中断优先级的设置（即 IP 寄存器的设置）、中断信号方式的设置（即 TCON 寄存器的设置）等，可以在程序里直接设置 IE 寄存器、IP 寄存器及 TCON 寄存器。

例如，要开启"总开关"、"INT0 开关"，则可以使用下列命令：

　　IE = 0X81；　　　　　// 启用 INT0 中断

其中 0x81 就是二进制 10000001，相当于把 IE 寄存器的 EA 和 EX0 设置为 1。

同理，若要开启"总开关"、"INT1 开关"，则可以使用下列命令：

　　IE = 0X84；　　　　　// 启用 INT1 中断

若要开启"总开关"、"INT0 开关"、"INT1 开关"，则可以使用下列命令：

　　IE = 0X85；　　　　　// 启用 INT0、INT1 中断

对于中断优先级的设置，也是采用类似的命令，只是操作对象为 IP 寄存器。

例如，要提高 INT1 的优先等级，其命令为：

　　IP = 0X04；　　　　　// 设置 INT1 中断为高优先级

而外部中断信号的触发方式可在 TCON 寄存器里设置，例如，INT1 中断要采用负边沿触发方式，则可以使用下列命令：

　　TCON = 0X04；　　　　// 设置 INT1 采用负边沿触发方式

中断子程序是一种特殊的子程序（函数），其第一行的格式为：

　　void 中断子程序名称（void）　　interrupt 中断编号　　using 寄存器组

例如，要定义一个 INT1（对应的中断编号为 2）的中断子程序，其名称为"my_int1"，而在该中断子程序使用 RB1 寄存器组，则中断子程序的第一行应为：

　　void my_int1（void）interrupt 2 using 1　　　//INT1 中断子程序

紧接着在一对大括号里编写此中断子程序的内容，与一般函数类似，这里不再详述。

三、按钮开关中断程序的编写

在电子产品中常常会用到键盘,键盘分为编码键盘和非编码键盘。键盘上闭合键的识别由专用的硬件编码器实现并产生按键编码号或键值的,称为编码键盘,如计算机键盘;而靠软件编程来识别的键盘称为非编码键盘。在单片机组成的各种系统中,非编码键盘用得较多。非编码键盘又分为独立按钮和行列式(又称矩阵式)键盘。

键盘实际上就是一组按键,在单片机外围电路中,通常用到的按键都是机械弹性开关,当开关闭合时线路导通,开关断开时线路断开。弹性小按键被按下时闭合,松手后自动断开;自锁式按键按下时闭合且会自动锁住,只有再次按下时才弹起断开。通常单片机的外围输入控制采用弹性小按键较好,而常常把自锁式按键当做电源开关使用。

【例3.1】 在实验板上用一个开关按钮(接在单片机第13引脚 P3.3)控制数码管,功能为:① 没有按下按钮时,共阳极数码管循环从0开始正数到9,每0.5 s增加1;② 按下按钮时,进入中断状态,数码管将从9开始闪烁倒数到0(一圈后结束中断),每0.5 s减少1。

分析: 实验板上共阳极数码管的段码接在P0端口,位选接在P2.0引脚,控制按钮接在第13引脚 P3.3。采用外部中断方式,需要在主程序的初始化时把相应的中断开启,第13引脚对应的外部中断是INT1,若要开启"总开关"、"INT1开关",则可以使用下列命令:

    IE = 0x84;   //启用 INT1 中断

根据本例按钮控制七段数码管显示字符的先后顺序和各个字符的亮灭时间,可以画出对应的时序图,具体程序流程图与算法描述此处略。本例题的参考源程序如下:

```
//==声明区==================================
#include  <reg51.h>                    //包含 8x51 寄存器头文件
#define    SEG    P0                   //定义七段数码管接至 P0
void delay1ms(int);                    //声明延迟函数
/* 声明七段数码管驱动信号数组(共阳)*/
unsigned char code TAB[]={
        0xc0,0xf9,0xa4,0xb0,0x99,       //数字 0~4
        0x92,0x83,0xf8,0x80,0x98 };     //数字 5~9
//==主程序==================================
main()                                 //主程序开始
{    int i;                            //声明 i 变量(计数值)
     IE=0x84;                          //允许 INT 1 中断
     P2=0xfe;                          //数码管的位选有效
     while(1)                          //无穷循环,程序一直跑
        { for(i=0;i<10;i++)            //显示 0~9(上数)
            {   SEG=TAB[i];            //显示数字至七段数码管
                delay1ms(500);         //延迟 500 ms = 0.5 s
            }
        }                              //for 循环结束
}                                      //主程序结束
//==子程序==================================
```

```
/* INT 1 的中断子程序 - 数字闪烁倒数 9-0 */
void my_int1（void）interrupt 2              //INT1 中断子程序开始
{    int i;                                   //声明 i 变量（计数值）
     for (i=9;i>=0;i--)                       //for 循环显示 9~0(往下数)
         {   SEG=TAB[i];                      //显示数字至七段数码管
             delay1ms(250);                   //延迟 250 ms=0.25 s
             SEG=0xff;                        //关闭七段数码管
             delay1ms(250);                   //延迟 250 ms=0.25 s
         }                                    //for 循环结束
}                                             //结束中断子程序
/* 延迟函数,延迟约 x*1ms */
void delay1ms(int x)                          //延迟函数开始
{    int i,j;                                 //声明整数变量 i, j
     for (i=0;i<x;i++)                        //计数 x 次，延迟 x×1 ms
         for (j=0;j<120;j++);                 //计数 120 次，延迟 1 ms
}                                             //延迟函数结束
```

一般情况下，交通灯显示电路已经按照车流量的大小合理分配了通行时间，交通灯的显示时间按一定规律变化。但考虑到紧急车辆通行路况和夜间车辆减少的路况，需要增加两个功能：紧急通行功能和夜间模式功能。

【例 3.2】 在实验板上用两个开关按钮控制交通灯，功能分别为：① 按钮 1 是紧急按钮，按下时（应急车辆出现），各个路口红灯全亮以禁止其他车辆通过，应急车辆通车时间为 60 s，60 s 过后返回正常模式；② 按钮 2 是夜间工作模式按钮，按下之后各个方向上的黄灯闪烁（0.5 s 亮，0.5 s 灭）60 s，60 s 过后返回正常模式；③ 正常模式下东西和南北两个方向道路的直行交通灯红、黄、绿灯光变换按照表 3.5 的 4 种状态依次循环。要求两个按钮接在外部中断引脚，采用中断控制方式，试编写程序实现该功能要求。

表 3.5 正常模式下交通灯状态表

方向 状态	东西方向直行	南北方向直行	时间
①	绿灯	红灯	30 s
②	黄灯	红灯	3 s
③	红灯	绿灯	24 s
④	红灯	黄灯	3 s

分析：实验板上发光二极管接在 P1 端口，控制按钮接在第 12 引脚 P3.2 和第 13 引脚 P3.3。采用外部中断方式，需要在主程序初始化时把相应的中断开启，第 12 引脚对应的外部中断是 INT0，第 13 引脚对应的外部中断是 INT1。若要开启"总开关"、"INT0 开关"、"INT1 开关"，则可以使用下列命令：

    IE = 0x85;   //启用 INT0、INT1 中断

根据本例 2 个按钮控制发光二极管的先后顺序和各个状态的亮灭时间，可以画出对应的时

序图，具体程序流程图与算法描述此处略。本学习任务的参考源程序如下：

/**
　　按钮控制程序：Button_int.c　　按钮开关外部中断控制程序
**/
```c
//==声明区====================================
#include <reg51.h>                      //包含51单片机头文件
char code TAB[]={ 0xf3,0xeb,0xd7,0xdd};  //声明TAB数组变量
int code TIME[]={30000,3000,24000,3000}; //声明保持时间数组变量
void delay(int);                         //声明延时函数
void norm();                             //声明普通模式函数
//==主程序====================================
void main()                              //主函数
{
    IE=0x85;                             //启用INT0、INT1中断
    TCON=0x05;                           //设置INT0、INT1为负边沿触发
    while(1)norm();                      //循环运行普通模式函数
}
//==子程序====================================
void norm()                              //普通模式函数
{
    char i;                              //声明变量
    for(i=0;i<4;i++)                     //循环4次
    {
      P1=TAB[i];                         //P1送显示内容
      delay(TIME[i]);                    //保持适当的时间
    }
}
 void delay(int x)                       //延时函数
{
    char i;                              //声明变量
    while(x--)                           //循环x次
       for(i=0;i<120;i++)                //循环120次（约1ms）
          ;                              //空语句 _NOP_( );
}
//==外部中断子程序==============================
void red_alarm(void)interrupt 0          //外部中断0服务子函数
{
    char i;                              //声明变量
    for(i=0;i<60;i++)                    //循环60次
```

```
            {
              P1=0xdb;                              //送 P1 端口数据,亮红灯
              delay(1000);                          //保持 1 s
            }
        }
    void yellow_flash(void)interrupt 2              //外部中断 1 服务子函数
    {
            char i;                                 //声明变量
            for(i=0;i<60;i++)                       //循环 60 次
            {
              P1=0xed;                              //送 P1 端口数据,亮黄灯
              delay(500);                           //保持 0.5 s
              P1=0xff;                              //送 P1 端口数据,熄灭黄灯
              delay(500);                           //保持 0.5 s
            }
    }
```

【任务实施】

1. 实施步骤

（1）各部分芯片及元件的选择：紧急按钮和夜间模式按钮都选择 a 型触点按钮开关，其余芯片及元件的选择同前。

（2）各部分电路的设计：用 51 单片机控制 2 个按钮开关中断控制交通灯电路进入紧急模式和夜间模式。按钮 1 是紧急按钮，按下时（应急车辆出现），各个路口红灯全亮，时间为 60 s，60 s 过后返回正常模式；按钮 2 是夜间工作模式按钮，按下之后各个方向上的黄灯闪烁（0.5 s 亮，0.5 s 灭）60 s，60 s 过后返回正常模式；正常模式下东西和南北两个方向道路的直行交通灯红、黄、绿灯光变换按照表 3.5 的 4 种状态依次循环。紧急按钮和夜间模式按钮的一端分别连接在 P3.2 和 P3.3 引脚上，另一端接地。如果按钮按下，其状态为"0"；如果按钮未按下，其状态为"1"。由于 P3 口有内部上拉电阻，所以在电路中，不需要再连接外部上拉电阻（当然也可以连接上拉电阻）。

（3）画出相应的 PCB 图：使用电路图绘制工具 Altium Designer 或者 Protel 99SE 等软件画出 PCB 图。

（4）编写软件，并进行软件仿真：

① 运用 Keil 建立一个工程，将编好的程序添加到工程中进行调试并产生 hex 文件。

② 进行仿真，将 Keil 生成的 hex 文件在 Proteus 中载入 51 单片机芯片，进行仿真。

（5）装配制作单片机控制 2 个按钮开关的中断控制电路板。

① 根据指导老师发放的焊接装配图，参考任务小组设计的电路图，领取相应元器件并识别、测试元器件。

② 工具准备：电烙铁、焊锡丝、金属镊子、尖嘴钳、斜口钳、吸锡器等焊接工具，万用表、示波器、直流稳压电源等测试工具。

③ 按工艺要求安装元器件并焊接。步骤如下：

- 在给出的实验板上安装按钮开关并焊接。
- 按焊接图对上拉电阻进行焊接。

（6）把编译好的软件下载烧写到单片机芯片中，进行软、硬件联合调试。

（7）观察实验现象，如有故障，测试电路板并查找故障原因。

2. 技术报告及评测

将测试点、测试结果及故障原因分析记录下来，任务完成后撰写技术报告。

任务二　矩阵键盘扫描电路的设计与制作

【任务要求】

根据给出的 51 单片机实验板已有的硬件元器件，设计与制作出 4×4 矩阵键盘电路，并运用单片机的相关理论知识对矩阵键盘电路进行调试与检测。

具体任务要求如下：

（1）用 1 位共阳极数码管对 4×4 矩阵键盘对应按键的号码（0、1、2、3、4、5、6、7、8、9、A、B、C、D、E、F）进行显示。

（2）选出适合本任务的单片机外围元器件。

（3）根据设计要求，装配出接口电路，编写矩阵键盘电路的软件程序。

（4）能用相关仪器仪表检测元器件电路，进行 4×4 矩阵键盘电路的软硬件联合调试。

【相关知识】

一、矩阵键盘概述

（一）认识矩阵键盘

前面的任务一中用到了 2 个按钮开关，结果占用了单片机 2 个位的输入/输出端口。如果需要 16 个按钮开关，若以相同的硬件方式连接这 16 个按钮，就需要占用单片机 16 个输入/输出端口，这当然不是好办法。

对于少量的功能键，一般采用独立式按键结构。独立式按键是指各按键相互独立，各自占用单片机的一条输入数据线，每个按键的工作不会影响其他按键的 I/O 口。独立式按键虽然编程简单，但占用 I/O 口资源较多，不适合在按键较多的场合中应用。在实际应用中经常要用到输入数字、字母、符号等操作功能，如电子密码锁、电话机键盘、计算器按键等，常常需要 12~16 个按键（或者更多按键），在这种情况下如果用独立式按键的话，显然太浪费 I/O 端口资源，为了解决这一问题，需要使用矩阵式键盘。

对单片机系统而言，如果需要多个按钮，通常会将这些按钮排成阵列，例如 16 个按钮，则排列成 4×4 阵列，称之为矩阵键盘（Keyboard），如图 3.3 所示。

所谓"4×4"，是指 4 行（row）与 4 列（column）

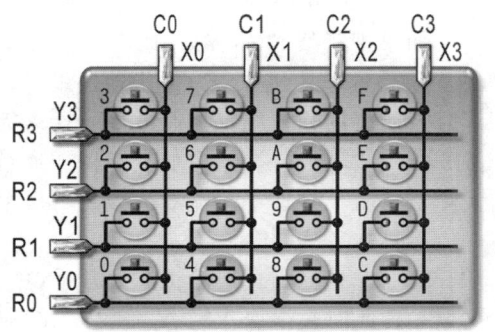

图 3.3　4×4 矩阵键盘的构造

所构成的按键阵列,由下而上各行编制为 R0、R1、R2 及 R3,由左而右各列编制为 C0、C1、C2 及 C3,而每个按键依次编制为 0~9、A~F。由于行属于 Y 轴,也可将 R0~R3 写为 Y0~Y3;列属于 X 轴,也可将 C0~C3 写为 X0~X3。当然,也可以根据使用者的需要自行编制。在电路设计上,常使用 Tack Switch。图 3.4 所示为 Tack Switch 的结构,其外表是一个具有 4 个引脚的正方形,而其内部是将两对引脚内部连接,两对引脚之间则为 a 接点。

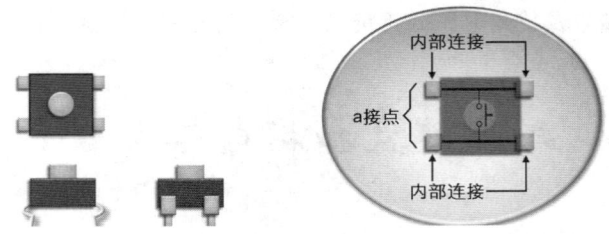

图 3.4　Tack Switch 的结构

使用这种具有内部连接的 Tack Switch,可以在电路板上轻松制作出 4×4 矩阵键盘电路,如图 3.5 所示。

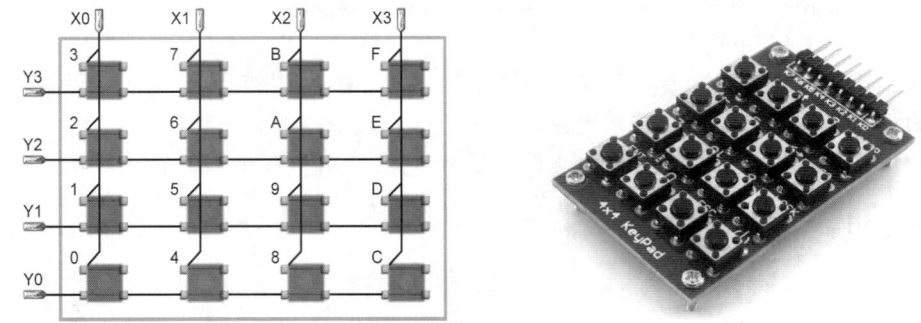

图 3.5　由 Tack Switch 构成的 4×4 矩阵键盘

(二)矩阵键盘的扫描原理

如果使用 4×4 矩阵键盘,一旦有按键按下,单片机必须判断出是哪个按键按下了,这个判断过程一般称为矩阵键盘的扫描原理。有很多种判断按键的方法,这里介绍两种常用的键盘扫描方法。

1. 逐列扫描法

如果把行线 Y0~Y3(或者 R0~R3)通过电阻接正电源,并将列线 X0~X3(或者 C0~C3)所接的单片机 I/O 口作为输出端,而行线所接的 I/O 口作为输入端。这样,当按键没有按下时,所有的输入端都是高电平,代表无键按下。如果给列线输出端全部送低电平,一旦有键按下,则输入线就会被拉低,这样,通过读入输入线的状态就可以得知是否有键按下了。但在实际扫描时,是逐个轮流对列线送低电平的。

具体过程为:

第一步送"1110"给 X3、X2、X1、X0,也就是说,只有 X0 列为低电平,其他各列都是高电平,此时去读取 Y3、Y2、Y1、Y0 的状态,如果为 1110,说明键 0 被按下;如果为 1101,说明键 1 被按下;如果为 1011,说明键 2 被按下;如果为 0111,说明键 3 被按下。当然,如果读到 Y3、Y2、Y1、Y0 的状态为 1111，说明键 0、1、2、3 都没有按下。

第二步、第三步、第四步的操作与第一步类似。在此将这几步归纳到表 3.6 中。

表 3.6　低电平逐列扫描法键值分析表

X3 X2 X1 X0	Y3 Y2 Y1 Y0	按键编号
1　1　1　0	1　1　1　0	0
	1　1　0　1	1
	1　0　1　1	2
	0　1　1　1	3
1　1　0　1	1　1　1　0	4
	1　1　0　1	5
	1　0　1　1	6
	0　1　1　1	7
1　0　1　1	1　1　1　0	8
	1　1　0　1	9
	1　0　1　1	A
	0　1　1　1	B
0　1　1　1	1　1　1　0	C
	1　1　0　1	D
	1　0　1　1	E
	0　1　1　1	F
X　X　X　X	1　1　1　1	无键按下

2. 高低电平翻转法

具体过程为：

第一步将行线 Y0~Y3（或者 R0~R3）作为输出线，列线 X0~X3（或者 C0~C3）作为输入线，置行线（输出线）全部为 0，检测列线（输入线）的状态，此时列线变为低电平 0 的为按键所在的列，如果列线全部都不是 0，则没有按键按下。

第二步将列线 X0~X3（或者 C0~C3）作为输出线，行线 Y0~Y3（或者 R0~R3）作为输入线，置列线（输出线）全部为 0，检测行线（输入线）的状态，此时行线中变为低电平 0 的为按键所在行，如果行线全部都不是 0，则没有按键按下。

上述状态变化的行线和列线交叉处即为按下的按键，两者进行"或"运算即可确定被按下的键的位置。

或许你会质疑，在第一步扫描和第二步扫描之间的时间，如果有其他按键按下，是不是就检测不到呢？这个不必担心，由于人类手指的动作很慢，按下按键到放开按键的时间至少也得 0.1 s（即 100 ms），而单片机 CPU 的动作是以微秒（μs）计算的，一般从第一步到第二步的程序运行时间最多只需几十毫秒，也就是说，手都还没有放开，程序就扫描过很多次了。

二、矩阵键盘的硬件设计

由于在 4×4 矩阵键盘中，每条水平线和垂直线的交叉处都通过一个按键加以连接，这样，一个端口（比如 P3 口）就可以构成 4×4 = 16 个按键，这种矩阵（或称行列式）键盘结构能有效地提高单片机系统中 I/O 口的利用率。

现在假设采用单片机的 P3 端口接 4×4 矩阵键盘，那么硬件电路应该怎么设计呢？由于 P3 端口内部自带上拉电阻，所以，当采用前面所说的两种扫描方法时都可以不必在外部再添加上拉电阻。如果采用单片机的 P0 端口外接 4×4 矩阵键盘，则相对应的管脚仍需要外接合适的上拉电阻（当然，也可以不管采用哪个端口都外接上拉电阻）。具体的硬件电路如图 3.6 所示。

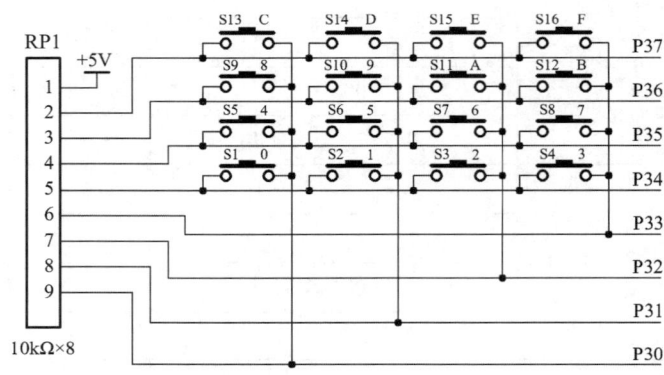

图 3.6 4×4 矩阵键盘电路图

图 3.6 中，P3.0 ~ P3.3 分别作为行线 Y0 ~ Y3（或者 R0 ~ R3），P3.4 ~ P3.7 分别作为列线 X0 ~ X3（或者 C0 ~ C3）。下面就以这种电路的接法为例进行矩阵键盘扫描程序的编写。

三、矩阵键盘的软件设计

如果想把 4×4 矩阵键盘按下的某一个键值显示到一个共阳极数码管上，应该怎么设计软件呢？请看下面的例题。

【例 3.3】 在实验板上用 1 位共阳极数码管显示按下的 4×4 矩阵键盘的某一个键值，编程完成该功能。

分析：实验板上共阳极数码管的段码接在 P0 端口，位选接在 P2.0 引脚，4×4 矩阵键盘接在 P3 端口，4×4 矩阵键盘电路如图 3.6 所示。当按下键盘里的某个按键后，按键上的键值将显示在 P0 端口的一位共阳极数码管上。在介绍键盘扫描程序之前，必须先准备好 16 个七段共阳极数码管的驱动信号编码，除了 0 ~ 9 的编码外，还要准备 A ~ F 的编码，如表 3.7 所示。

表 3.7 共阳极数码管 A ~ F 的编码表

数字	A	B	C	D	E	F
(dp)gfedcba	10100000	10000011	10100111	10100001	10000100	10001110
16 进制	0xa0	0x83	0xa7	0xa1	0x84	0x8e

如果采用第一种键盘扫描方法——逐列扫描法，在此利用两个 for 语句的巢状循环来判读按键，并写成一个 scan 函数，其中也引入 delay() 函数对按键进行去抖动。一开始没有任何按键按下时不显示；按下某个按键时数码管就显示该按键值。

① 本例题采用逐列扫描法的参考源程序如下：

/***

矩阵键盘程序 1：Button1_Matrix.c   矩阵键盘逐列扫描程序

***/

```c
//== 声明区 =====================================
#include <reg51.h>                    //包含 51 头文件
#define KEYP   P3                     //定义 4×4 键盘接 P3 端口
#define SEG7P      P0                 //定义 7 段数码管的段码接 P0 端口
unsigned char code TAB[17]=           //共阳 7 段数码管（0~F）编码数组
{   0xc0,0xf9,0xa4,0xb0,0x99,         //数字 0~4
    0x92,0x82,0xf8,0x80,0x90,         //数字 5~9
    0xa0,0x83,0xa7,0xa1,0x84,         //字母 A~E（10~14）
    0x8e,0xff};                       //字母 F（15），不显示
unsigned char disp= 0xff;             //显示阵列初值为不显示
unsigned char scan[4]={ 0xef,0xdf,0xbf,0x7f };  //7 段数码管和键盘扫描码
void   delay1ms(int);                 //声明延迟函数
void   scanner(void);                 //声明扫描函数
//==主程序=====================================
main()                                //主程序开始
{
    P2=0xfe;                          //共阳数码管位选中
    while(1)                          //无穷循环，程序一直跑
        scanner();                    //扫描键盘及 7 段数码管显示键值
}                                     //主程序结束
//=== 延迟函数，延迟约 x×1 ms ========================
void delay1ms(int x)                  //去抖动函数开始
{   int i,j;                          //声明整数变量 i
    for(i=0;i<x;i++)                  //计数 x 次，延迟约 x×1 ms
        for(j=0;j<120;j++);           //计数 120 次，延迟约 1 ms
}                                     //去抖动函数结束
//======= 扫描 4×4 键盘及显示七段数码管函数 ================
void scanner(void)                    //扫描函数开始
{   unsigned char col,row,dig;        //声明变量（col:行，row:列，dig:显示位）
    unsigned char rowkey,kcode;       //声明变量（rowkey:列键值，kcode:按键码）
    for(col=0;col<4;col++)            //for 循环，扫描第 col 行
    {   KEYP   = scan[col];           //高 4 位输出扫瞄信号，低 4 位元输入列值
        SEG7P = disp;                 //输出数字
```

```
            rowkey= ~KEYP & 0x0f;              //读入 KEYP 低 4 位，反相再清除高
                                                  4 位求出行键值
        if(rowkey != 0)                       //若有按键被按下
        {   if(rowkey == 0x01)    row=0;      //若第 0 行被按下
            else if(rowkey == 0x02) row=1;    //若第 1 行被按下
            else if(rowkey == 0x04) row=2;    //若第 2 行被按下
            else if(rowkey == 0x08) row=3;    //若第 3 行被按下
            kcode = 4 * col + row;            //算出按键的号码
            disp =TAB[kcode];                 //键值编码后，写入最右侧
            while(rowkey != 0)                //当按钮未放开
                rowkey=~KEYP & 0x0f;          //再读入行键值
        }
        delay1ms(4);                          //延迟 4 ms
    }                                         //for 循环结束（扫描 col 行）
}                                             //扫描函数 scanner（）结束
```

② 如果采用第二种键盘扫描方法——高低电平翻转法，一开始没有任何按键按下时不显示，按下某个按键时数码管就显示该按键值。本例题采用高低电平翻转法的参考源程序如下：

```
/******************************************************************
    矩阵键盘程序 2：Button2_Matrix.c    矩阵键盘翻转扫描程序
******************************************************************/
//==声明区=========================================================
#include <reg51.h>                            //包含 51 头文件
char code SEG[]=                              //共阳 7 段数码管（0~F）编码数组
{   0xc0,0xf9,0xa4,0xb0,0x99,                 //数字 0~4
    0x92,0x82,0xf8,0x80,0x90,                 //数字 5~9
    0xa0,0x83,0xa7,0xa1,0x84,                 //字母 A~E（10~14）
    0x8e,0xff};                               //字母 F（15），不显示
char hang,lie,Key=16;                         //声明变量
//===子程序========================================================
void scan()                                   //扫描函数
{
    P3=0x0f;                                  // P1 端口低 4 位置 1，扫描行键值
    switch(P3^0x0f)                           //如果 P1 端口有变化
    {
        case 1:    hang=1;break;              //第 1 行有按键被按下
        case 2:    hang=2;break;              //第 2 行有按键被按下
        case 4:    hang=3;break;              //第 3 行有按键被按下
        case 8:    hang=4;break;              //第 4 行有按键被按下
    }
    P3=0xf0;                                  // P1 端口高 4 位置 1，扫描列键值
```

```
        switch(P3^0xf0)                    //如果 P1 端口有变化
        {
            case 16:   lie=1;break;        //第 1 列有按键被按下
            case 32:   lie=2;break;        //第 2 列有按键被按下
            case 64:   lie=3;break;        //第 3 列有按键被按下
            case 128:  lie=4;break;        //第 4 列有按键被按下
        }
        Key=(lie-1)*4+hang-1;              //算出行和列的交叉按键键值
}
//===主程序 ==========================================
void main()                                //主函数
{
    P0=0xff;                               //初始化 P0 端口，关闭数码管显示
    while(1)                               //无穷循环
    {
        P3=0x0f;                           //P1 端口低 4 位置 1
        if(P3!=0x0f)scan();                //有按键被按下则执行扫描函数
        P0=SEG[Key];                       //数码管显示扫描得到的按键值
    }
}
```

实际上，键盘、数码管显示处理程序往往占用一个应用程序的很多代码，可见其重要性。但这种复杂并不来自于单片机扫描处理本身，而是来自于键盘操作者的习惯等问题。因此，在编写键盘处理程序之前，最好先把它从逻辑上理清，然后用适当的流程图表示出来，最后再去写代码，这样才能快速有效地写好代码。

【任务实施】

1. 实施步骤

（1）各部分芯片及元件的选择：选择 a 型触点按钮开关作为构成 4×4 矩阵键盘的各个按键，其余芯片及元件的选择同前述。

（2）各部分电路的设计：采用单片机的 P3 端口连接 4×4 矩阵键盘，由于 P3 端口内部自带上拉电阻，可以不必在外部再添加上拉电阻。如果采用单片机的 P0 口外接 4×4 矩阵键盘，则相对应的管脚仍需要外接合适的上拉电阻（当然也可以不管采用哪个端口都外接上拉电阻）。具体的硬件电路如图 3.6 所示。其中 P3.0～P3.3 分别作为行线 Y0～Y3（或者 R0～R3），P3.4～P3.7 分别作为列线 X0～X3（或者 C0～C3）。

（3）画出相应的 PCB 图：使用电路图绘制工具 Altium Designer 或者 Protel 99SE 等软件画出 PCB 图。

（4）编写软件，并进行软件仿真：

① 运用 Keil 软件建立一个工程，将编好的程序添加到工程中进行调试并产生 hex 文件。

② 进行仿真，将 Keil 生成的 hex 文件在 Proteus 中载入 51 单片机芯片，进行仿真。

（5）制作装配单片机控制矩阵键盘电路板。

① 根据指导老师发放的焊接装配图，参考任务小组设计的电路图，领取相应元器件并识

别、测试元器件。

② 工具准备：电烙铁、焊锡丝、金属镊子、尖嘴钳、斜口钳、吸锡器等焊接工具，万用表、示波器、直流稳压电源等测试工具。

③ 按工艺要求安装元器件并焊接。步骤如下：
- 在给出的实验板上按焊接图插入 16 个按钮开关并焊接。
- 按焊接图插入上拉电阻并焊接。
- 按焊接图对插座 JP4 进行焊接。

（6）把编译好的软件下载烧写到单片机芯片中，进行软、硬件联合调试，观察实验现象是否正确。依次按下按键，七段数码管会对应显示出按下的 0~F 的数字。例如，1 号键按下时，数码管显示"1"，14 号键按下时，数码管显示"E"等。

（7）如有故障，测试电路板并查找故障原因。

2. 技术报告及评测

将测试点、测试结果及故障原因分析记录下来。任务完成后，撰写技术报告及效果评测。

任务三 可调式数字时钟的设计与制作

【任务要求】

根据给出的 51 单片机实验板已有的硬件元器件，设计与制作出可调式数字时钟电路，并运用单片机的定时器理论知识对可调式数字时钟进行调试与检测。

具体任务要求如下：

（1）用 8 位数码管进行数字时钟显示，从"00-00-00"开始显示到 0，然后根据需要用按钮进行时间调整。

（2）选出适合本任务的单片机定时器外围显示元器件。

（3）设计制作出硬件电路，采用定时器方式编写数字时钟的软件程序。

（4）用相关仪器仪表检测元器件及电路，实现软、硬件联合调试。

【相关知识】

一、单片机的定时器/计数器

定时器/计数器是伴随单片机技术出现的。单片机本身工作需要时钟节拍，另外还有大量场合有定时和脉冲计数的需求。例如，PC 机上都有实时时钟系统，可以准确地给出年、月、日、时、分、秒信息；单片机系统运行中也可能需要应用某种定时，比如每 20 ms 扫描一次键盘，或者每 10 ms 进行一次 A/D 转换，某种操作后要延时 200 μs 再进行下一步操作，等等。至于计数器应用也有很多，这主要是对外部事件脉冲进行计量。比如，某些数字化仪表，前端采用的就是电压/频率转换技术，把模拟量转换为一定频率的脉冲，如水表、电表、煤气表等。许多工业应用的流量检测仪表也是把体积流量或质量流量转换为与流量成比例的电脉冲。单片机的定时器/计数器能方便地解决这些问题。在工业检测和控制应用中，许多场合都需要用到单片机的定时或计数功能。

那么，定时器和计数器有什么区别和联系呢？单片机内部的定时器/计数器的硬件结构是相同的，其工作本质是对脉冲计数。如果脉冲来自于单片机外部，其频率未知，且随时变动，那么这时应采用计数器方式；如果脉冲来自于系统内部，它的脉冲频率或周期是已知的、稳定的，则可通过选择不同的时间常数实现定时器功能。

定时器运行的基础是振荡周期，实质是其12分频即机器周期。衡量定时器的性能有下列技术指标：

（1）定时精度。单片机定时器的运行是对机器周期进行计数，因此，定时精度与系统主频有关，比如主频为12 MHz，则定时精度就是一个机器周期，即1 μs。

（2）定时间隔，是指单片机定时器单次运行所能实现的最大定时间隔，对于16位运行方式，这个时间间隔就是65 536×1 μs = 65.536 ms。

（3）外部脉冲限制。当用作计数器时，单片机对外部输入脉冲的识别方法是：在一个机器周期内检测到高电平，在下一个机器周期内检测到低电平，则可确认引脚上发生了一次负跳变，计数器加1。因此可以推知，引脚上的脉冲频率应不高于主频的1/24。例如，主频为12 MHz，则外部脉冲频率应不超过500 kHz。不仅如此，外部脉冲的电平宽度也有限制，即脉冲宽度（正脉冲或负脉冲）不得小于一个机器周期的宽度，否则有可能丢失脉冲，如图3.7所示。

51单片机中设置有专门管理定时器/计数器的特殊功能寄存器，包括1个方式控制寄存器TMOD和4个常数寄存器TL0、TH0、TL1和TH1。定时器/计数器的运行既可以采用程序查询方式，也可以采用中断方式。

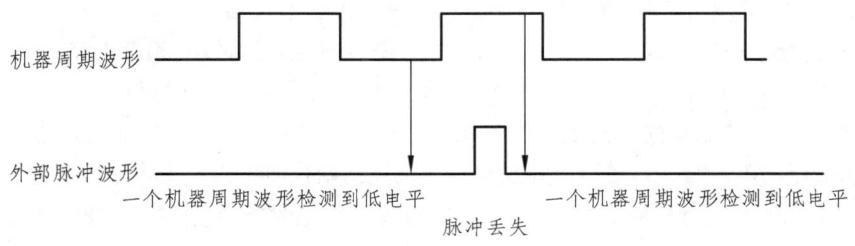

图3.7　外部脉冲宽度不足一个机器周期造成的脉冲丢失

二、定时器/计数器的结构和功能

51单片机里面有2个16位的定时器/计数器，称为T0和T1。它们的硬件结构相同，功能上略有差异，都能用作定时器和外部脉冲计数器。

图3.8给出了定时器/计数器T0和T1的硬件结构。两个16位定时器都是加1计数器，它们都分别由高、低字节组成，命名为TH0、TL0、TH1和TL1。定时器/计数器在本质上都是对脉冲计数，但可以用软件选择脉冲源。如图3.8所示，如果选择定时器方式，即$C/\overline{T}=0$，脉冲来自系统振荡器和分频电路，是对机器周期进行计数，由于机器周期的宽度固定，因此可实现精确定时；如果选择计数器方式，即$C/\overline{T}=1$，则脉冲源来自外部引脚T0或T1。

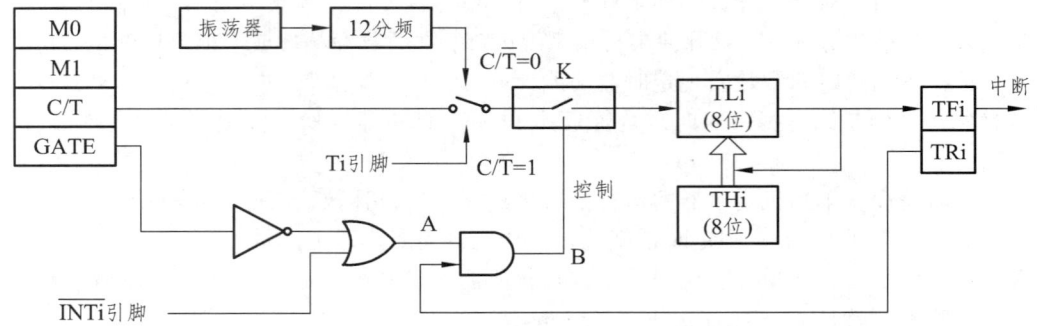

图 3.8 89C51 单片机的定时器/计数器结构

设置为定时器方式时，89C51 单片机片内振荡器输出经过 12 分频后输入到定时器，也就是说，每个机器周期将使定时器 T0（或 T1）加 1，直至加满后再加 1 发生溢出。双字节常数寄存器的最大值是 FFFFH，即 65535。在初始值为 0 的情况下，当第 65536 个计数脉冲到来时发生溢出。溢出可将专用寄存器 TCON 中的 TF 位置 1，这可以由软件查询，也可以产生中断请求。当单片机采用 12 MHz 晶体时，一个机器周期恰好是 1 μs，用作精确定时很方便，也很准确，此时定时器的时间分辨率为 1 μs，最大定时间隔为 65.536 ms。因为是加 1 计数，所以初始常数 0000H 将导致最大定时间隔。

设置为计数器方式时，通过引脚 T0（P3.4）或 T1（P3.5）接入外部脉冲。计数器捕捉外部脉冲的下降沿，每当发生负跳变时计数器加 1。CPU 在每个机器周期的 S5P2 期间采样外部引脚的电平状态，若一个机器周期检测到高电平，下一个机器周期检测到低电平，则确认一次负跳变，计数器加 1。在随后机器周期的 S3P1 期间计数器常数寄存器内容更新。

定时器/计数器在使用前先要指定工作方式，并对常数寄存器装载初始值，然后启动运行。如果在整个工作过程中不改变工作方式，则只需要在系统初始化时指定一次工作方式即可，但装载常数是每次都需要的。在运行期间 CPU 仍然正常执行程序，定时器/计数器与 CPU 并行工作，互不干扰，直至发生溢出，才可能中断 CPU 的当前操作。可见，定时器/计数器的运行效率很高。

定时器/计数器有 4 种工作模式，T0 和 T1 的模式 0、1、2 相同，模式 3 两者不同。

三、定时器/计数器的方式控制

定时器/计数器的相关特殊功能寄存器 SFR 比较多，编程应用也较复杂。

（一）工作模式寄存器 TMOD

TMOD 用于控制 T0 和 T1 的工作方式，高半字节对应 T1，低半字节对应 T0。各位的意义如图 3.9 所示。

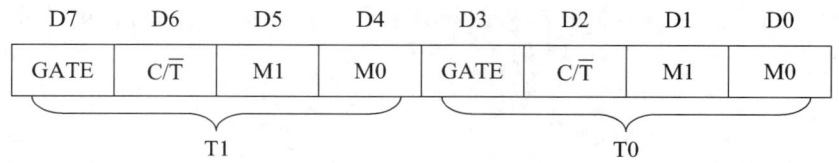

图 3.9 工作模式寄存器 TMOD

TMOD 虽然是控制寄存器，但它的字节地址是 89H，不可位寻址，只能字节操作。

以下是 TMOD 控制寄存器各位的功能：

GATE——门控位。此位涉及定时器/计数器启动运行控制条件，若 GATE = 1，则定时器/计数器的启动受到外部引脚电平的控制，只有当外部引脚 $\overline{INT0}$ 或 $\overline{INT1}$ 电平为高时才能用软件启动；若 GATE = 0，则定时器/计数器的启动不受外部引脚控制。这种功能可以用来检测外部引脚高电平的宽度，见后文叙述。

C/$\overline{T}$——定时器/计数器方式选择位。C/$\overline{T}$ = 0，设置为定时器方式，脉冲源来自片内振荡器信号的 12 分频，即对机器周期计数；C/$\overline{T}$ = 1，设置为计数器方式，脉冲源来自外部引脚（T0 或 T1）。

M1 和 M0——运行方式选择位。这两位共有 4 种编码，对应 4 种工作方式，见表 3.8。

表 3.8 M1 和 M0 对应的 4 种工作方式

M1	M0	工作方式	功能描述
0	0	0	13 位计数器
0	1	1	16 位计数器
1	0	2	8 位常数自动重装载计数器
1	1	3	定时器 0：分成 2 个 8 位计数器 定时器 1：停止计数

例如，如果要使 T0 工作于定时器方式，运行不受外部引脚控制，使 T1 工作于计数器方式，运行不受外部引脚控制，选择 16 位计数方式，则可对 TMOD 寄存器的控制字配置如下：

TMOD = 01010001 = 51H

如果只使用其中一个定时器，另一个不使用，则可不对相关的位赋值。例如，只使用 T0 作为 16 位定时器，运行受外部引脚控制，则控制字为：

TMOD = 00001001 = 09H

（二）定时器/计数器控制寄存器 TCON

定时器/计数器的控制寄存器的字节地址为 88H，既可字节寻址也可位寻址。它的低 4 位涉及中断管理，高 4 位分别是定时器/计数器启动控制位和溢出标志位，如图 3.10 所示。

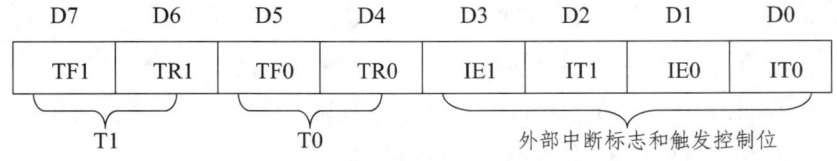

图 3.10 定时器/计数器控制寄存器 TCON

TCON 中高 4 位的定义分别为：

TF1——T1 溢出标志。当 T1 溢出时，由硬件自动使中断请求标志 TF1 置位为 1，并向 CPU 申请中断。当 CPU 响应中断进入中断服务程序后，TF1 被硬件自动清零。当不使用中断方式时，TF1 也可用软件查询。

TR1——T1 运行控制位。可通过指令使 TR1 置位或清零来启动或停止 T1。在程序中可用指令"TR1 = 1;"使 TR1 置位，从而启动 T1 开始计数运行。当执行指令"TR1 = 0;"时，可立即停止 T1 的运行。

TF0——T0 溢出标志,其功能和操作情况同 TF1。

TR0——T0 运行控制位,其功能和操作情况同 TR1。

单片机复位时,TCON = 00H。

四、定时器/计数器的 4 种工作方式

定时器/计数器有 4 种不同的运行方式,这为应用提供了很大的灵活性。不过这 4 种方式的使用频率不尽相同。对于计数器方式,主要使用方式 1;对于定时器方式,4 种方式各有特点。一般认为方式 0 可包含于方式 1 中,方式 3 只适用于 T0,而此时 T1 不可用。

(一)方式 0

当 M1、M0 为 00 时,定时器/计数器被设置为方式 0,这时其等效框图如图 3.11 所示。

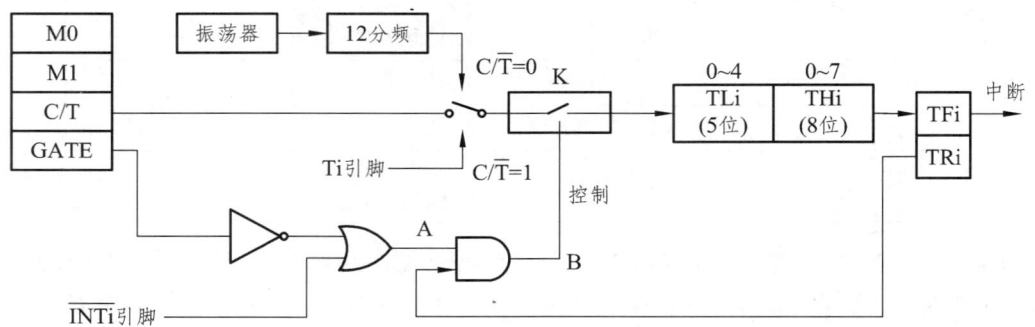

图 3.11 定时器/计数器方式 0 时的逻辑结构框图

方式 0 是 13 位定时器/计数器,由低 5 位和高 8 位组成。低字节寄存器 TLi 的有效数位是 D0 ~ D4,当低字节寄存器内容达到 32(即 2^5)时向高字节进位并将自身清零,此时常数寄存器的结构如图 3.12 所示,其中 i 为 0 或 1,表示同时适用于定时器/计数器 T0 和 T1。

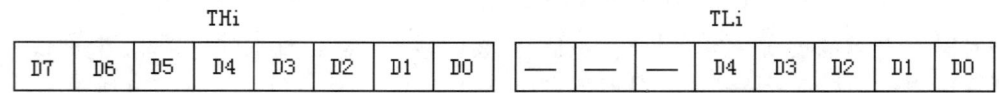

图 3.12 方式 0 时 THi 和 TLi 的使用情况

图 3.11 中,C/$\overline{\text{T}}$ 位控制的电子开关决定了定时器/计数器的工作模式:

(1)C/$\overline{\text{T}}$ = 0,电子开关打在上面位置,Ti 为定时器工作模式,以振荡器的 12 分频后的脉冲信号作为计数信号,振荡器 12 分频就是系统的机器周期。

(2)C/$\overline{\text{T}}$ = 1,电子开关打在下面位置,Ti 为计数器工作模式,计数脉冲信号从单片机外部引脚 Ti 输入,当引脚发生负跳变时,计数器加 1。

GATE 位的状态决定了定时器/计数器的运行是否受到外部/INTi 引脚的控制。

(1)GATE = 0,图 3.12 中的 A 点固定为高电平,B 点电平只取决于 TRi 的状态。TRi = 1,B 点为高电平,控制电子开关 K 闭合,启动定时器/计数器运行;TRi = 0,则停止运行。简言之,如果 GATE = 0,则定时计数器的运行只受触发位 TRi 的控制,与外部引脚 $\overline{\text{INTi}}$ 无关。

(2)GATE = 1,这时 B 点电平受到 TRi 和外部引脚/INTi 的双重控制,只有当 $\overline{\text{INTi}}$ = 1 且

TRi = 1 时，定时器/计数器才能够启动。如果在定时器/计数器运行期间 $\overline{INTi}$ 跳变为低电平，则运行会立即停止。这个机制可以被用来检测外部引脚 $\overline{INTi}$ 的正脉冲宽度。

在方式 0 下，低字节常数寄存器最大装载值为 1FH。若常数初始值为 0，则最大记录脉冲数为 $2^{13}=8192$；若主频为 12 MHz，则最大定时间隔为 8.192 ms。

（二）方式 1

当 M1、M0 = 01 时，定时器/计数器工作于方式 1。方式 1 是最常使用的一种方式，其运行机理和计数初始值计算都比较便于理解和掌握。

方式 1 是 16 位定时器/计数器，由低 8 位和高 8 位组成。低字节寄存器 TLi 的有效数位是 D0～D7，当低字节寄存器内容达到 256（即 2^8）时向高字节进位并将自身清零，此对常数寄存器的结构如图 3.13 所示，其中 i 为 0 或 1，表示同时适用于定时器/计数器 T0 和 T1。

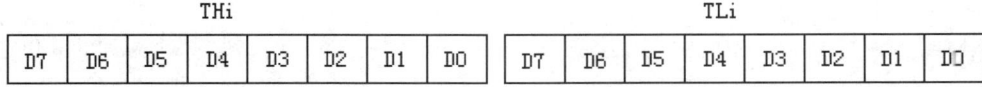

图 3.13　方式 1 时 Thi 和 Tli 的使用情况

方式 1 时，关于定时或计数方式的选择、GATE 位的控制作用、启动和停止条件以及溢出中断等都与方式 0 相同。

用于定时器方式时，时间常数装载值最小为 0、最大为 65535，定时器/计数器的常数寄存器是向上加 1 计数的，在作为定时器应用时，其定时时间和所装入的常数之间关系为：

$$T = (2^{16} - 初始值\ X) \times 机器周期\ t$$

（三）方式 2

当 M1、M0 为 10 时，定时器/计数器工作于方式 2。方式 2 称为常数可重新装载的 8 位定时器/计数器，其等效电路如图 3.14 所示，它把 16 位定时器/计数器配置成一个可以自动重新装载常数的 8 位定时器/计数器。

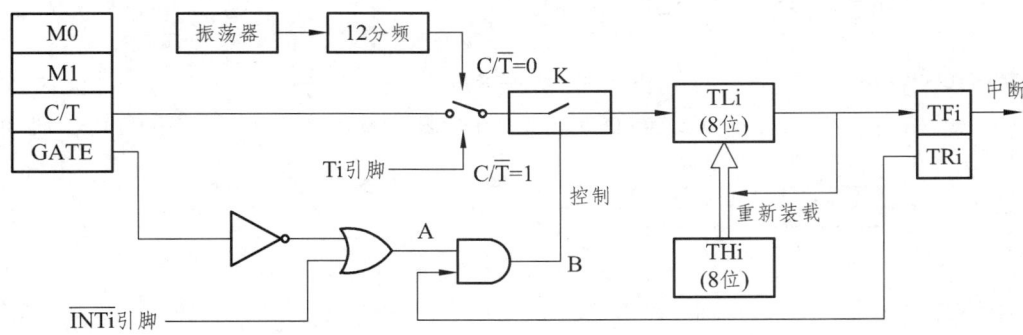

图 3.14　定时器/计数器方式 2 时的逻辑结构框图

其运行特点是：当低字节常数寄存器加满溢出时，不仅使溢出中断标志位 TF 置位，而且还是一种触发机制，能把高字节寄存器中的数值重新装载到低字节寄存器中。可理解为，TL 用做运行的 8 位计数器，TH 用做保存初始值，可以不断地循环往复，而且不需要单片机的干预。方式 0 和方式 1 在溢出后，常数寄存器数值为全 0，如果要连续循环运行，就得重新用程序语句装载常数和启动操作。相比之下，方式 2 的特殊运行方式可使程序设计更简洁。

在方式 2 情况下，程序初始化时给常数寄存器高低字节都装入相同的数值。这样，一旦启动，就可以不断地循环运行。用作定时器时，其时间常数与定时时间的关系为：

$$T = (2^8 - 8\text{位初始值}) \times \text{机器周期} \, t$$

式中：T 为定时时间，t 为机器周期长度。在这种方式下，最大定时间隔发生在时间常数初始值为 0 的情况，此时的定时间隔为 256 个机器周期。若振荡频率为 12 MHz，则此值为 256 μs。

方式 2 的重要特征在于可以省去指令中重新装载常数的语句，并且其溢出率（每秒钟溢出的次数）可作为串行通信中的时间节拍，即作为波特率发生器。我们应牢记：51 单片机串行通信的波特率是利用 T1 的定时器方式 2 实现的。T0 无波特率发生器功能。

（四）方式 3

当 M1、M0 为 11 时，定时器/计数器工作于方式 3。方式 3 是为了增加一个附加的 8 位定时器/计数器。方式 3 只适用于 T0，T1 不能工作于方式 3（此时 T1 可以用来作为串行口波特率发生器）。

1. 定时器/计数器 T0 工作于方式 3

当 TMOD 的低 2 位为 11 时，T0 工作于方式 3，此时各引脚与 T0 的逻辑关系见图 3.15。

定时器/计数器 T0 分为两个独立的 8 位计数器：TL0 和 TH0。TL0 使用 T0 的状态控制位 C/$\overline{\text{T}}$、GATE、TR0、$\overline{\text{INT0}}$；而 TH0 被固定为一个 8 位定时器（不能作为计数器），并使用定时器 T1 的状态控制位 TR1，同时占用定时器 T1 的中断请求标志 TF1。

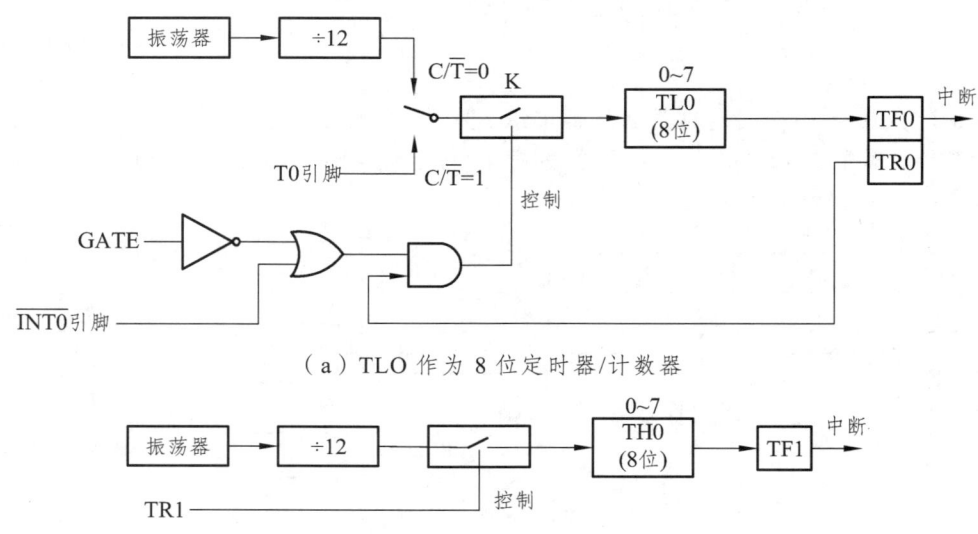

（a）TL0 作为 8 位定时器/计数器

（b）TH0 作为 8 位定时器

图 3.15 T0 工作于方式 3 的逻辑关系

2. T0 工作在方式 3 时 T1 的各种工作方式

一般情况下，当 T1 用作串行口的波特率发生器时，T0 才工作于方式 3。T0 处于工作方式 3 时，T1 可工作在方式 0、1 或 2，用来作为串行口的波特率发生器或不需要中断的场合。

1）T1 工作于方式 0

T1 的控制字中 M1、M0 为 00 时，T1 工作于方式 0，如图 3.16 所示。

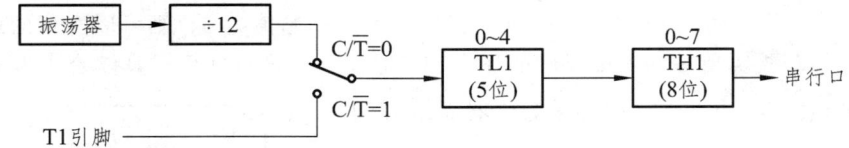

图 3.16　T0 工作在方式 3 时，T1 工作于方式 0

2）T1 工作于方式 1

当 T1 控制字中 M1、M0 为 01 时，T1 工作于方式 1，如图 3.17 所示。

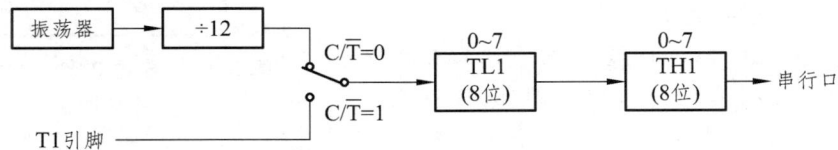

图 3.17　T0 工作在方式 3 时，T1 工作于方式 1

3）T1 工作于方式 2

当 T1 控制字中 M1、M0 为 10 时，T1 工作于方式 2，如图 3.18 所示。

当 T1 控制字中 M1、M0 为 11 时，T1 停止工作，即 T1 不能工作于方式 3。

在 T0 工作于方式 3 时，T1 的控制条件只有两个，即 C/$\overline{T}$ 和 M1、M0。C/$\overline{T}$ 选择是定时模式还是计数器模式，M1、M0 选择 T1 的工作方式。

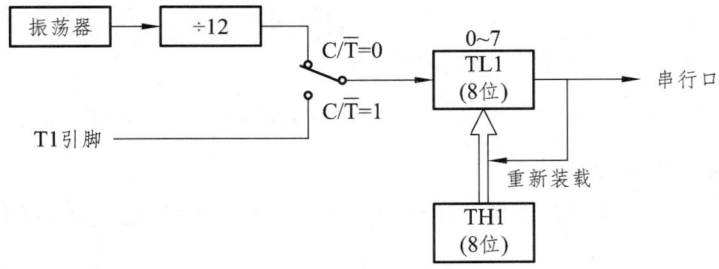

图 3.18　T0 工作在方式 3 时，T1 工作于方式 2

五、关于计数初始值的计算

定时器/计数器 T0 和 T1 都有一个 16 位的常数寄存器，分为高和低两个字节，分别是 TH0、TL0、TH1 和 TL1。编程时读/写操作必须按字节进行。它们的运行机理是：首先按照一定规则计算并写入 16 位的数据初始值，常常把计数初始值称为定时常数和计数常数。启动运行后，每个脉冲负跳变后在初始值基础上加 1，直到溢出，溢出后是否产生中断请求，常数寄存器是否归 0，在不同方式下有所不同。

（一）定时时间常数的计算

可以把计数寄存器设想为一个盛水的容器，所装载的常数初始值是容器开始运行时的水面高度，从开始到溢出所经历的时间是从当前水面到瓶口的距离（这段时间对应的数值乘以机器周期）。这里假定单片机主频为 12 MHz。

1. 方式 0 的定时时间常数计算

方式 0 是 13 位定时器/计数器，如果设置定时常数初始值为 0，则可以实现的最大定时时间为 8 192 μs。若要实现 8 192 μs 以内的任意定时时间，可进行计算，具体公式为：

$$T = (2^{13} - X) \times t \quad （其中 t 为机器周期）$$

参见图 3.19，若要求定时 5 000 μs，则常数装载值 X 计算如下：

由 $\quad 0.005 = (8\,192 - X) \times 10^{-6}$

解出 $\quad X = 8\,192 - 0.005 \times 10^6 = 8\,192 - 5\,000$
$\quad\quad\quad = 3\,192 = $ 0C78H

图 3.19 方式 0 定时时间常数计算图例

此时应注意，所求得的计算结果表达为 2 字节 16 进制数时，可以有两种选择，即 0CH/78H 和 0C7H/08H。显然，由于低字节只有 5 位有效数位，因此不能采用 0CH/78H，只能用 0C7H/08H。可以这样理解：从定时器开始运行到溢出，总共经过了 5 000 个脉冲，而每个脉冲的宽度是一个机器周期，在 12 MHz 下恰好为 1 μs，即定时器运行 5 000 μs 后溢出。

2. 方式 1 的定时时间常数计算

方式 1 是 16 位定时器/计数器，如果设置定时常数初始值为 0，可实现的最大定时间隔为 65 536 μs。若要实现 65 536 μs 以内的任意定时时间，可进行计算，具体公式为：

$$T = (65\,536 - X) \times t \quad （t 为机器周期）$$

参见图 3.20，若要定时 20 ms，则可计算如下：

$$X = 65\,536 - 0.02 \times 10^6 = 65\,536 - 20\,000 = 45\,536 = \text{0B1E0H}$$

3. 方式 2 的定时时间常数计算

方式 2 是 8 位常数重装载的定时器/计数器，如果设置定时初始值为 0，可实现的最大定时间隔为 256 μs。

参见图 3.21，若要定时 6 μs，则可简单计算为：

$$X = 256 - 6 = 250 = \text{0FAH}$$

T0 方式 3 也是 8 位定时器/计数器，作定时器时其常数计算方法同方式 2。

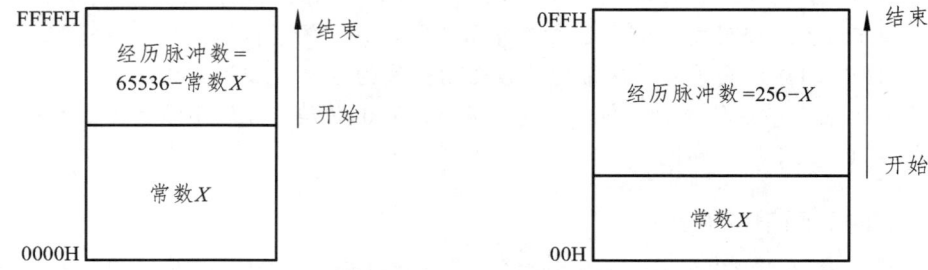

图 3.20 方式 1 定时时间常数计算图例　　图 3.21 方式 2 定时时间常数计算图例

（二）计数常数的设置

作为计数器使用时，情况与定时器不尽相同，常数计算或设置方法也有所区别。

1. 初始值为 0 的情况

在外部脉冲事件记录、V/F 型 A/D 转换数据获取等应用中，一般要结合定时器联合应用，即在一个确定的时间间隔内记录脉冲的个数，这时可取计数初始值为 0，在启动定时器的同时也启动计数器，当定时时间到达时停止计数，读出常数寄存器的结果就可得到此期间记录到的脉冲个数。图 3.22 给出了在规定时间内记录脉冲数的示意图。在这种应用中，时间闸门内记录到的负跳变次数就是所得结果，其原理性误差为 ±1 LSB。显然，脉冲频率越高，闸门时间越长，则相对误差越小。不过，应保证在定时期间所记录的脉冲数不会超过 65536 个。这个条件通常会自然得到满足：外部脉冲的最高输入频率不允许超过振荡频率的 1/24，即不超过机器周期的 1/2。因此，即使采用最大定时时间（从 0 初始值到溢出），计数结果的最大数字也只可能达到满量程的一半（32768）。

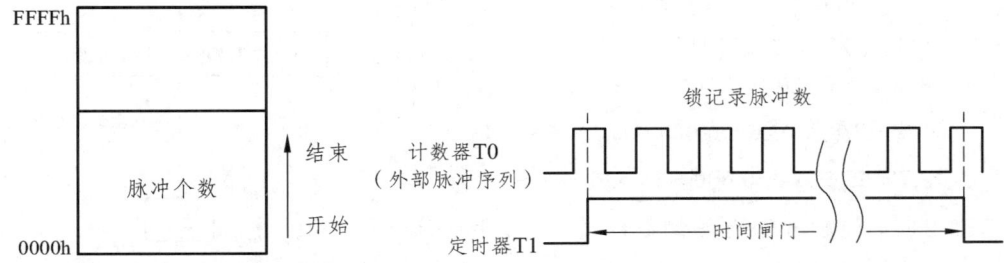

图 3.22 在规定时间内记录脉冲数示意图

2. 计数常数初始值为定值的情况

有时计数器自主运行，不依赖定时器，并可产生中断请求。例如，在包装生产线上，每 100 个工件为一个批次，利用红外线等技术可使每个工件通过检测位置时发出一个脉冲，利用单片机的计数器功能，使其每检测到 100 个脉冲时发出一组控制动作（例如运输皮带暂停、打包、换包装箱等），即可完成自动包装任务。

参考图 3.23，以计数器方式 1 为例，如上例中要求每隔 100 个脉冲中断一次 CPU，则可计算常数初始值如下：

设预定脉冲数为 100，常数初始值为 X，则根据图 3.23 计算得到：

$$X = 65\,536 - 100 = 65\,436 = 0FF9CH$$

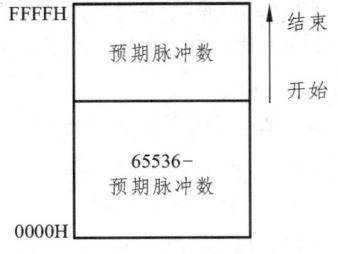

图 3.23 计数常数初始值为固定值的情况

需要注意的是，当数值加到 65 535 时，定时器/计数器并不溢出，只有再加一个脉冲才发生溢出。

六、定时器/计数器的应用

【例 3.4】 设定时器为定时方式 1，振荡频率为 12 MHz，求定时 10 ms 的时间常数装载值。

解：由公式解出初始值 $X = 2^{16} - T/t = 2^{16} - T \times f = 65\,536 - (0.01 \times 12 \times 10^6/12)$
$= 65\,536 - 10\,000 = 55\,536 = \text{0D8F0H}$ （其中 $f = 1/t$）

【**例 3.5**】 在实验板上用 51 单片机的定时器实现 60 s 倒计时。本例中用两位共阳极数码管显示倒计时秒值，从 60 显示到 0，每 1 s 减少 1，倒计时显示到 0 后，连接 P1.0 的发光二极管点亮。

分析：实验板上共阳极数码管的段码接在 P0 端口，位选接在 P2.0、P2.1 引脚，两个共阳极数码管分十位控制和个位控制，达到显示 60 s 倒计时的目的。

（1）软件设计：程序流程图如图 3.24 所示。

（2）定时器/计数器初值计算：

① 本例采用定时器 0 的模式 1（16 位定时器）定时中断法。

② 1 s 等于 1 000 000 μs，而每一个计时脉冲是 1 μs，因此需输入 1 000 000 个计时脉冲，才可以达到 1 s 的时间。本设计中，设定中断每次溢出时间为 50 ms。

③ 设 50 ms 循环 20 次即可达到 1 s 定时，即：

$$N = t/T_{cy} = 0.05\,\text{s}/0.000\,000\,1 = 50\,000$$
$$X = 65\,536 - 50\,000 = 15\,536 = \text{3CB0H}$$

④ 上电时，显示 60，开始倒数计时，按下开关实现复位。

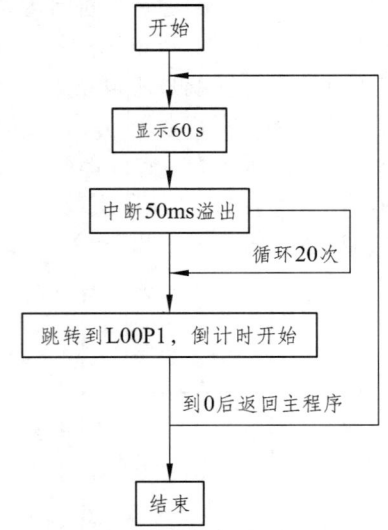

图 3.24 60 s 倒计时程序流程图

本例题参考程序如下：

```
/***************************************************************
   定时器程序 1：Timer_60.c    60 s 倒计时显示程序
***************************************************************/
//==声明区======================================
#include <reg51.h>                    //包含 51 头文件
sbit LED=P1^0;                        //声明 LED 接 P1.0
sbit K=P3^0;                          //声明开关接 P3.0
char code seg[]={                     //声明段码数组变量
0xc0,0xf9,0xa4,0xb0,                  //对应符号 "0"、"1"、"2"、"3"
0x99,0x92,0x82,0xf8,                  //对应符号 "4"、"5"、"6"、"7"
0x80,0x90,0xbf};                      //对应符号 "8"、"9"、"-"
char code wei[]={0xfe,0xfd};          //声明位选数组变量
char buf[2];                          //声明缓冲器数组变量
int i,j,sec=60;                       //声明变量
//==主程序======================================
main()                                //主程序开始
{
    IE=0x8a;                          //允许定时器 0 和定时器 1 中断
```

```c
    TMOD=0x11;                          //定时器0和定时器1均为模式1
    TH0=(65536-50000)/256;              //配置定时器0高字节初值
    TL0=(65536-50000)%256;              //配置定时器0低字节初值
    TR0=1;                              //启动定时器0
    TR1=1;                              //启动定时器1
    while(1)                            //无穷循环
    {
        buf[0]=sec%10;                  //缓冲器0存储sec变量个位
        buf[1]=sec/10;                  //缓冲器1存储sec变量十位
        if(sec==0)                      //若倒计时显示到0
        {
            LED=0;                      //点亮发光二极管
            TR0=0;                      //关闭定时器0
        }
        if(K==0)                        //若按下启动开关
        {
            LED=1;                      //熄灭发光二极管
            sec=60;                     //给sec变量赋值为60
            TR0=1;                      //启动定时器0
        }
    }
}
//==定时器0中断子程序=======================================
void timeprocess(void)interrupt 1       //定时器0中断服务函数
{
    TH0=(65536-50000)/256;              //配置定时器0高字节初值
    TL0=(65536-50000)%256;              //配置定时器0低字节初值
    if(++i==20)                         //定时器0中断20次
    {
        i=0;                            //变量i清零
        sec--;                          //sec变量减1
    }
}
//==定时器1中断子程序=======================================
void timeshow(void)interrupt 3          //定时器1中断服务函数
{
    TH1=(65536-8000)/256;               //配置定时器1高字节初值
    TL1=(65536-8000)%256;               //配置定时器1低字节初值
    j=(++j)%2;                          //判断j的奇偶
    P2=0;                               //消影
```

```
        P0=seg[buf[j]];                    //P0送当前的缓冲器内容
        P2=wei[j];                         //数码管位选通
}
```

【例 3.6】 用 51 单片机的定时器实现数字时钟的显示功能。本例中用 8 位共阳极数码管显示时间，时间格式为：时时-分分-秒秒。

分析：共阳极数码管的段码接在 P0 端口，位选接在 P2 引脚，依照上例仍采用定时器 0 进行秒计数，定时器 1 进行数码管扫描显示。

本例题参考程序如下：

```
/*************************************************************
    定时器程序2：Timer_clock.c    数字时钟数码管显示程序
**************************************************************/
//==声明区=======================================
#include <reg51.h>                         //包含51头文件
char code seg[]={                          //声明段码数组变量
0xc0,0xf9,0xa4,0xb0,                       //对应符号"0"、"1"、"2"、"3"
0x99,0x92,0x82,0xf8,                       //对应符号"4"、"5"、"6"、"7"
0x80,0x90,0xbf};                           //对应符号"8"、"9"、"-"
char code wei[]={                          //声明位选数组变量
0xfe,0xfd,0xfb,0xf7,
0xef,0xdf,0xbf,0x7f};
char buf[8];                               //声明缓冲器数组变量
int i,j,sec=0,min=0,hour=0;                //声明变量
//==主程序=======================================
main()                                     //主程序开始
{
    IE=0x8a;                               //允许定时器0和定时器1中断
    TMOD=0x11;                             //定时器0和定时器1均为模式1
    TH0=(65536-50000)/256;                 //配置定时器0高字节初值
    TL0=(65536-50000)%256;                 //配置定时器0低字节初值
    TH1=(65536-2000)/256;                  //配置定时器1高字节初值
    TL1=(65536-2000)%256;                  //配置定时器1低字节初值
    TR0=1;                                 //启动定时器0
    TR1=1;                                 //启动定时器1
    while(1)                               //无穷循环
    {
        buf[0]=sec%10;                     //存储秒的个位
        buf[1]=sec/10;                     //存储秒的十位
        buf[2]=10;                         // "-" 号
        buf[3]=min%10;                     //存储分钟的个位
        buf[4]=min/10;                     //存储分钟的十位
```

```c
            buf[5]=10;                          //"-"号
            buf[6]=hour%10;                     //存储小时的个位
            buf[7]=hour/10;                     //存储小时的十位
            if(sec==60)                         //定时器定时到 60 s
            {
                sec=0;                          //秒变量清零
                min++;                          //分钟变量加 1
            }
            if(min==60)                         //定时器定时到 60 min
            {
                min=0;                          //分钟变量清零
                hour++;                         //小时变量加 1
            }
            if(hour==24)                        //定时器定时到 24 h
                hour=0;                         //小时变量清零
        }
}
//==定时器 0 中断子程序=======================================
void timeprocess(void)interrupt 1               //定时器 0 中断服务函数
{
    TH0=(65536-50000)/256;                      //配置定时器 0 高字节初值
    TL0=(65536-50000)%256;                      //配置定时器 0 低字节初值
    if(++i==20)                                 //定时器 0 中断 20 次
    {
        i=0;                                    //变量 i 清零
        sec++;                                  //sec 变量加 1
    }
}
//==定时器 1 中断子程序=======================================
void timeshow(void)interrupt 3                  //定时器 1 中断服务函数
{
    TH1=(65536-2000)/256;                       //配置定时器 1 高字节初值
    TL1=(65536-2000)%256;                       //配置定时器 1 低字节初值
    j=(++j)%8;                                  //对变量 j 取 8 的余数
    P2=0;                                       //消影
    P0=seg[buf[j]];                             //P0 送当前的缓冲器内容
    P2=wei[j];                                  //数码管对应位选通
}
```

【例 3.7】 在实验板上用 51 单片机的定时器实现数字时钟的显示功能,用按钮调节小时和分钟。本例中用 8 位共阴极数码管显示时间,段码接在 P0 端口,位选接在 P2 端口,时间格式为：时时-分分-秒秒，调节小时的按钮 K1 接在 P3.2 引脚，调节分钟的按钮 K2 接在 P3.3 引脚。

分析：仿照上例采用定时器 0 进行数码管扫描显示，定时器 1 进行秒计数。运行本例时，数码管将从 00-00-00 开始显示时间，K1 和 K2 键可用于调节小时与分钟，在调整过程中时钟以新的时间为起点继续刷新显示。

本例题参考程序如下：

```
/************************************************************
        定时器程序 3：digital_clock.c    可调式数字时钟数码管显示程序
*************************************************************/
//==声明区================================================
#include <reg51.h>
#include <intrins.h>
char code seg[]={                              //声明段码数组变量
0xc0,0xf9,0xa4,0xb0,
0x99,0x92,0x82,0xf8,
0x80,0x90,0xff};
char buf[]={0,0,0xbf,0,0,0xbf,0,0};            //声明显示缓存数组变量
char wei=0xfe,next=0,adder=0xff;               //声明位、索引、按键调节变量
char hour=0,min=0,sec=0,ms100;                 //声明时、分、秒、0.1s变量
//==延时函数================================================
void delay(char x)
{
    char i;
    while(x--)for(i=0;i<120;i++);
}
//==小时调节函数============================================
void adjhour()
{
    if(++hour>23)hour=0;
    buf[0]=seg[hour/10];
    buf[1]=seg[hour%10];
}
//==分调节函数==============================================
void adjmin()
{
    if(++min>59)
    {
        min=0;adjhour();
    }
    buf[3]=seg[min/10];
    buf[4]=seg[min%10];
```

}
//==秒调节函数==
void adjsec()
{
  if(++sec>59)
  {
    sec=0;adjmin();
  }
  buf[6]=seg[sec/10];
  buf[7]=seg[sec%10];
}
//==定时器 0 动态 1ms 扫描数码管===================================
void timer0() interrupt 1
{
  TH0=(65536-1000)/256;
  TL0=(65536-1000)%256;
  P2=wei;   //选通数码管对应位选端
  P0=~buf[next];   //送段码并阴阳转换
  wei=_crol_(wei,1);   //准备选通下一个位
  next=(next+1)%8;
}
//==定时器 1 控制时钟秒变量运行===================================
void timer1() interrupt 3
{
  TH1=(65536-50000)/256;
  TL1=(65536-50000)%256;
  if(++ms100==20)   //1 s 时间到就调节秒变量
  {
    ms100=0;adjsec();
  }
}
//==主函数===
main()
{
  IE=0x8a;   //2 个定时器开中断
  TMOD=0x11;   //2 个定时器都设置为模式 1
  TH0=(65536-1000)/256;
  TL0=(65536-1000)%256;
  TH1=(65536-50000)/256;
  TL1=(65536-50000)%256;

```
            buf[0]=seg[hour/10];              // 送对应缓存数据
            buf[1]=seg[hour%10];
            buf[3]=seg[min/10];
            buf[4]=seg[min%10];
            buf[6]=seg[sec/10];
            buf[7]=seg[sec%10];
            TR0=TR1=1;
            while(1)
            {
                if(P3^adder)
                {
                    delay(10);
                    if(P3^adder)
                    {
                        adder=P3;
                        EA=0;                        //有按键按下就关闭定时器中断
                        if(!(adder&0x04))            //判断是否是小时按键
                            adjhour();
                        else if(!(adder&0x08))       //判断是否是分钟按键
                        {
                            min=(min+1)%60;
                            buf[3]=seg[min/10];
                            buf[4]=seg[min%10];
                        }
                        EA=1;                        //开定时器中断
                    }
                }
            }
        }
```

本例完全以定时器控制时钟时间运行，感兴趣的读者可以使用专门的时钟芯片 DS1302 设计电子钟，也可以在本例基础上增加按键，修改程序既显示时间，又可以切换显示当前日期。

【任务实施】

1. 实施步骤

（1）各部分芯片及元件的选择：数码管采用七段数码管，驱动电路元器件采用中小功率型三极管，其余芯片及元件的选择同前。

（2）各部分电路的设计：

① 数码管显示电路的设计：用 8 位共阴极数码管进行显示，数码管的 8 个公共端分别接驱动电路的输出，数码管的段码输出端每个都接一个 100～470 Ω 的电阻后再接单片机 P0 口。

② 驱动电路的设计：单片机的 P2 端口每个 I/O 分别接一个限流电阻，然后各自接一个

NPN 型三极管的基极，三极管的发射极接 GND，三极管的集电极分别接数码管的位选公共端。

（3）画出相应的 PCB 图。

（4）软件代码参考例 3.7。

① 运用 Keil 软件建立一个工程，将编好的程序添加到工程中进行调试并产生 hex 文件。

② 进行仿真，将 Keil 生成的 hex 文件在 Proteus 中载入 51 单片机芯片，进行仿真。

（5）装配制作电路板。

① 根据指导老师发放的焊接装配图，参考任务小组设计的电路图，领取相应元器件并识别、测试元器件。

② 工具准备：电烙铁、焊锡丝、金属镊子、尖嘴钳、斜口钳、吸锡器等焊接工具，万用表、示波器、直流稳压电源等测试工具。

③ 按工艺要求安装元器件并焊接。

（6）把编译好的软件下载烧写到单片机芯片中，进行软、硬件联合调试，观察实验现象是否正确。

（7）如有故障，测试电路板并查找原因。

2. 技术报告及评测

将测试点、测试结果及故障原因分析记录下来。任务完成后，撰写技术报告及效果评测。

★ 练习与思考

1. 单选题

（1）若单片机的振荡频率为 6 MHz，设定时器工作在方式 1，需要定时 1 ms，则定时器初值应为（　　）。

　　A．500　　　　B．1000　　　　C．65536～500　　　　D．65536～1000

（2）定时器 1 工作在计数方式时，其外加的计数脉冲信号应连接到（　　）引脚。

　　A．P3.2　　　　B．P3.3　　　　C．P3.4　　　　D．P3.5

（3）MCS-51 单片机在同一优先级的中断源同时申请中断时，CPU 首先响应（　　）。

　　A．外部中断 0　　B．外部中断 1　　C．定时器 0 中断　　D．定时器 1 中断

（4）定时器若工作在循环定时或循环计数场合，应选用（　　）。

　　A．工作方式 0　　B．工作方式 1　　C．工作方式 2　　D．工作方式 3

（5）MCS-51 单片机的外部中断 1 的中断请求标志是（　　）。

　　A．ET1　　　　B．TF1　　　　C．IT1　　　　D．IE1

（6）MCS-51 单片机定时器工作方式 0 是指的（　　）工作方式。

　　A．8 位　　　　B．8 位自动重装　　C．13 位　　　　D．16 位

（7）8051 单片机内有（　　）个 16 位的定时/计数器，每个定时/计数器都有（　　）种工作方式。

　　A．4，5　　　　B．2，4　　　　C．5，2　　　　D．2，3

（8）要使 51 单片机能响应定时器 T1 中断，串行接口中断，它的 IE 寄存器的内容应是（　　）。

　　A．98H　　　　B．84H　　　　C．42H　　　　D．22H

（9）8051 单片机的定时器 T1 用作定时方式时是（　　）。
　　A．由内部时钟频率定时，一个时钟周期加 1
　　B．由内部时钟频率定时，一个机器周期加 1
　　C．由外部时钟频率定时，一个时钟周期加 1
　　D．由外部时钟频率定时，一个机器周期加 1
（10）8051 单片机的定时器 T0 用作计数方式时是（　　）。
　　A．由内部时钟频率定时，一个时钟周期加 1
　　B．由内部时钟频率定时，一个机器周期加 1
　　C．由外部计数脉冲计数，下降沿加 1
　　D．由外部计数脉冲计数，一个机器周期加 1
（11）8051 单片机的定时器 T1 用作计数方式时，（　　）。
　　A．外部计数脉冲由 T1（P3.5）输入
　　B．外部计数脉冲由内部时钟频率提供
　　C．外部计数脉冲由 T0（P3.4）输入
　　D．由外部计数脉冲计数
（12）8051 单片机的定时器 T0 用作定时方式时是（　　）。
　　A．由内部时钟频率定时，一个时钟周期加 1
　　B．由外部计数脉冲计数，一个机器周期加 1
　　C．外部定时脉冲由 T0（P3.4）输入定时
　　D．由内部时钟频率计数，一个机器周期加 1
（13）用 8051 的定时器 T1 作定时方式，用模式 1，则工作方式控制字为（　　）。
　　A．01H　　　　　　B．05H　　　　　　C．10H　　　　　　D．50H
（14）用 8051 的定时器 T1 作计数方式，用模式 2，则工作方式控制字为（　　）。
　　A．60H　　　　　　B．02H　　　　　　C．06H　　　　　　D．20H
（15）用 8051 的定时器 T1 作定时方式，用模式 2，则工作方式控制字为（　　）。
　　A．60H　　　　　　B．02H　　　　　　C．06H　　　　　　D．20H
（16）用 8051 的定时器，若用软启动，应使 TMOD 中的（　　）。
　　A．GATE 位置 1　　B．C/T 位置 1　　C．GATE 位置 0　　D．C/T 位置 0
（17）启动定时器 0 开始计数的指令是使 TCON 的（　　）。
　　A．TF0 位置 1　　B．TR0 位置 1　　C．TR0 位置 0　　D．TR1 位置 0
（18）使 8051 的定时器 T1 停止计数的指令是使 TCON 的（　　）。
　　A．TF0 位置 1　　B．TR0 位置 1　　C．TR0 位置 0　　D．TR1 位置 0
（19）MCS-51 单片机在同一级别里除串行口外，级别最低的中断源是（　　）。
　　A．外部中断 1　　B．定时器 T0　　C．定时器 T1　　D．串行口
（20）MCS-51 单片机在同一级别里除 INT0 外，级别最高的中断源是（　　）。
　　A．外部中断 1　　B．定时器 T0　　C．定时器 T1　　D．外部中断 0
（21）用 8051 的定时器 T0 作计数方式，用模式 1（16 位），则工作方式控制字为（　　）。
　　A．01H　　　　　　B．02H　　　　　　C．04H　　　　　　D．05H
（22）用 8051 的定时器 T0 作定时方式，用模式 2，则工作方式控制字为（　　）。

    A．01H   B．02H   C．04H   D．05H

（23）用定时器 T1 方式 1 计数，要求每计满 10 次产生溢出标志，则 TH1、TL1 的初始值是（　　）。

    A．FFH、F6H B．F6H、F6H C．F0H、F0H D．FFH、F0H

（24）用 8051 的定时器 T0 定时，用模式 2，则应（　　）。

    A．启动 T0 前向 TH0 置入计数初值，TL0 置 0，以后每次重新计数前要重新置入计数初值

    B．启动 T0 前向 TH0、TL0 置入计数初值，以后每次重新计数前要重新置入计数初值

    C．启动 T0 前向 TH0、TL0 置入计数初值，以后不再置入

    D．启动 T0 前向 TH0、TL0 置入相同的计数初值，以后不再置入

（25）MCS-51 单片机的 TMOD 模式控制寄存器是一个专用寄存器，用于控制 T1 和 T0 的操作模式及工作方式，其中 C/T 表示的是（　　）。

    A．门控位 B．操作模式控制位 C．功能选择位 D．启动位

（26）8051 单片机晶振频率 f_{osc} = 12 MHz，则一个机器周期为（　　）μs。

    A．12   B．1   C．2   D．3

（27）MCS-51 单片机定时器溢出标志是（　　）。

    A．TR1 和 TR0 B．IE1 和 IE0 C．IT1 和 IT0 D．TF1 和 TF0

（28）用定时器 T1 方式 2 计数，要求每计满 100 次，向 CPU 发出中断请求，TH1、TL1 的初始值是（　　）。

    A．9CH   B．20H   C．64H   D．A0H

（29）MCS-51 单片机的定时器外部中断 1 和外部中断 0 的触发方式选择位是（　　）。

    A．TR1 和 TR B．IE1 和 IE0 C．IT1 和 IT0 D．TF1 和 TF0

（30）MCS-51 单片机定时器 T1 的溢出标志 TF1，若计满数产生溢出时，如不用中断方式而用查询方式，则应（　　）。

    A．由硬件清零 B．由软件清零 C．由软件置 1 D．可不处理

（31）MCS-51 单片机定时器 T0 的溢出标志 TF0，若计满数产生溢出时，其值为（　　）。

    A．00H   B．FFH   C．1   D．计数值

（32）MCS-51 单片机定时器 T0 的溢出标志 TF0，若计满数，在 CPU 响应中断后（　　）。

    A．由硬件清零 B．由软件清零 C．A 和 B 都可以 D．随机状态

（33）MCS-51 的串行口工作方式中适合多机通信的是（　　）。

    A．方式 0   B．方式 3   C．方式 1   D．方式 2

（34）当 TCON 的 IT0 为 1，且 CPU 响应外部中断 0 的中断请求后，（　　）。

    A．需用软件将 IE0 清零   B．需用软件将 IE0 置 1

    C．硬件自动将 IE0 清零   D．P3.2 管脚为高电平时自动将 IE0 清零

2．简答题

（1）定时器模式 2 有什么特点？适用于什么应用场合？

（2）51 单片机的定时器有哪几种工作模式？它们之间有哪些区别？

（3）51 单片机内部有几个定时器/计数器？它们是由哪些特殊功能寄存器组成的？

（4）定时器/计数器作定时器时，其定时时间与哪些因素有关？作计数器时，对外界计

数频率有何限制？

（5）简述定时器 4 种工作模式的特点，如何选择和设定工作模式？

（6）使用一个定时器，如何通过软、硬件结合的方法，实现较长时间的定时？

（7）51 单片机定时器作定时和计数时，其计数脉冲分别由谁提供？

（8）51 单片机定时器的门控信号 GATE 设置为 1 时，定时器如何启动？

（9）当定时器 T0 用作模式 3 时，由于 TR1 位已被 T0 占用，如何控制定时器 T1 的开启和关闭？

（10）单片机 89C51 的时钟频率为 6 MHz，若要求定时时间分别为 0.1 ms、1 ms 和 10 ms，定时器 0 工作在模式 0、1 和 2 时，其定时器初值各是多少？

（11）一个定时器的定时时间有限，如何实现两个定时器的串行定时，以满足较长定时时间的要求？

3. 设计题

（1）利用 51 单片机制作一个电子时钟，实现时间显示、调整和闹铃功能。具体要求如下：

① 按要求制订设计方案，并绘制出系统工作框图。

② 按要求设计部分外围电路，并与单片机仿真器、单片机实验板、电源等正确可靠地连接，给出电路原理图。

③ 用仿真器及单片机实验板进行程序设计与调试。

④ 利用键盘输入调整秒、分钟和小时时刻，采用七段数码管显示时间。

⑤ 实现闹钟功能，在设定的时间给出蜂鸣器声音提示。

（2）单片机用内部定时方法产生频率为 1 kHz 的等宽矩形波，假定单片机的晶振频率为 12 MHz。请编程实现。

（3）设 51 单片机的主频为 12 MHz。试编写一段程序，功能为：对定时器 T0 初始化，使之工作在模式 2，产生 200 μs 定时，并用查询 T0 溢出标志的方法，控制 P1.0 输出周期为 2 ms 的方波。

（4）已知 51 单片机的主频为 6 MHz，请利用 T0 和 P1.0 输出矩形波（矩形波高电平宽度为 50 μs，低电平宽度为 300 μs）。

（5）已知 51 单片机的主频为 12 MHz，用 T1 定时。试编程由 P1.0 引脚和 P1.1 引脚分别输出周期为 2 ms 和 500 μs 的方波。

项目四　通信电路的设计与制作

★ 项目描述

以单片机为核心的应用系统中,除了需要控制外围器件完成特定的功能外,在很多应用中还要完成单片机和单片机之间、单片机和外围器件之间以及单片机和 PC 机之间的数据交换和传输,这就是单片机的通信。单片机的通信方式可以分为并行通信和串行通信。并行方式传送一个字节的数据至少需要 8 条数据线。本项目将按照单片机应用系统的需求构建多个教学任务实现单片机和单片机之间、单片机和外围器件之间以及单片机和 PC 机之间的通信。

★ 项目分析

本项目需要实现两个实验板的点对点通信、单片机多机通信、单片机和外围器件之间以及单片机和 PC 机之间的通信。

★ 项目分解与实施

根据以上对项目的分析,依据循序渐进的原则,按照项目要求,分别实现两个开发板(两个子站)之间的点对点串口通信、主站到多个从站的串口数据通信与调试、PC 机与单片机之间的数据通信。数据存储采用 24C04,实现数据保存并实现单片机与器件之间的串口通信。

因此,按照先简单、后复杂的顺序对本学习项目进行分解,包括以下四个学习任务:
(1) 单片机点对点通信电路的设计与制作。
(2) 单片机多机通信电路的设计与制作。
(3) 单片机与 PC 机通信电路的设计与制作。
(4) 数据存储电路的设计与制作。

任务一　单片机点对点通信电路的设计与制作

【任务描述】

本任务要求设计与制作两个单片机之间通信的硬件电路和程序,并运用单片机的串口相关理论对串口点对点通信电路进行调试与检测。通过实验板上的串口把两个实验板相连,完成单片机点对点通信。要求通过单片机 1 的串口发送数据 "01010101" 控制单片机 2 与 P1 相连的发光二极管,通过单片机 2 的串口发送数据 "10101010" 控制单片机 1 与 P1 相连的发光二极管,两个单片机都采用 Mode 2 控制,波特率为 $f_{osc}/32$。

具体任务要求如下：
（1）实现两个实验板上单片机之间通过串口传输数据，相互控制对方的发光二极管。
（2）选出适合本任务的单片机串口通信外围芯片以及其他元器件。
（3）根据设计要求，设计出串口点对点通信接口电路。
（4）能焊接、制作单片机串口通信电路的电路板。
（5）能通过软件编程调试单片机串口通信相关电路。
（6）能协作解决设计与制作中遇到的问题。

【相关知识】

一、数据通信的相关概念

（一）并行通信与串行通信

根据组成数据的各位二进制数是否同时传输，可以把数据在信源、信宿之间的传输分为并行传输和串行传输两种方式。

如果数据的各位（比特）同时传输，这种通信方式称为并行通信。并行通信的主要特点是：

（1）传输速度快，处理简单，一位（比特）时间内可传输一个字符。

（2）通信成本高，每位传输要求一个单独的信道支持，因此如果一个字符包含 8 个二进制位，则并行传输要求有 8 个独立的信道支持。

（3）不支持长距离传输，由于信道之间的电容感应，远距离传输时，可靠性较低。

（4）并行通信传输中有多个数据位同时在两个设备之间传输，发送设备将这些数据位通过对应的数据线传送给接收设备，还可附加一位数据校验位。接收设备可同时接收到这些数据，不需要做任何变换就可以直接使用。并行方式主要用于近距离通信，此时可以忽略信道之间的电容感应。单片机内的 P0～P3 总线结构就是并行通信的例子。

将组成字符的各位（比特）串行地发往线路，这种通信方式称为串行通信。串行通信的主要特点是：① 传输速度较低，一次一位；② 通信成本也较低，只需要一个信道；③ 支持长距离传输，目前计算机网络中所用的传输方式均为串行传输。

以典型的标准并行口和串行口（俗称 COM 口）为例，并行接口有 8 根数据线，数据传输率高；而串行接口只有 1 根数据线，数据传输速度低。在串行口传送 1 位的时间内，并行口可以传送一个字节。当并行口完成单词"announce"的传送任务时，串行口中仅传送了这个单词的首字母"a"。

但是，从技术发展的实际情况来看，目前串行通信比并行通信发展要快，串行通信方式大有彻底取代并行通信方式的势头，比如，USB 取代 IEEE 1284，SATA 取代 PATA，PCI Express 取代 PCI，等等。最典型的串行通信是 RS-232C，例如，个人计算机里的 com1、com2 等就属于 RS-232C。虽然个人计算机的输入/输出接口逐渐被新一代的 USB、网卡所取代，但 USB、网卡也属于串行通信。

（二）单工、半双工和全双工

在串行通信里，通信方式有单工、半双工和全双工之分。如果在通信过程中的任意时刻，信息只能由一方 A 传到另一方 B，称为单工通信。如果在任意时刻，信息既可由 A 传到 B，又能由 B 传给 A，但同一时刻只能有一个方向上的传输存在，称为半双工通信。如果在任意时刻，线路上存在 A 到 B 和 B 到 A 的双向信号传输，则称为全双工通信。

收音机和广播电台之间的通信属于单工通信；对讲机与对讲机之间的通信属于半双工通信；手机与手机之间的通信属于全双工通信。

（三）波特率

在串行通信中，用"波特率"来描述数据的传输速率。所谓波特率，即每秒钟传送的串行二进制位数，它是衡量串行数据速度快慢的重要指标。有时也用"位周期"来表示传输速率，位周期是波特率的倒数。

国际上规定了一个标准波特率系列：110 bps、300 bps、600 bps、1 200 bps、1 800 bps、2 400 bps、4 800 bps、9 600 bps、14.4 kbps、19.2 kbps、28.8 kbps、33.6 kbps、56 kbps。例如：9 600 bps 是指每秒传送 9 600 位，包含字符的数位和其他必需的数位，如奇偶校验位等。大多数串行接口电路的接收波特率和发送波特率可以分别设置，但接收方的接收波特率必须与发送方的发送波特率相同。通信线上所传输的字符数据（代码）是逐位传送的，1 个字符由若干位组成，因此每秒钟所传输的字符数（字符速率）和波特率是两种概念。

在串行通信中，所说的传输速率是指波特率，而不是指字符速率，它们两者的关系是：假如在异步串行通信中，传送一个字符，包括 12 位（其中有一个起始位，8 个数据位，1 个校验位、2 个停止位），其传输速率是 1 200 bps，每秒所能传送的字符数是 1 200/（1 + 8 + 1 + 2）= 100 个。

二、单片机的串行口通信

（一）51 单片机的串行口结构

51 单片机的串行口是一个可编程全双工的通信接口，具有 UART（通用异步收发器）的全部功能，能同时进行数据的发送和接收，也可作为同步移位寄存器使用。它的串行口主要由两个物理独立的串行数据缓冲寄存器 SBUF（一个发送缓冲寄存器，一个接收缓冲寄存器）和发送控制器、接收控制器、输入移位寄存器及若干控制门电路组成。

51 单片机可以通过特殊功能寄存器 SBUF 对串行接收或串行发送寄存器进行访问，两个寄存器共用一个地址 99H，但在物理上这是两个独立的寄存器，由指令操作决定访问哪一个寄存器。执行写指令时，访问串行发送寄存器；执行读指令时，访问串行接收寄存器。接收器具有双缓冲结构，即在从接收寄存器中读出前一个已收到的字节之前，便能接收第二个字节，如果第二个字节已经接收完毕，第一个字节还没有读出，则将丢失其中一个字节，编程时应引起注意。对于发送器，因为数据是由 CPU 控制和发送的，所以不需要考虑。

（二）串行口控制寄存器 SCON

与串行口紧密相关的一个特殊功能寄存器是串行口控制寄存器 SCON，它用来设定串行口的工作方式、接收/发送控制以及设置状态标志等，单片机复位时全部被清零。SCON 在特殊功能寄存器中的字节地址为 98H，可位寻址，SCON 的各位定义如表 4.1 所示。

表 4.1 串行口控制寄存器 SCON

D7	D6	D5	D4	D3	D2	D1	D0
SM0	SM1	SM2	REN	TB8	RB8	TI	RI

SM0 和 SM1 是工作方式选择位。串行口有 4 种工作方式，它们由 SM0 和 SM1 共同设定。当 SM0、SM1 为 00，串口设置为工作方式 0；当 SM0、SM1 为 01，串口设置为工作方式 1；当 SM0、SM1 为 10，串口设置为工作方式 2；当 SM0、SM1 为 11，串口设置为工作方式 3。

SM2 是多机通信控制位。SM2 主要用于方式 2 和方式 3。当接收机的 SM2 = 1 时，可以利用收到的 RB8 来控制是否激活 RI（RB8 = 0 时不激活 RI，收到的信息丢弃；RB8 = 1 时收到的数据进入 SBUF，并激活 RI，进而在中断服务程序中将数据从 SBUF 读走）。当 SM2 = 0 时，不论收到的 RB8 是 0 还是 1，均可以使收到的数据进入 SBUF，并激活 RI（即此时 RB8 不具有控制 RI 激活的功能）。通过控制 SM2，可以实现多机通信。在方式 0 时，SM2 必须是 0；在方式 1 时，若 SM2 = 1，则只有接收到有效停止位时，RI 才置 1。

REN 是允许串行接收位。若 REN = 1 则允许串行口接收数据；REN = 0 则禁止串行口接收数据。

TB8 是方式 2 和方式 3 中发送数据的第 9 位，可以用软件规定其作用，点对点通信时常用作数据的奇偶校验位，而在多机通信中，作为地址帧/数据帧的标志位。在方式 0 和方式 1 中，该位未用。

RB8 是方式 2 和方式 3 中接收数据的第 9 位，可作为奇偶校验位或地址帧的标志位。在方式 1 时，若 SM2 = 0，则 RB8 是接收到的停止位。

TI 是发送中断标志位。在方式 0 时或当串行发送第 8 位数据结束时或在其他方式下串行发送停止位的开始时，由内部硬件使 TI 置 1，向 CPU 发出中断申请。在中断服务程序中，必须用软件将其清零，取消此中断申请。

RI 是接收中断标志位。在方式 0 时或当串行接收第 8 位数据结束时或在其他方式下串行接收停止位的中间时，由内部硬件使 RI 置 1，向 CPU 发出中断申请。RI 也必须在中断服务程序中用软件将其清零，取消此中断申请。

（三）寄存器 SBUF、SADDR 和 SADEN

SBUF 寄存器是一个同地址（0x99）但独立的两个 8 位物理寄存器，其中一个作为串口发送的缓冲器，另一个作为串口接收的缓冲器。

当把数据放到 SBUF（发送缓冲）后，单片机自动将该数据通过串口发送，完成发送传输后，TI 位被设置为 1，可产生中断。

只要串口允许，单片机随时会通过串口接收数据，而接收到的数据将放入 SBUF（接收缓冲），完成接收 8 位后，RI 位被设置为 1，可产生中断。

SADDR 和 SADEN 寄存器主要用于多机通信。SADDR 寄存器是从处理器地址寄存器（slave address register），用于存放该单片机的地址；而 SADEN 寄存器是从处理器地址屏蔽寄存器（slave address mask register），用于存放该单片机的地址屏蔽。

系统复位后，SADDR 和 SADEN 寄存器的内容均为 0x00。这两个寄存器在多机通信部分再详细说明。

（四）串口通信的 4 种工作方式

这里对串口通信的 4 种方式做简单介绍，然后重点介绍串口通信的方式 1。

（1）方式 0。方式 0 时，串行口为同步移位寄存器的输入/输出方式，主要用于扩展并行输入或输出口。数据由 RXD（P3.0）引脚输入或输出，同步移位脉冲由 TXD（P3.1）引脚输出。发送和接收均为 8 位数据，低位在先，高位在后，波特率固定为 $f_{osc}/12$。

（2）方式 1。方式 1 是 10 位数据的异步通信口，其中 1 位起始位，8 位数据位，1 位停止位。TXD（P3.1）为数据发送引脚，RXD（P3.0）为数据接收引脚。其传输波特率是可变的，对于 51 单片机，波特率由定时器 1 的溢出率决定。通常在单片机与单片机串口通信、单片机与计算机串口通信、计算机与计算机串口通信时，基本都选择方式 1，因此读者务必对这种方式要完全掌握。这种方式的数据格式如图 4.1 所示。

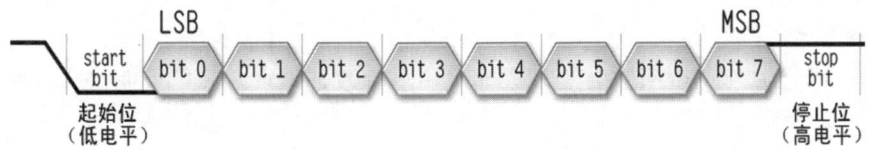

图 4.1　Mode 1 的数据格式

（3）方式 2、3。方式 2、3 时为 11 位数据的异步通信口。这两种方式的数据格式如图 4.2 所示。TXD（P3.1）为数据发送引脚，RXD（P3.0）为数据接收引脚。这两种方式下，起始位 1 位，数据 9 位（含 1 位附加的第 9 位，发送时为 SCON 中的 TB8，接收时为 RB8），停止位 1 位，一帧数据为 11 位。方式 2 的波特率固定为晶振频率的 1/64 或 1/32，方式 3 的波特率由定时器 T1 的溢出率决定。

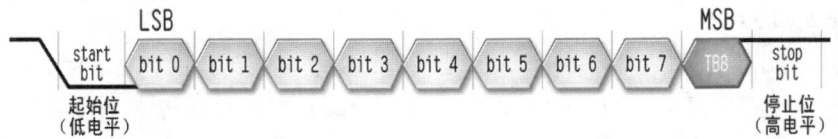

图 4.2　Mode 2 和 Mode 3 的数据格式

方式 2 和方式 3 的差别仅在于波特率的选取方式不同，在两种方式下，接收到的停止位与 SBUF、RB8 及 RI 都无关。

串行口方式 1 是最常用的通信方式，其传送一帧数据共 10 位，1 位起始位（0），8 位数据位，最低位在前，高位在后，1 位停止位（1），帧与帧之间可以有空闲，也可以无空闲。

当数据被写入 SBUF 寄存器后，单片机自动开始从起始位发送数据，发送到停止位时，由内部硬件将 TI 置 1，向 CPU 申请中断，接下来可在中断服务程序中做相应处理，也可选择不进入中断。

用软件置 REN 为 1 时，接收器以所选择波特率的 16 倍速率采样 RXD 引脚电平，检测到 RXD 引脚输入电平发生负跳变时，则说明起始位有效，将其移存输入移位寄存器，并开始接收这一帧信息的其余位。接收过程中，数据从输入移位寄存器右边移入，起始位移至输入移位寄存器最左边时，控制电路进行最后一次移位。当 RI = 0，且 SM2 = 0 时（或接收到的停止位为 1 时），将接收到的 9 位数据的前 8 位数据装入 SBUF，第 9 位（停止位）进入 RB8，并置 RI = 1，向 CPU 请求中断。

三、串行口通信程序的编写

在具体操作串行口之前，需要对单片机的一些与串口有关的特殊功能寄存器进行初始化设置，主要是设置产生波特率的定时器1、串行口控制寄存器和中断控制寄存器。

具体步骤如下：
（1）确定定时器1（T1）的工作方式（编程TMOD寄存器）。
（2）计算定时器1（T1）的初值，装载TH1和TL1。
（3）启动定时器1（T1）（编程TCON中的TR1位）。
（4）确定串行口工作方式（编程SCON寄存器）。
（5）串行口工作在中断方式时，要进行中断设置（编程IE，IP寄存器）。

波特率设置如下：

1. Mode 0

在 Mode 0 下，波特率固定为 $f_{osc}/12$，完全由系统时钟确定，软件不能改变其波特率。

2. Mode 2

在 Mode 2 下，波特率可为 $f_{osc}/32$ 或者 $f_{osc}/64$，即：

$$波特率 = (2^{SMOD} \times f_{osc})/64$$

其中，SMOD 为 PCON 寄存器中的 bit 7，若 SMOD = 0，则设置采用的波特率为 $f_{osc}/64$；若 SMOD = 1，则设置采用的波特率为 $f_{osc}/32$。

如果系统时钟为 12 MHz，则 SMOD = 0 对应的波特率为 187.5 kbit/s，SMOD = 1 对应的波特率为 375 kbit/s。

3. Mode 1 和 Mode 3

在 Mode 1 和 Mode 3 下，波特率可由定时器1（8x52 还可由定时器2）的溢出脉冲所控制。此时定时器1一般采用具有8位自动装载功能的 Mode2，它的装载初值 TH1 由以下公式计算：

$$波特率 = (2^{SMOD} \times f_{osc})/(32 \times 12 \times (256 - TH1))$$

表 4.2 所示是使用定时器1产生常用波特率时 TH1 的装载初值。

表 4.2 定时器 1 产生常用波特率的 TH1 装载初值

波特率 时钟频率	150	300	600	1200	2400	4800	4800	9600	19200
11.0592	0x40	0xa0	0xd0	0xe8	0xf4	0xfa	—	0xfd	0xfd
12	0x30	0x98	0xcc	0xe6	0xf3	—	0xf3	—	—
SMOD	0	0	0	0	0	0	1	0	1

大部分使用串口的单片机都需要使用 11.0592 MHz 的时钟频率，而不再使用 12 MHz。

【例 4.1】 在实验板上把单片机的 RXD 和 TXD 引脚相连，完成单片机串口自收自发通信。要求通过串口发送数据"01010101"控制与 P1 端口相连的发光二极管间隔点亮，分别采用 Mode 1、Mode 2 和 Mode 3 控制，波特率为 9600 bps。

分析：在此所要采用的波特率为 9600 bps，首先利用 TMOD 寄存器将定时器1设置为 Mode 2 自动装载模式，再将 PCON 寄存器的最高位 SMOD 设置为 0，然后将 TH1 寄存器加载 0xfd，最后启动定时器 1，即可产生 9600 bps 的波特率。

（1）Mode 1 查询法的参考程序如下：

```c
/****************************************************************
   查询法串口程序 1：Serial1_Com.c    串口自收发程序 1
****************************************************************/
//==声明区=========================================
#include <reg51.h>                    //包含 51 头文件
#define    LED      P1                //定义 LED 位置
char send_data=0x55;                  //定义发送数据内容
//==主程序=========================================
main()                                //主程序开始
{
    IE=0x98;                          //开启定时器 1 和串口中断
    TMOD = 0x20;                      //将 Timer 1 设定 mode 2 以产生波特率
    PCON &= 0x7f;                     //将 SMOD 设定为 0
    TH1=TL1=0xfd;                     //波特率设定约为 9600 bps
    TR1=1;                            //启动 Timer 1
//=====b7===b6===b5===b4===b3===b2===b1===b0===
//===SM0==SM1==SM2==REN==TB8==RB8===TI===RI===
//=====0====1====0====1====0====0====0====0===
    SCON=0x50;                        //设定为 mode 1
    while(1)                          //while 循环开始
    {
        SBUF= send_data;              //把数据 01010101 放入 SBUF
        while (RI==0);                //检查是否完成接收
        RI=0;                         //RI=1 时（接收完成），清除 RI
        LED=SBUF;                     //将所接收的数据输出到 LED
        TI=0;                         //清除 TI
    }                                 //while 循环结束
}                                     //主程序结束
```

（2）Mode 1 中断法的参考程序如下：

```c
/****************************************************************
   中断法串口程序 1：Serial2_Com.c    串口自收发程序 2
****************************************************************/
//==声明区=========================================
#include <reg51.h>                    //包含 51 头文件
#define    LED      P1                //定义 LED 位置
char send_data=0x55;                  //定义发送数据内容
//==主程序=========================================
```

```c
    main()                              //主程序开始
    {
        IE=0x98;                        //开启定时器 1 和串口中断
        TMOD = 0x20;                    //将 Timer 1 设定 mode 2 以产生波特率
        PCON &= 0x7f;                   //将 SMOD 设定为 0
        TH1=TL1=0xfd;                   //波特率设定约为 9600
        TR1=1;                          //启动 Timer 1
//====b7===b6===b5===b4===b3===b2===b1===b0===
//===SM0==SM1==SM2==REN==TB8==RB8===TI===RI===
//=====0====1====0====1====0====0====0====0===
        SCON=0x50;                      //设定为 mode 1
        SBUF= send_data;                //把数据 01010101 放入 SBUF
        while(1);                       //while 循环开始
    }                                   //主程序结束
//== 串口中断子程序==================================
    void serial_int(void)interrupt 4    //串口中断程序
    {
        if（RI==1）                     //若是接收中断
        {
            RI=0;                       //清除 RI 标志位
            LED=SBUF;                   //接收到的数据送 P1
        }
        if（TI==1）                     //若是发送中断
        {
            TI=0;                       //清除 TI 标志位
            SBUF= send_data;            //把数据 01010101 放入 SBUF 发送
        }
    }
```

注意：RI 或 TI 为 1 时，都可以进入串口中断（interrupt 4），可以在中断子程序里判别是收中断（RI）还是发中断（TI）。

（3）Mode 2 的查询法参考程序如下：

```c
/*************************************************************
    查询法串口程序 2：Serial3_Com.c   串口自收发程序 3
*************************************************************/
//== 声明区========================================
#include <reg51.h>                      //包含 51 头文件
#define   LED      P1                   //定义 LED 位置
char send_data=0x55;                    //定义发送数据内容
//== 主程序========================================
```

```c
main()                          //主程序开始
{
    PCON |= 0x80;               //将 SMOD 设定为 1
//====b7===b6===b5==b4===b3===b2===b1===b0===
//===SM0==SM1==SM2==REN==TB8==RB8===TI===RI===
//=====1====0====0====1====0====0====0====0===
    SCON=0x90;                  //设定为 mode 2
    while(1)                    //while 循环开始
    {
        SBUF= send_data;        //把数据 01010101 放入 SBUF
        while (RI==0);          //检查是否完成接收
        RI=0;                   //RI=1 时(接收完成),清除 RI
        LED=SBUF;               //将所接收的数据输出到 LED
        TI=0;                   //清除 TI
    }                           //while 循环结束
}                               //主程序结束
```

（4）Mode 3 的中断法参考程序如下：
/**
查询法串口程序 2：Serial4_Com.c   串口自收发程序 4
***/

```c
//==声明区=====================================
#include <reg51.h>              //包含 51 头文件
#define  LED      P1            //定义 LED 位置
char send_data=0x55;            //定义发送数据内容
//==主程序=====================================
main()                          //主程序开始
{
    IE=0x98;                    //开启定时器 1 和串口中断
    TMOD = 0x20;                //将 Timer 1 设定 mode 2 以产生波特率
    PCON &= 0x7f;               //将 SMOD 设定为 0
    TH1=TL1=0xfd;               //波特率设定约为 9600 bps
    TR1=1;                      //启动 Timer 1
//====b7===b6===b5==b4===b3===b2===b1===b0===
//===SM0==SM1==SM2==REN==TB8==RB8===TI===RI===
//=====1====1====0====1====0====0====0====0===
    SCON=0xd0;                  //设定为 mode 3
    SBUF= send_data;            //把数据 01010101 放入 SBUF
    while(1);                   //while 循环开始
}                               //主程序结束
```

```
//==串口中断子程序=====================================
void serial_int(void)interrupt 4      //串口中断程序
{
    if(RI==1)                         //若是接收中断
    {
        RI=0;                         //清除 RI 标志位
        LED=SBUF;                     //接收到的数据送 P1
    }
    if(TI==1)                         //若是发送中断
    {
        TI=0;                         //清除 TI 标志位
        SBUF= send_data;              //把数据 01010101 放入 SBUF 发送
    }
}
```

【任务实施】

1. 实验步骤

（1）硬件电路设计。根据本任务的需要，设计任务原理图如图 4.3 所示，通过实验板上的串口把两个实验板相连，实现单片机点对点通信。单片机甲、乙的 P1 口接 8 只发光二极管，单片机甲的串口发送端 RXD 连接单片机乙的串口接收端 TXD，单片机甲的串口接收端 TXD 连接单片机乙的串口发送端 RXD。单片机甲的串口发送数据"01010101"控制单片机乙的与 P1 相连的发光二极管，通过单片机乙的串口发送数据"10101010"控制单片机甲的与 P1 相连的发光二极管，两个单片机都采用 Mode 2 控制，波特率为 $f_{osc}/32$。

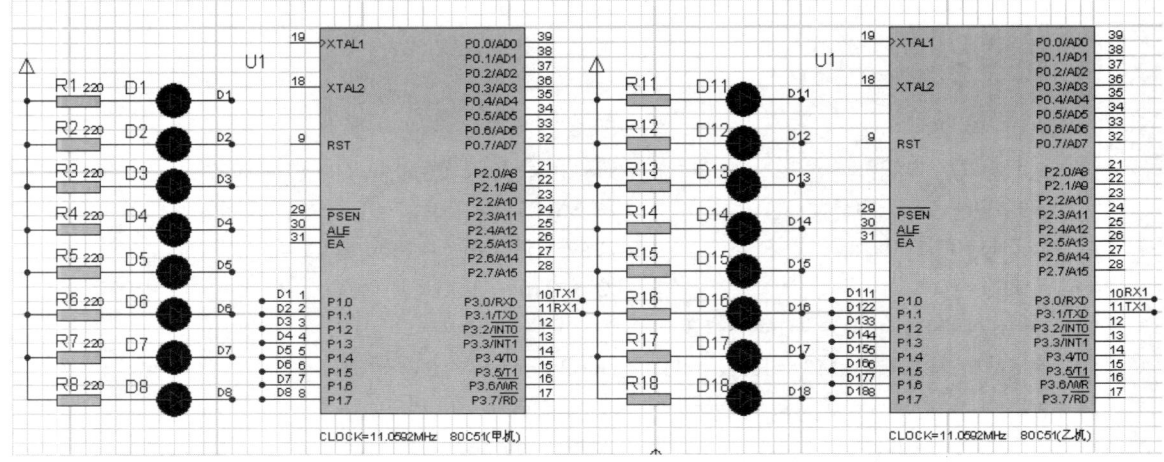

图 4.3 任务原理图

（2）软件设计。任务软件流程如图 4.4 所示。

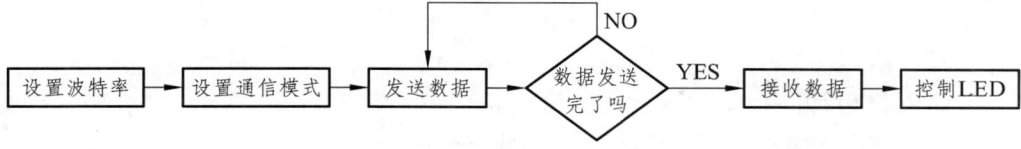

图 4.4　任务软件流程图

① 单片机 1 的参考程序：
/***
　串口点对点程序 1：Serial1_PP.c　　串口点对点通信程序 1
***/
//==声明区===
```
#include <reg51.h>            //包含 51 头文件
#define   LED      P1         //定义 LED 位置
char send_data=0x55;          //定义发送数据内容 01010101
//==主程序===========================================
main()                        //主程序开始
{
    PCON |= 0x80;             //将 SMOD 设定为 1
//====b7===b6===b5===b4===b3===b2===b1===b0===
//===SM0==SM1==SM2==REN==TB8==RB8===TI===RI===
//=====1====0====0====1====0====0====0====0===
    SCON=0x90;                //设定为 mode 2
    while(1)                  //while 循环开始
    {
        SBUF= send_data;      //把数据 01010101 放入 SBUF
        while (RI==0);        //检查是否完成接收
        RI=0;                 //RI=1 时(接收完成),清除 RI
        LED=SBUF;             //将所接收的数据输出到 LED
        TI=0;                 //清除 TI
    }                         //while 循环结束
}                             //主程序结束
```

（2）单片机 2 的参考程序：
/***
　串口点对点程序 2：Serial2_PP.c　　串口点对点通信程序 2
***/
//==声明区===
```
#include <reg51.h>            //包含 51 头文件
#define   LED      P1         //定义 LED 位置
char send_data=0xaa;          //定义发送数据内容 10101010
//==主程序===========================================
```

```
main()                              //主程序开始
{
    PCON |= 0x80;                   //将 SMOD 设定为 1
//====b7===b6==b5===b4===b3===b2===b1===b0===
//===SM0==SM1==SM2==REN==TB8==RB8===TI===RI===
//=====1====0====0====1====0====0====0====0===
    SCON=0x90;                      //设定为 mode 2
    while(1)                        //while 循环开始
    {
        SBUF= send_data;            //把数据 01010101 放入 SBUF
        while (RI==0);              //检查是否完成接收
        RI=0;                       //RI=1 时（接收完成），清除 RI
        LED=SBUF;                   //将所接收的数据输出到 LED
        TI=0;                       //清除 TI
    }                               //while 循环结束
}                                   //主程序结束
```

可以看出，以上两个参考程序只有发送的数据 send_data 不同，其他完全相同。

（3）编写软件，并进行软件仿真：

① 运用 Keil 建立一个工程，将编好的程序添加到工程中进行调试并产生 hex 文件。

② 进行仿真，将 Keil 生成的 hex 文件在 Proteus 中载入 51 单片机芯片，进行仿真。

（4）装配通信外围电路板：

① 根据指导老师发放的焊接装配图，参考任务小组设计的电路图，领取相应元器件并识别、测试元器件。

② 工具准备：电烙铁、焊锡丝、金属镊子、尖嘴钳、斜口钳、吸锡器等焊接工具，万用表、示波器、直流稳压电源等测试工具。

③ 按工艺要求安装元器件并焊接。

（5）将两个任务小组各自的实验板 DB9 接口运用电缆线连接起来，把编译好的软件分别下载烧写到两个任务小组各自实验板上的单片机芯片中，进行软、硬件联合调试，观察实验现象是否正确。

（6）如有故障，测试电路板并查找故障原因。

2. 技术报告及评测

将测试点、测试结果及故障原因分析记录下来。任务完成后，撰写技术报告及效果评测。

任务二 单片机多机通信电路的设计与制作

【任务描述】

一个主机控制三个从机，从机收到数据后使用 P1 口将接收的数据显示，主机通过串行口传 Slave A 的地址给 Slave A，经过 0.1 s 后，再传数据给 Slave A；主机通过串行口传 Slave B

的地址给 Slave B，经过 0.1 s 后，再传数据给 Slave B；主机通过串行口传 Slave C 的地址给 Slave C，经过 0.1 s 后，再传数据给 Slave C。

具体任务要求如下：

（1）通过主站（选定的某个单片机实验板）的串口通信控制其他三个单片机实验板的发光二极管状态。

（2）根据设计要求，设计出串口多机通信接口电路。

（3）能焊接、制作单片机多机通信串口数据转换电路的电路板。

（4）能调试单片机串口通信相关电路。

（5）能协作解决设计与制作中遇到的问题。

【相关知识】

一、单片机多机通信的过程

51 单片机具有多机通信的功能，可以实现一台主机与多台从机之间的通信。多机通信充分利用了单片机内部的多机通信控制位 SM2。当从机 SM2 = 1 时，从机只接收主机发出的地址帧（第 9 位为 1），对数据帧（第 9 位为 0）不予理睬；而当 SM2 = 0 时，可接收主机发送过来的所有信息。

多机通信过程如下：

（1）所有从机 SM2 均置 1，处于只接收主机地址帧的状态。

（2）主机先发送一个地址帧，其中前 8 位数据表示地址，第 9 位为 1 表示该帧为地址帧。

（3）所有从机接收到地址帧后，进行中断处理，把接收到的地址与自身地址相比较。地址相符时将 SM2 清零，脱离多机状态；地址不相符的从机不作任何处理，仍保持 SM2 = 1。

（4）地址相符的从机 SM2 = 0，可以接收到主机随后发来的信息，即主机发送的所有信息。收到信息 TB8 = 0，则表示是数据帧。而对于地址不符的从机 SM2 = 1，收到信息 TB8 = 0，则不予理睬，这样就实现了主机与地址相符的从机之间的双机通信。

（5）被寻址的从机通信结束后置 SM2 = 1，恢复多机通信系统原有的状态。

1. 主机

设置 SM2 = 0，这是双机通信的形式，可以任意地发送和接收。

发送：以 TB8 = 1 发送，将数据发送到所有 SM2 = 1 的分机，这是呼叫某个从机；以 TB8 = 0 发送，将数据发送到 SM2 = 0 的分机，这是双机通信的形式。

2. 从机

设置 SM2 = 1，这是多机通信的形式，只能收到主机发送的 RB8 = 1 的信息。

接收：仅能收到 RB8 = 1 的数据，确认是呼叫本机时，令 SM2 = 0。设置为 SM2 = 0 后，是双机通信的形式。那从机的 RB8 要怎么设，是需要软件设置还是单片机自己识别？在编程的时候要怎么写？实际上，对于应答从机的 RB8 是不需要编程的。因为从机的 RB8 是接收到的，它是主机发送出来的 TB8。如果想要对 TB8 进行控制，则需要在主机中进行编程。

二、单片机多机通信程序的编写

【例 4.2】 如图 4.5 所示，一个主机与三个从机通信，主机的 TXD 端连接从机的 RXD 端，主机的 RXD 端连接从机的 TXD 端，从机收到数据后使用 P1 口将接收数据显示，主机通过串行口传 Slave A 的地址给 Slave A，经过 0.1 s 后，再传数据给 Slave A；主机通过串行口传 Slave B 的地址给 Slave B，经过 0.1 s 后，再传数据给 Slave B；主机通过串行口传 Slave C 的地址给 Slave C，经过 0.1 s 后，再传数据给 Slave C。完成单片机的多机通信。

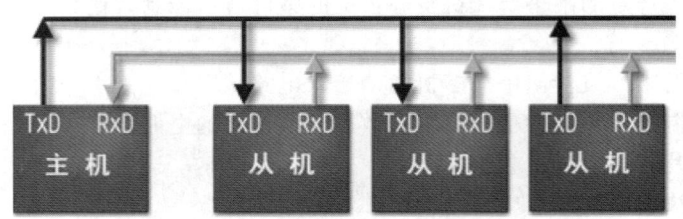

图 4.5　多机通信电路原理

分析：多机通信流程如图 4.6 所示，图（a）为主机流程图，图（b）为从机流程图。

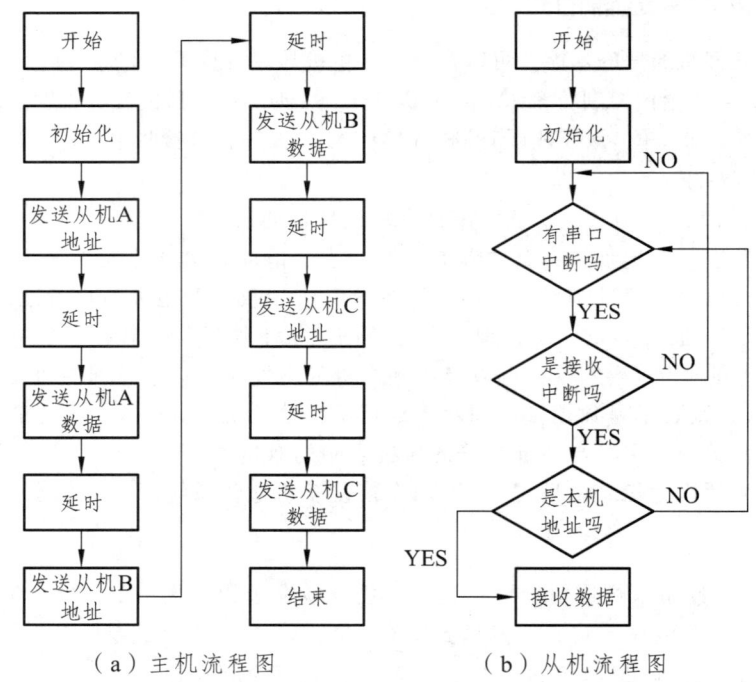

（a）主机流程图　　　　　　（b）从机流程图

图 4.6　多机通信流程图

1. 主机的参考程序

说明：

（1）该程序为多机通信主机程序，最多可以挂 255 个从机。

（2）该程序主机发送端与多个从机的接收端相接，主机的接收端与多个从机的发送端相接。

（3）该程序的主要作用是给从机发送作为命令的数据。

```
//================================================================
//                    多机通信主机程序
//================================================================
    #include    <reg51.h>                    // 包含 reg51.h 档
```

```c
#define  LED   P2                              // 定义 LED 位置
//============ 函数 ==========
void INIT_serial(void);                         // 声明串口初始化函数
void send_char(char);                           // 声明发送函数
void delay1ms(int);                             // 声明延迟函数
//============ 函数 ==========
unsigned char myAddress = 0x01;                 // 主机的地址
unsigned char addr[3]={0x02, 0x03, 0x04};       // 从机地址
unsigned char sdata[3]={0x11, 0x33, 0x55};      // 从机数据初值
//======= 主程序 ========
main()
{ unsigned char   i;                            // 声明变量
  INIT_serial();
  LED=0xff;
  while(1)
    {  LED=~LED;
       for(i=0;i<3;i++)                         // 对三个 slave 通信
       {   TB8 = 1;                             // 传送地址模式
           send_char(addr[i]);                  // 传送地址
           TB8 = 0;                             // 传送数据模式
           send_char(sdata[i]);                 // 传送数据
           delay1ms(1000);                      // 延迟 1 s
           TB8 = 0;                             // 传送资料模式
           send_char(~sdata[i]);                // 传送反相数据
           delay1ms(1000);                      // 延迟 1 s
       }
     }
}
//=== 串口初始化函数 ===
void INIT_serial(void)
{    PCON |= 0x80;                              // 将 SMOD 设定为 1
     SCON=0xf0;                                 // 设定为 mode 3，多处理器模式
     TMOD |= 0x20;                              // 设定采 mode 2
     TH1=TL1=0xf3;                              // 4800 bps (12 MHz)
     TR1=1;                                     // 启动 Timer 1
}
//============ 传送数据函数 ==========
void send_char(char s_char)
{    TI=0;                                      // 清除 TI 标志
     SBUF = s_char;                             // 传出数据
     while(!TI);                                // 等待数据发送完
}
```

```c
//============ 延迟函数(产生 x1ms 延迟) ==========
void delay1ms(int x)
{   char   i, j;                         // 声明变量
        for (i=0;i<x;i++)                // 计数 x 次
            for (j=0;j<120;j++);         // 延迟 1 ms
}
```

2. 从机 A、B、C 的参考程序

```c
//===============================================================
//说明：从机先接收地址，然后与自己的地址比较，正确了再接收数据，修改地址可挂多个从机
//===============================================================

#include    <reg51.h>                    // 包含 reg51.h 头文件
#define    LED    P1                     // 定义 LED 位置
void INIT_serial(void);                  // 声明串口初始化函数
unsigned char myAddress = 0x02;          // 本从机地址，其余 2 个从机程序只需要修改地址
//======= 主程序 ========
main()                                   // 主程序开始
{    INIT_serial();                      // 串口初始化设定
     while(1);                           // 无限循环
}
//=== 串口初始化函数 ===
void INIT_serial(void)
{    PCON |= 0x80;                       // 将 SMOD 设定为 1
     SCON=0xf0;                          // 设定为 mode 3，多处理器通信
     TMOD |= 0x20;                       // 设定采 mode 2
     TH1=TL1=0xf3;                       // 4800 bps (12 MHz)
     EA=ES=1;                            // 启动串口中断
     TR1=1;                              // 启动 Timer 1
}
//=== 串口中断子程序(中断编号为 4)===
void serial_INT(void)   interrupt   4
{    if (TI==1)                          // 判断是否发生传出中断
         TI=0;                           // 清除 TI 旗标，准备下次的传送
     if (RI==1)                          // 判断是否发生接收中断
     {   RI=0;                           // 清除 RI 标志，准备下次的接收
         if (RB8)
             if (SBUF==myAddress) SM2=0; // 进入接收数据模式
             else SM2=1;                 // 非本机地址
         else    LED=SBUF;               // 读取接收到的数据，并输出到 P1 口
     }
}
```

任务三　单片机与PC机通信电路的设计与制作

【任务要求】

单片机通过串口接收PC机发送的数字0~9，并使用P1口将接收的数字使用数码管显示；同时将接收的数据加1后，发送给PC机，设计与制作PC机与单片机采用RS-232通信方式的接口电路，并运用单片机的串口通信理论知识对RS-232通信电路进行调试与检测。

具体任务要求如下：

（1）选出适合本任务的单片机RS-232通信方式的通信接口芯片以及其他元器件。
（2）根据设计要求，设计出RS-232通信串口接口电路。
（3）能焊接、制作单片机RS-232通信串口数据转换电路的电路板。
（4）能用相关仪器仪表检测元器件，会调试单片机RS-232串口多机通信相关电路。
（5）能协作解决设计与制作中遇到的问题。

【相关知识】

一、RS-232接口协议简介

计算机与计算机或计算机与终端之间的数据传送可以采用串行通信和并行通信两种方式。由于串行通信方式具有使用线路少、成本低的优点，特别是在远程传输时，避免了多条线路特性不一致的问题，从而被广泛采用。在串行通信时，要求通信双方都采用一个标准接口，使不同的设备可以方便地连接起来进行通信。RS-232-C接口（又称 EIA RS-232-C）是目前最常用的一种串行通信接口。它是在1970年由美国电子工业协会（EIA）设计的。

收、发端的数据信号是相对于信号地的，如从DTE设备发出的数据在使用DB25连接器时是2脚相对7脚（信号地）的电平，DB25各引脚的定义参见图4.7。典型的RS-232信号在正、负电平之间摆动，在发送数据时，发送端驱动器输出正电平在+5~+15 V之间，负电平在-5~-15 V之间。当无数据传输时，线上为TTL，从开始传送数据到结束，线上电平从TTL电平到RS-232电平再返回TTL电平。接收器典型的工作电平为+3~+12 V与-3~-12 V。

9芯 DTE	25芯 DTE		25芯 DCE	9芯 DCE
3	2	→	2	3
2	3	←	3	2
7	4	→	4	7
8	5	←	5	8
6	6	←	6	6
5	7	←	7	5
1	8	←	8	1
4	20	→	20	4
9	22	←	22	9

图4.7　DB25各引脚的定义

RS-232接口的传送距离最大约为15 m，最高速率为20 kbit/s。RS-232是为点对点（即只用一对收/发设备）通信而设计的，其驱动器负载为3~7 kΩ。所以RS-232适合本地设备之间的通信。

RS-232 接口引脚的定义见表 4.3。

表 4.3 RS-232 接口引脚的定义

25 芯	9 芯	信号方向来自	缩　写	描述名
2	3	PC	TXD	发送数据
3	2	调制解调器	RXD	接收数据
4	7	PC	RTS	请求发送
5	8	调制解调器	CTS	允许发送
6	6	调制解调器	DSR	通信设备准备好
7	5		GND	信号地
8	1	调制解调器	CD	载波检测
20	4	PC	DIR	数据终端准备好
22	9	调制解调器	RI	响铃指示器

二、MAX232 系列芯片

如果是近距离的串行数据传输，则标准的 TTL 接口足以应付；若要进行长距离的串行数据传输，使用标准的 TTL 驱动能力已不足，且噪声容限太小，通信质量很差。

RS-232 是一种可长距离传输的串行通信方式，在 RS-232C 标准里，采用负逻辑传输，+3 ~ +15 V 为低电平、−3 ~ −15 V 为高电平。如此将可突破驱动能力不足与噪声容限太小的限制，于是相关的驱动 IC 就应运而生，MAXIM 公司的 MAX23 系列就属于这类芯片。

如图 4.8 所示，在发送方面，MAX232/MAX3232 内部将 +5 V 电源提高到 +10 V 和 −10 V，接收 TTL 的 +5 V 电平，将它转换成 +10 V 和 −10 V 的信号，再送到线路上；在接收方面，MAX232/MAX3232 从线路上接收 +10 V 和 −10 V 的信号，经过内部缓冲器转换成 TTL 的 +5 V 电平。换句话说，MAX232/MAX3232 提供电平转换功能，其内部有两组电源稳压电路，只要外接 5 个电容，即可将 +5 V 转换成 +10 V 和 −10 V 的电源，以提供双向的电平调整。

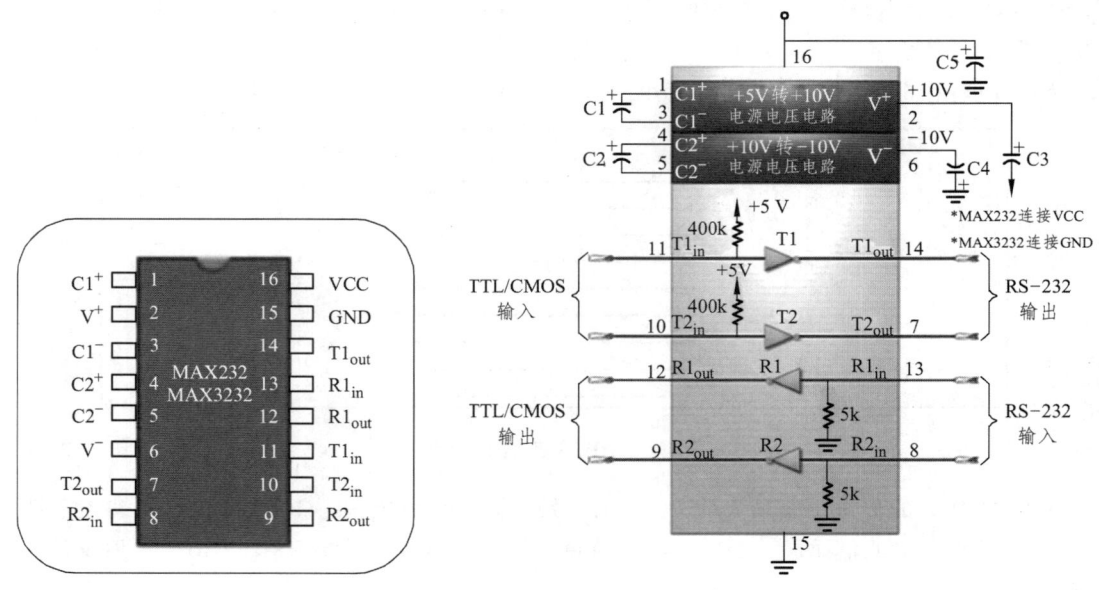

图 4.8 MAX232/MAX3232

MAX232/MAX3232 的用法很简单，在电源引脚接 1 个 0.1 μF 左右的电容进行电源滤波，另外 4 个电容在电源 VCC 为 +5 V 时，C1 用 0.1 μF 的瓷片电容，C2~C4 用 0.47 μF 的瓷片电容即可。

在实际应用电路中，一般把 MAX232/MAX3232 的第 11 脚连接到单片机的第 11 引脚（即 P3.1 引脚 TXD），第 12 脚连接到单片机的第 10 引脚（即 P3.0 引脚 RXD），再通过 DB9 电缆线连接到其他单片机电路板或者个人计算机的 com1（或 com2）端，如图 4.9 所示。

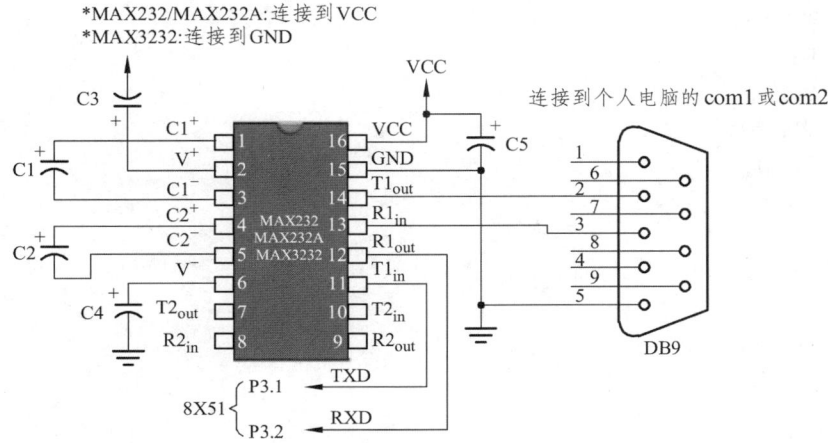

图 4.9　MAX232/MAX3232 的应用电路示意图

采用电平转换芯片连接 RS-232 的线路图如图 4.10 所示。

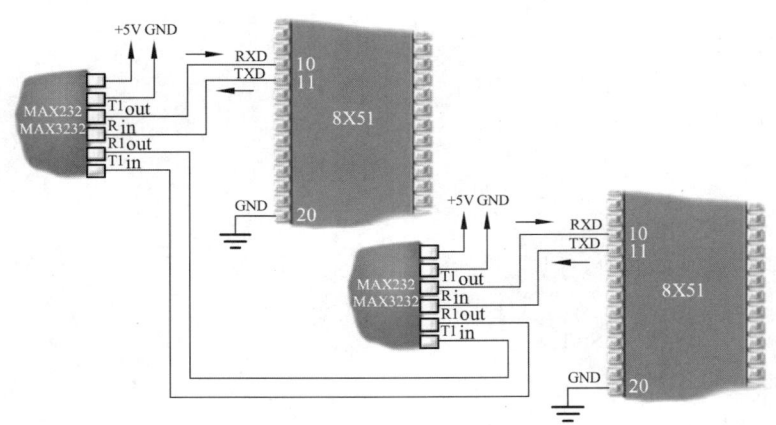

图 4.10　采用电平转换芯片连接 RS-232 的线路

【例 4.4】　上位机上发送一个字符 X，单片机收到字符后返回给上位机"I get X"，串口波特率设为 9 600 bps。

参考程序如下：

```
#include <reg51.h>
#define uchar unsigned char
#define uint unsigned int
unsigned char flag,a,i;
```

```c
uchar code table[]="I get ";
//uchar code table[]={'I',' ','g','e','t',' '};
void init()
{
    TMOD=0x20;
    TH1=0xfd;
    TL1=0xfd;
    TR1=1;
    REN=1;
    SM0=0;
    SM1=1;
    EA=1;
    ES=1;
}
void main()
{
    init();
    while(1)
    {
        if(flag==1)
        {
         ES=0;
            for(i=0;i<6;i++)
            {
                SBUF=table[i];
                while(!TI);
                TI=0;
            }
            SBUF=a;
            while(!TI);
            TI=0;
            ES=1;
            flag=0;
        }
    }
}

void ser()interrupt 4
{
    RI=0;
    a=SBUF;
    flag=1;
}
```

项目四 通信电路的设计与制作

【任务实施】

1. 实施步骤

（1）设计单片机与 PC 机通信电路。根据本任务的需要，设计的单片机与 PC 机通信电路原理图如图 4.11 所示，U2 为 RS-232 电平转换芯片，用来实现计算机电平和 TTL 电平之间的转换，COM 为 PC 机仿真终端，单片机将接收的数据通过 P1 口显示。

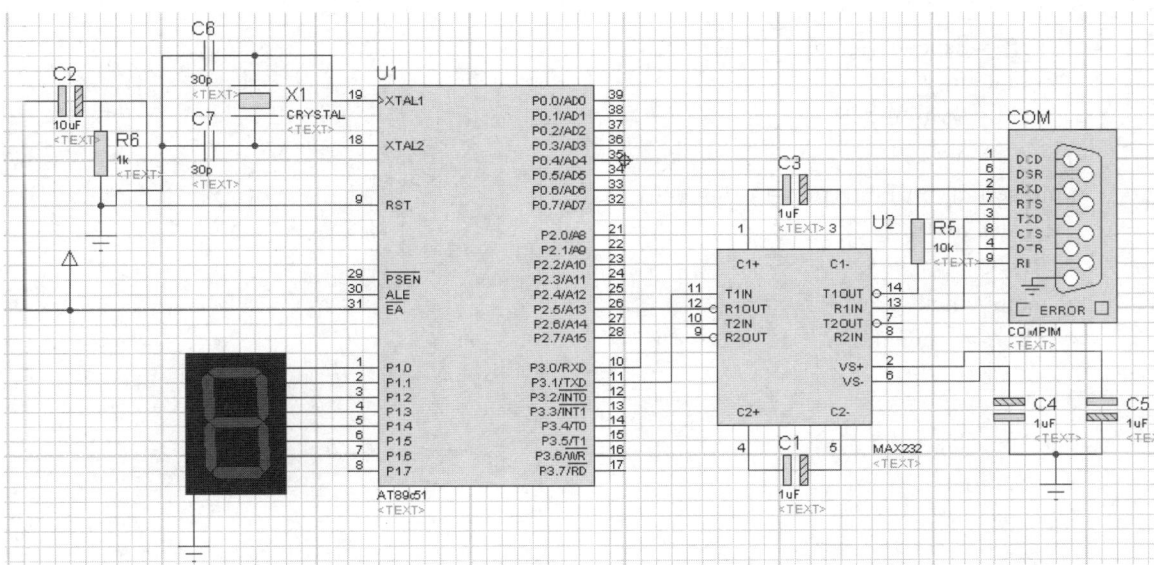

图 4.11 单片机与 PC 机通信电路原理图

（2）设计单片机与 PC 机通信程序。
参考程序如下：
```
#include <AT89X51.H>
unsigned char    dispcode[]={0x3f,0x06,0x5b,0x4f,
                             0x66,0x6d,0x7d,0x07,
                             0x7f,0x6f,0x77,0x7c,
                             0x39,0x5e,0x79,0x71,0x00};
unsigned char count;
unsigned char temp;
 void delay(unsigned char a)
{ unsigned char i,k,j;
   for(i=10;i>0;i--)
   for(j=9;j>0;j--)
   for(k=a;k>0;k--);
}
void main(void)
{    SCON=0x50;
    PCON=0x80;
    TMOD=0x20;
```

```
        TL1=0xF3;
        TH1=0xF3;
        ES=1;
        EA=1;
        TR1=1;
        for(;;)
        {
          P1=dispcode[temp];
          delay(2) ;
        }
}
void serial(void) interrupt 4 using 0
{ count=SBUF;
   RI=0;
   temp=count
   SBUF=++count;
      do{;
        }
          while(TI==0) ;
      TI=0;
      }
```

2. 技术报告及评测

将测试点、测试结果及故障原因分析记录下来。任务完成后，撰写技术报告及效果评测。

任务四　数据存储电路的设计与制作

【任务描述】

单片机通过引脚 P1.0 和 P1.1 连接存储芯片 AT24C04，通过 P2.7 连接一个蜂鸣器，当 P2.7 输出高电平时，蜂鸣器发声。要求单片机向 24C04 写入 14 字节的一段音乐，然后单片机读取并让蜂鸣器演奏这段音乐。

具体任务要求如下：
（1）选出适合本任务的单片机接口芯片以及其他元器件。
（2）根据设计要求，设计存储芯片 AT24C04 IIC 通信接口电路。
（3）能焊接、制作单片机 AT24C04 IIC 通信接口电路。
（4）能用相关仪器仪表检测元器件，会调试 AT24C04 IIC 通信接口电路。
（5）能协作解决设计与制作中遇到的问题。

【相关知识】

一、IIC 总线概述

IIC 总线也称作 I^2C（读作 I 平方 C）总线，是一种较为常用的串行接口标准，具有协议完善、支持芯片较多和占用 I/O 线少等优点。IIC 总线是 PHILIPS 公司为有效实现电子器件之间的控制而开发的一种简单的双向两线总线。现在，IIC 总线已经成为一个国际标准，在超过 100 和不同的 IC 集成电路上实现，得到超过 50 家公司的许可，应用涉及家电、通信、控制等众多领域，特别是在单片机和 ARM 嵌入式系统开发中得到广泛应用。

在 51 单片机开发中，系统和外围设备的信息交换能力非常重要。传统的方式多采用地址和数据总线来完成，但是由于 51 单片机总线资源的限制，利用有限的 I/O 接口和足够的通信速度来扩展多功能的外围器件就显得十分必要。IIC 总线正好可以满足这一需要。在 51 单片机系统中应用 IIC 总线，可以在很大程度上简化系统结构，模块化系统电路，而 IIC 总线上各节点独立的电气特性也可以使整个系统具有更大的灵活性。

IIC 总线具有非常多的优点，主要体现在：

（1）硬件结构上具有相同的接口界面。

（2）电路接口简单。IIC 总线占用芯片的引脚非常少，只需要两组信号作为通信的协议，因此减少了电路板的空间和芯片管脚的数量，降低了成本。

（3）软件操作的一致性。

（4）总线长度可高达 25 英尺，并且能够以 10 kbps 的最大传输速率支持 40 个组件。在通信的时候，任何能够进行发送和接收数据的设备都可以成为主控机。当然，在任何时间点上只能允许有一个主控机。

IIC 采用两根 I/O 线：一根时钟线（SCL 串行时钟线），一根数据线（SDA 串行数据线），实现全双工的同步数据通信。IIC 总线通过 SCL/SDA 两根线使挂接到总线上的器件相互进行信息传递。51 单片机通过寻址来识别总线上的存储器、LCD 驱动器、I/O 扩展芯片及其他 IIC 总线器件，省去了每个器件的片选线，因而使整个系统的连接极其简洁。总线上的设备分为主设备（51 单片机处理器）和从设备两种，总线支持多主设备，是一个多主总线，即它可以由多个连接的器件控制。

每一次 IIC 总线传输都由主设备产生一个起始信号，采用同步串行传送数据，数据接收方每接收一个字节数据后都回应一个应答信号。每次 IIC 总线传输传送的字节数不受限制，主设备通过产生停止信号来终结总线传输。数据从最高位开始传送，数据在时钟信号高电平时有效，通信双方都可以通过拉低时钟线来暂停该次通信。

二、IIC 总线的通信原理

同一个 IIC 总线上可以连接多个带有 IIC 接口的器件，每个器件都有一个唯一的地址，既可以是单接收的器件，也可以是能够接收和发送的器件。SDA 和 SCL 都是双向线路，各自通过一个上拉电阻连接到正电源电压。当总线空闲时这两条线路都是高电平，连接到总线的器件输出必须是漏极开路或集电极开路才能执行"线与"的功能。IIC 总线上数据的传输速率在标准模式下可达 100 kbps，在快速模式下可达 400 kbps，在高速模式下可达 3.4 Mbps。连接到总线的接口数量由总线电容 400 pF 的限制决定。

IIC 总线是由数据线 SDA 和时钟线 SCL 构成的串行总线，可发送和接收数据。在单片机与被控 IC 之间，最高传送速率达 100 kbps。各种 IIC 器件均并联在这条总线上，就像电话线网络一样不会互相冲突，要互相通信就必须拨通其电话线号码，每一个 IIC 模块都有唯一地址。并接在 IIC 总线上的模块，既可以是主控器（或被控器），也可以是发送器（或接收器），这取决于它所要完成的功能。

图 4.12（a）显示了 IIC 总线上的数据稳定规则。SCL 为高电平时 SDA 上的数据应当保持稳定，SCL 为低电平时允许 SDA 上的数据变化。图 4.12（b）显示了 IIC 总线的起始位和停止位。如果 SCL 处于高电平时，SDA 上产生下降沿，则认为是起始位；如果 SCL 处于高电平时，

SDA 上产生上升沿，则认为是停止位。

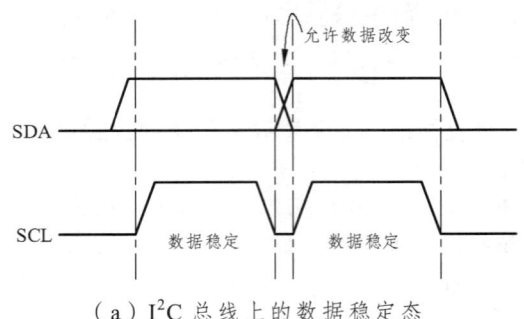 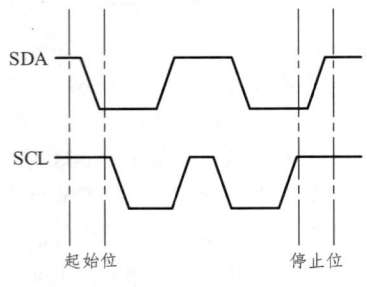

（a）I²C 总线上的数据稳定态　　　　（b）I²C 总线的起始位和停止位

图 4.12　IIC 总线工作原理

IIC 总线在传送数据的过程中共有四类信号，它们分别是：起始信号、停止信号、应答信号与非应答信号。所有总线上的信号都要遵守一定的传送规则，即：

（1）起始信号：在 IIC 总线工作的过程中，当 SCL 为高电平时，SDA 由高电平向低电平跳变定义为起始信号，起始信号由主控机产生。

（2）停止信号：当 SCL 为高电平时，SDA 由低电平向高电平跳变，定义为停止信号。此信号也只能由主控机产生。

（3）应答信号：IIC 总线传送的每个字节为 8 位，受控的器件在接收到 8 位数据后，在第 9 个脉冲必须输出低电平作为应答信号，同时要求主控器在第 9 个时钟脉冲位上释放 SDA 线，以便受控器发出应答信号，将 SDA 拉低，表示接收数据的应答。如果第 9 个脉冲收到受控器的非应答信号，则表示停止数据的发送或接收。

IIC 总线的数据传送需要注意以下两点：

（1）数据传输通常分为主设备发送/从设备接收和从设备发送/主设备接收。这两种模式都需要主机发送起始位和停止位，由接收方产生应答位。从设备地址一般是 1 或 2 个字节，用于区分连接在同一 IIC 上的不同器件。IIC 总线上的每次数据传输都以一个起始位开始，而以停止位结束。传输的字节数由 51 单片机控制和决定，没有限制。数据传输时最高有效位将首先被传输，接收方收到第 8 位数据后会发出应答位。

（2）每启动一次总线传输的字节数没有限制。主控件和受控器件都可以工作于接收和发送状态。总线必须由主器件控制，也就是说，必须由主控器产生时钟信号、起始信号、停止信号。在时钟信号为高电平期间，数据线上的数据必须保持稳定，数据线上的数据状态仅在时钟为低电平的期间才能改变；当时钟线为高电平的期间，数据线状态的改变被用来表示起始和停止条件。

三、SPI 通信协议简介

SPI，是英语 Serial Peripheral interface 的缩写，顾名思义就是串行外围设备接口，是 Motorola 公司首先在其 MC68HCXX 系列处理器上定义的。SPI 接口主要应用在 EEPROM、FLASH、实时时钟、A/D 转换器，还有数字信号处理器和数字信号解码器之间。SPI 是一种高速、全双工、同步的通信总线，并且在芯片的管脚上只占用四根线，节约了芯片的管脚，同时节省了 PCB 板的空间，正是出于这种简单易用的特性，现在越来越多的芯片集成了这种通信协议，比如 AT91RM9200。

SPI 的通信原理很简单，它以主/从方式工作，这种模式通常有一个主设备和一个或多个从设备，需要 4 根线，事实上 3 根也可以（单向传输时），这也是所有基于 SPI 的设备共有的特点，它们是 SDI（数据输入）、SDO（数据输出）、SCK（时钟）、CS（片选）。

SDO——主设备数据输出,从设备数据输入。
SDI——主设备数据输入,从设备数据输出。
SCK——时钟信号,由主设备产生。
CS——从设备使能信号,由主设备控制。

其中,CS 用于控制芯片是否被选中,也就是说,只有片选信号为预先规定的使能信号时(高电位或低电位),对此芯片的操作才有效。这就允许在同一总线上连接多个 SPI 设备。

通信是通过数据交换完成的,SPI 是串行通信协议,也就是说,数据是一位一位传输的。这就是 SCK 时钟线存在的原因,由 SCK 提供时钟脉冲,SDI 和 SDO 基于此脉冲完成数据传输。数据输出通过 SDO 线,数据在时钟上升沿或下降沿时改变,在紧接着的下降沿或上升沿被读取,完成一位数据传输。数据输入也是同样的原理。这样,如果有 8 次时钟信号的改变(上升沿和下降沿为一次),就可以完成 8 位数据的传输。

应注意的是,SCK 信号线只由主设备控制,从设备不能控制信号线。在一个基于 SPI 的设备中,至少有一个主控设备。这样的数据传输方式与普通的串行通信不同,普通的串行通信一次连续传送至少 8 位数据,而 SPI 只允许数据一位一位地传送,甚至允许暂停,因为 SCK 时钟线由主控设备控制,当没有时钟跳变时,从设备不采集或传送数据。也就是说,主设备通过对 SCK 时钟线的控制可以完成对通信的控制。SPI 还是一个数据交换协议:因为 SPI 的数据输入和输出线独立,所以允许同时完成数据的输入和输出。不同的 SPI 设备其实现方式不尽相同,主要是数据改变和采集时间不同,在时钟信号上升沿或下降沿采集有不同的定义,具体实现方式请参考相关器件的说明。

在点对点的通信中,SPI 接口不需要进行寻址操作,且为全双工通信,简单而高效。在有多个从设备的系统中,每个从设备需要独立的使能信号,硬件上比 I^2C 系统要稍微复杂一些。SPI 接口的缺点是:没有指定的流控制,没有应答机制确认是否接收到数据。

四、存储芯片 24C04

(一) 24C04 芯片简介

当今市面上有些单片机是内置 IIC 总线的,用户只需要设置好内部相关的寄存器就可以灵活地运用它。如果单片机没有内置 IIC 总线,在使用过程中可以用普通的 I/O 端口进行软件模拟。例如,实验板上的 STC89C52 芯片,如果要用到 IIC 协议,就要用软件模拟。而一些非单片机类的芯片,如时钟芯片 PCF8563、存储器 24Cxx 系列等,是使用 IIC 协议进行数据操作的。我们实验板用的就是 24C04。

下面先介绍 24C04 的引脚功能和内部结构,之后再介绍如何利用单片机模拟 IIC 协议与 24C04 进行数据通信。24C04 是 4 KB 串行 CMOS 的 E^2PROM,它的外形及其引脚定义如图 4.13 所示。

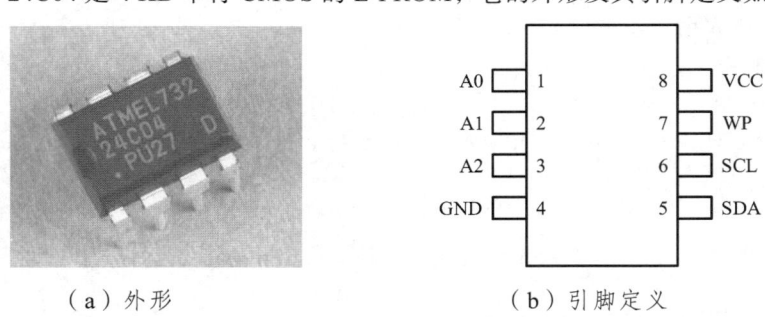

(a) 外形　　　　　　　　(b) 引脚定义

图 4.13　24C04 的外形及其引脚定义

24C04 的引脚功能是：

SCL——串行时钟引脚。

SDA——串行数据/地址。

A0、A1、A2——器件地址输入端。

WP——写保护引脚。WP 管脚连接到 VCC，所有的内容都被写保护（只能读）。当 WP 管脚连接到 GND 或悬空，允许器件进行正常的读/写操作。

图 4.14 所示实验板上的 24C04 电路连接图，对该电路要注意以下几方面：

（1）器件地址 A0、A1、A2 全部是 0，即接地处理。

（2）读/写保护 WP 接地，意味着可以随意存取。

（3）要用到的引脚连接到了 P36 和 P37 上。注意：引脚上一定要有上拉电阻，阻值为 470 Ω ~ 1 kΩ。

（二）24C04 芯片的编程方法

对 24C04 芯片编程，首先要知道 IIC 是怎么产生起始位和停止位的。IIC 总线时序中的起始位和停止位时序如图 4.15 所示。

需要注意的是，图 4.15 中，当 SCL 为高电平时，所有 SDA 的变化都会被认为是开始或停止信号，所以，在对 SDA 进行操作之前，一定要注意 SCL 的值。例如，在写开始信号之前，无法判断两个信号的具体电位，于是，首先让 SDA = 1，然后 SDA = 0，此间要让 SCL 保持在高电平；为了保证 SCL 为高电平，我们要用 SCL = 1 指令使 SCL 保持在高电平，这样一来 SCL 放在什么位置就成了重点，如果放在 SDA 变为高电平之前，这样却成了 SCL = 1 后 SDA = 1，形成了停止信号，这是我们要避免的，因此，在 SDA 变化的时候应避开 SCL 为高电平段。

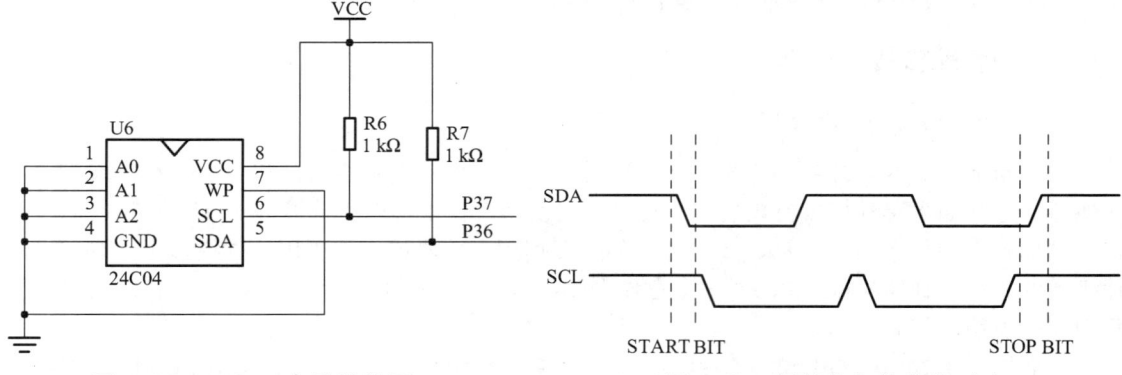

图 4.14 24C04 电路连接图　　图 4.15 起始位与停止位时序

在程序里需要先做以下定义：

```
sbit SCL=P3^7;
sbit SDA=P3^6;
#define NOP4(){_nop_();_nop_();_nop_();_nop_();}
void Start()
{
    //SCL=0;           //这样做有些繁琐，我们可以直接不用，因为编程时跳出所有
                       //子函数时，都会让 SCL=0
    SDA=1;             //注意先后顺序
    SCL=1;NOP4();
```

　　　　SDA=0;NOP4();　　　　//下降沿开始
　　　　SCL=0;
　　}
　　我们以同样的思维，可以得到停止子函数如下：
　　void Stop()
　　{
　　　　SDA=0;
　　　　SCL=0;NOP4();
　　　　SCL=1;NOP4();
　　　　SDA=1;　　　　　　　　//上升沿停止
　　}
　　此外还需要添加应答信号。应答信号就是24C04还给单片机的一个低电平信号，它发生在第9个时钟脉冲上。如果用不到ACK的话，只需给出第9个时钟脉冲就可以了。

【任务实施】

1. 实施步骤

（1）硬件电路设计。根据本任务的需要，设计任务原理图如图4.16所示，单片机通过引脚P1.0和P1.1连接存储芯片AT24C04，通过P2.7连接一个蜂鸣器，当P2.7输出高电平时，蜂鸣器发声。要求单片机向24C04写入14字节的一段音乐，然后单片机读取并让蜂鸣器演奏这段音乐。

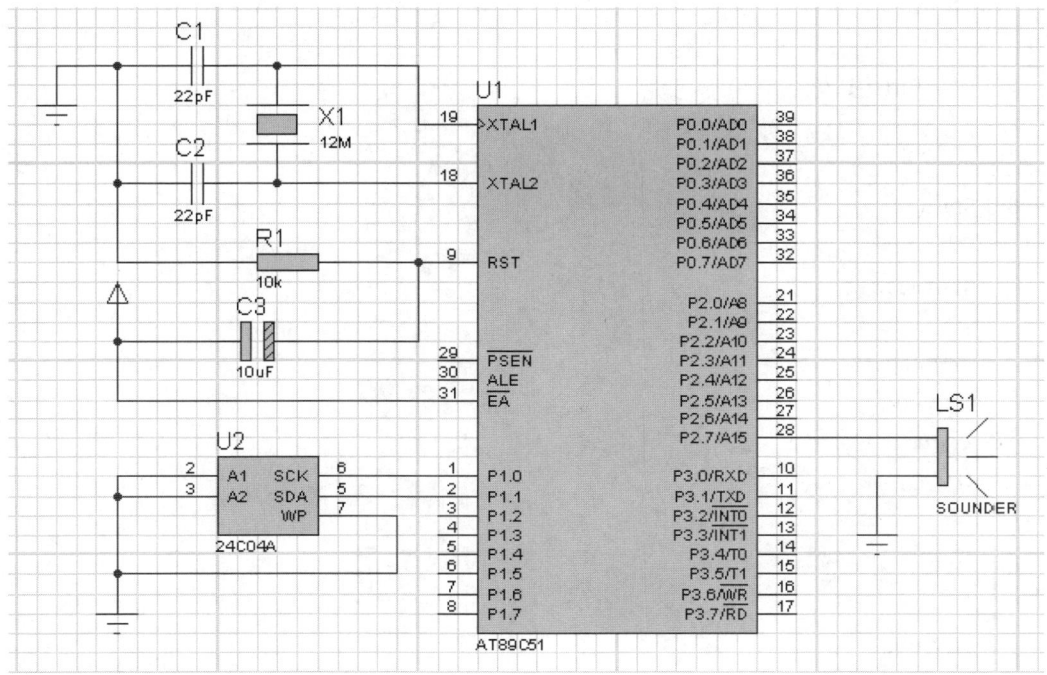

图4.16　任务原理图

（2）软件设计。
示例程序如下：

```c
#include <reg51.h>
#include <intrins.h>
#define uchar unsigned char
#define uint unsigned int
#define NOP4(){_nop_();_nop_();_nop_();_nop_();}
sbit SCL = P3^7;
sbit SDA = P3^6;
sbit SPK = P3^0;
uchar code HI_LIST[] = {
 0,226,229,232,233,236,238,240,
241,242,245,246,247,248 };
uchar code LO_LIST[] = {
 0,4,13,10,20,3,8,6,2,23,5,26,1,4,3 };
uchar code Song_24C04[] = {
  1,2,3,1,1,2,3,1,3,4,5,3,4,5 };
uchar sidx;
void DelayMS(uint x)
{
    uchar t;
    while(x--)
    {
        for(t=120;t>0;t--);
    }
}
void Start()
{
    SDA=1;
    SCL=1;
    NOP4();
    SDA=0;
    NOP4();
    SCL=0;
}
void Stop()
{
    SDA=0;
    SCL=0;
    NOP4();
    SCL=1;
    NOP4();
```

```c
        SDA=1;
}
void RACK()
{
        SDA=1;
        NOP4();
        SCL=1;
        NOP4();
        SCL=0;
}
void NO_ACK()
{
        SDA=1;
        SCL=1;
        NOP4();
        SCL=0;
        SDA=0;
}
void Write_A_Byte(uchar b)
{
        uchar i;
        for(i=0;i<8;i++)
        {
                b<<=1;
                SDA=CY;
                _nop_();
                SCL=1;
                NOP4();
                SCL=0;
        }
        RACK();
}
void Write_IIC(uchar addr,uchar dat)
{
        Start();
        Write_A_Byte(0xa0);
        Write_A_Byte(addr);
        Write_A_Byte(dat);
        Stop();
        DelayMS(10);
```

```
        }
    uchar Read_A_Byte()
     {
           uchar i,b;
            for(i=0;i<8;i++)
            {
                 SCL=1;
                 b<<=1;
                 B|=SDA;
                 SCL=0;
            }
            return b;
    }
    uchar Read_Current()
     {
          uchar d;
           Start();
          Write_A_Byte(0xa1);
           d=Read_A_Byte();
          NO_ACK();
          Stop();
          return d;
    }
    uchar Random_Read(uchar addr)
    {
         Start();
          Write_A_Byte(0xa0);
         Write_A_Byte(addr);
         Stop();
         return Read_Current();
    }
    void T0_INT()interrupt 1
    {
          SPK=!SPK;
         TH0=HI_LIST[sidx];
         TL0=LO_LIST[sidx];
    }
    void main()
    {
         uchar i;
```

```
        IE=0x82;
        TMOD=0x00;
        for(i=0;i<14;i++)
        {
             Write_IIC(i,Song_24C04[i]);
        }
        while(1)
        {
             for(i=0;i<14;i++)
             {
                  sidx=Random_Read(i);
                  TR0=1;
                  DelayMS(300);
             }
        }
}
```

2. 技术报告及评测

将测试点、测试结果及故障原因分析记录下来。任务完成后，撰写技术报告及效果评测。

☆ 练习与思考

1. 单选题

（1）51单片机进行通信时，只需要把数据放入（　　　）寄存器，CPU就会自动发送。

  A．SMOD   B．TCON   C．PCON   D．SBUF

（2）51单片机在方式1下进行串行通信时，通信方式是（　　　）。

  A．单工   B．半双工   C．全双工   D．半单工

（3）51单片机进行串行通信时，采用方式1时，数据长度是（　　　）位。

  A．10   B．9   C．8   D．11

（4）51单片机进行串行通信时，若采用方式1，则其波特率是（　　　）。

  A．Timer1 溢出脉冲控制   B．Timer0 溢出脉冲控制

  C．$f_{osc}/32$ D．$f_{osc}/64$

（5）51单片机进行串行通信时，采用方式0时，串行移位时钟脉冲由单片机（　　　）引脚送出。

  A．TXD   B．RXD   C．GND   D．RD

（6）MCS-51用串行接口扩展并行I/O口时，串行接口的工作方式选择（　　　）。

  A．方式0   B．方式1   C．方式2   D．方式3

（7）控制串行口工作方式的寄存器是（　　　）。

  A．TCON   B．PCON   C．SCON   D．TMOD

（8）MCS-51的串行数据缓冲器SBUF用于（　　　）。

  A．存放运算中间结果   B．存放待发送或已接收到的数据

  C．暂存数据和地址   D．存放待调试的程序

（9）MCS-51 的串行口工作方式中，适合多机通信的是（　　）。
　　　A．方式 0　　　　　B．方式 3　　　　　C．方式 1　　　　　D．方式 2
（10）MCS-51 单片机串行口接收数据的次序是（　　）。
① 接收完一帧数据后，硬件自动将 SCON 的 RI 置 1
② 用软件将 RI 清零
③ 接收到的数据由 SBUF 读出
④ 置 SCON 的 REN 为 1，外部数据由 RXD（P3.0）输入
　　　A．①②③④　　B．④①②③　　C．④③①②　　D．③④①②
（11）MCS-51 单片机串行口发送数据的次序是（　　）。
① 待发送数据送 SBUF
② 硬件自动将 SCON 的 TI 置 1
③ 经 TXD（P3.1）串行发送一帧数据完毕
④ 用软件将 TI 清零
　　　A．①③②④　　B．①②③④　　C．④③①②　　D．③④①②
（12）8051 单片机串行口用工作方式 0 时，（　　）。
　　　A．数据从 RXD 串行输入，从 TXD 串行输出
　　　B．数据从 RXD 串行输出，从 TXD 串行输入
　　　C．数据从 RXD 串行输入或输出，同步信号从 TXD 输出
　　　D．数据从 TXD 串行输入或输出，同步信号从 RXD 输出

2. 简答题

（1）某 89C51 单片机系统的外接晶振频率为 11.059 2 MHz，现要求工作于 Mode 1，波特率为 9 600 bps，且 SMOD 位被设置为 0，请计算 Timer1 的计数器初值 TH1。

（2）89C51 串行口按工作方式 1 进行串行数据通信，假定波特率为 1 200 bps，以中断方式传送数据，请编写全双工通信程序。

（3）80C51 串行口按工作方式 3 进行串行数据通信，假定波特率为 1 200 bps，以中断方式传送数据，请编写全双工通信程序。

（4）甲乙两台单片机利用串行口方式 1 通信，并用 RS-232C 电平传送，时钟为 6 MHz，波特率为 1.2 kbps，编制两个单片机各自的程序，实现把甲机内部 RAM50H～5FH 的内容传送到乙机的相应片内 RAM 单元。

项目五 温室控制系统的设计与制作

★ 项目描述

本项目通过采集温室大棚内的各种环境参数传感器的数据,对温室环境进行多点实时动态采集,经过 A/D 转换或者串行通信送入单片机处理,驱动执行装置从而实现温室环境的自动智能调节。显示装置实时显示温室内的温湿度、光照度等数值,能够更加一目了然地展示温室大棚各种环境数据。

★ 项目分析

本项目的任务和要求如下:

(1)温度监测与控制。通过温度传感器监测大棚室外空气环境温度并能对数据进行采集、分析运算、控制、存储、发送等。

(2)湿度监测与控制。通过湿度传感器监测大棚室外空气环境湿度并能对数据进行采集、分析运算、控制、存储、发送等。

(3)光照度监测与控制。通过光感和光敏传感器监测记录温室大棚内光线的强度,可以直接与相关的补光系统、遮阳系统等设备相连,必要时自动打开相关设备。

(4)参数显示。通过液晶显示器实时显示温室大棚内的各种环境参数。

★ 项目分解与实施

根据以上对项目的分析,依据循序渐进的原则,按照项目要求,采用 1602 液晶显示参数,采用光敏电阻采集光照强度,湿度采集使用 DHT11 数字温湿度传感器,温度采集使用 18B20 数字温度传感器。因此,按照先简单、后复杂的顺序对本学习项目进行分解,包括以下五个学习任务:

(1)液晶显示电路的设计与制作。
(2)光照强度检测与控制系统的设计与制作。
(3)温度检测电路的设计与制作。
(4)湿度检测与控制系统的设计与制作。
(5)温室控制系统的设计与制作。

任务一 液晶显示电路的设计与制作

【任务描述】

根据给出的 51 单片机交通灯实验板的硬件元件,设计与制作出 1602 液晶显示电路,单片机 P1.0 口接 LCD1602 的寄存器选择端 RS，P1.1 口接 LCD1602 的读/写控制端 RW，P1.2 口接 LCD1602 的使能端 E，P3 口接 LCD1602 的数据口，在实验板上实现 LCD1602 的第一行显示 "GOOD GOOD STUDY!"，第二行显示 "CQIPC"，并运用单片机的相关理论知识对液晶显示电路进行编程调试与检测。

具体的任务要求如下：
（1）选出适合本任务的单片机液晶显示元器件。
（2）根据设计要求，设计出液晶显示接口电路。
（3）能焊接、制作单片机液晶显示电路的电路板。
（4）能用仪器仪表检测液晶显示元器件，会调试单片机液晶显示电路。
（5）能协作解决设计与制作中遇到的问题。

【相关知识】

一、LCD 1602 简介

在电子产品的人机交互界面中，输出显示方式一般有以下几种：发光管、LED 数码管、液晶显示器。液晶显示器（LCD）已作为很多电子产品的通用显示器件，在个人计算机、万用表、电子表以及很多家用电子产品中都可以看到，显示的主要是数字、专用符号和图形。

在单片机作为控制单元的电子产品中，使用液晶显示器作为输出显示器件有以下优点：
（1）显示质量高。由于液晶显示器的每个点在收到信号后就一直保持那种色彩和亮度，恒定发光，而不像阴极射线管显示器（CRT）那样需要不断刷新亮点。因此，液晶显示器画面质量高且不会闪烁。
（2）数字式接口。液晶显示器都是数字式的，与嵌入式芯片的接口更加简单可靠，操作更加方便。
（3）体积小、重量轻。液晶显示器是通过显示屏上的电极控制液晶分子状态，达到显示的目的，在重量上比相同显示面积的传统显示器要轻得多。
（4）功耗低。相对而言，液晶显示器的功耗主要消耗在其内部的电极和驱动 IC 上，因而耗电量比其他显示器要少得多。

字符型液晶显示模块是一种专门用于显示字母、数字、符号等的点阵式 LCD，目前常用的有 16×1、16×2、20×2 和 40×2 等类型。液晶显示器 1602 是字符型液晶显示器，如图 5.1 所示。

图 5.1 字符型液晶显示器 1602 的实物图

LCD1602 分为带背光和不带背光两种，控制驱动主电路为 HD44780，带背光的比不带背光的厚,是否带背光在应用中并无差别。

LCD1602 的主要技术参数为:

(1)显示容量:16×2 个字符。

(2)芯片工作电压:4.5~5.5 V。

(3)工作电流:2.0 mA(5.0 V)。

(4)模块最佳工作电压:5.0 V。

(5)字符尺寸:2.95×4.35($W×H$)mm。

LCD1602 采用标准的 14 脚(无背光)或 16 脚(带背光)接口,各引脚接口说明见表 5.1。

表 5.1 LCD1602 的引脚说明

编号	符号	引脚说明	编号	符号	引脚说明
1	VSS	电源地	9	D2	数据
2	VDD	电源正极	10	D3	数据
3	VL	液晶显示偏压	11	D4	数据
4	RS	数据/命令选择	12	D5	数据
5	R/W	读/写选择	13	D6	数据
6	E	使能信号	14	D7	数据
7	D0	数据	15	BLA	背光源正极
8	D1	数据	16	BLK	背光源负极

第 1 脚 VSS——电源地。

第 2 脚 VDD——接 5 V 正电源。

第 3 脚 VL——液晶显示器对比度调整端,接正电源时对比度最弱,接地时对比度最高,对比度过高时会产生"鬼影",使用时可以通过一个 10 kΩ 的电位器调整对比度。

第 4 脚 RS——寄存器选择,高电平时选择数据寄存器,低电平时选择指令寄存器。

第 5 脚 R/W——读/写信号线,高电平时进行读操作,低电平时进行写操作。当 RS 和 R/W 共同为低电平时可以写入指令或者显示地址,当 RS 为低电平、R/W 为高电平时可以读忙信号,当 RS 为高电平、R/W 为低电平时可以写入数据。

第 6 脚 E 端——使能端,当 E 端由高电平跳变成低电平时,液晶模块执行命令。

第 7~14 脚 D0~D7——8 位双向数据线。

第 15 脚——背光源正极。

第 16 脚——背光源负极。

二、LCD1602 的指令

(一)LCD1602 的控制指令

1602 液晶显示模块内部的控制器共有 11 条控制指令,如表 5.2 所示。

表 5.2　LCD1602 的控制命令表

序号	指令	RS	R/W	D7	D6	D5	D4	D3	D2	D1	D0
1	清显示	0	0	0	0	0	0	0	0	0	1
2	光标返回	0	0	0	0	0	0	0	0	1	—
3	置输入模式	0	0	0	0	0	0	0	1	I/D	S
4	显示开/关控制	0	0	0	0	0	0	1	D	C	B
5	光标或字符移位	0	0	0	0	0	1	S/C	R/L	—	—
6	置功能	0	0	0	0	1	DL	N	F	—	—
7	置字符发生存储器地址	0	0	0	1	字符发生存储器地址					
8	置数据存储器地址	0	0	1	显示数据存储器地址						
9	读忙标志或地址	0	1	BF	计数器地址						
10	写数到 CGRAM 或 DDRAM）	1	0	要写的数据内容							
11	从 CGRAM 或 DDRAM 读数	1	1	读出的数据内容							

注：1 为高电平，0 为低电平。

1602 液晶显示模块的读/写操作、屏幕和光标的操作都是通过指令编程来实现的。

（1）指令 1：清显示，指令码 01H，光标复位到地址 00H 位置。

（2）指令 2：光标复位，光标返回到地址 00H。

（3）指令 3：光标和显示模式设置。

　　I/D——光标移动方向，高电平右移，低电平左移。

　　S——屏幕上所有文字是否左移或者右移。高电平表示有效，低电平则无效。

（4）指令 4：显示开关控制。

　　D——控制整体显示的开与关，高电平表示开显示，低电平表示关显示。

　　C——控制光标的开与关，高电平表示有光标，低电平表示无光标。

　　B——控制光标是否闪烁，高电平闪烁，低电平不闪烁。

（5）指令 5：光标或显示移位。

　　S/C——高电平时移动显示的文字，低电平时移动光标。

（6）指令 6：功能设置命令。

　　DL——高电平时为 4 位总线，低电平时为 8 位总线。

　　N——低电平时为单行显示，高电平时为双行显示。

　　F——低电平时显示 5×7 的点阵字符，高电平时显示 5×10 的点阵字符。

（7）指令 7：字符发生器 RAM 地址设置。

（8）指令 8：DDRAM 地址设置。

（9）指令 9：读忙信号和光标地址。

　　BF——忙标志位。高电平表示忙，此时模块不能接收命令或者数据，低电平表示不忙。

（10）指令 10：写数据。

（11）指令 11：读数据。

（二）LCD1602 的指令时序

LCD1602 的基本操作时序如表 5.3 所示。

表 5.3　LCD1602 的基本操作时序表

读状态	输入	RS = L，R/W = H，E = H	输出	D0 ~ D7 = 状态字
写指令	输入	RS = L，R/W = L，D0 ~ D7 = 指令码，E = 高脉冲	输出	无
读数据	输入	RS = H，R/W = H，E = H	输出	D0 ~ D7 = 数据
写数据	输入	RS = H，R/W = L，D0 ~ D7 = 数据，E = 高脉冲	输出	无

1602 液晶显示模块的读/写操作时序如图 5.2 和图 5.3 所示。

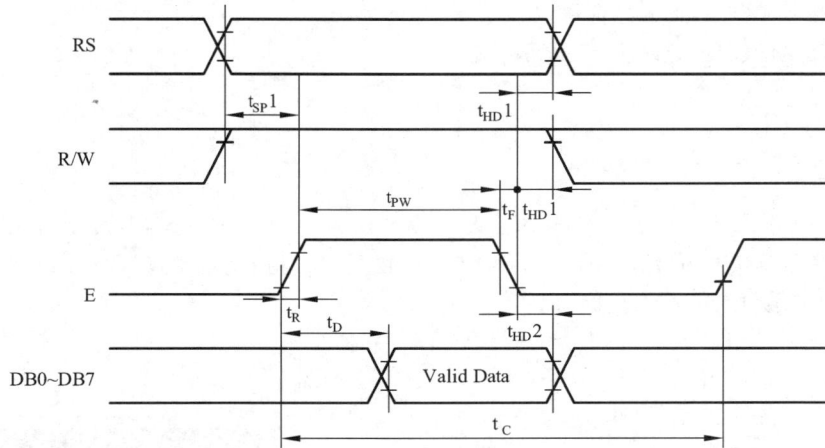

图 5.2　读操作时序

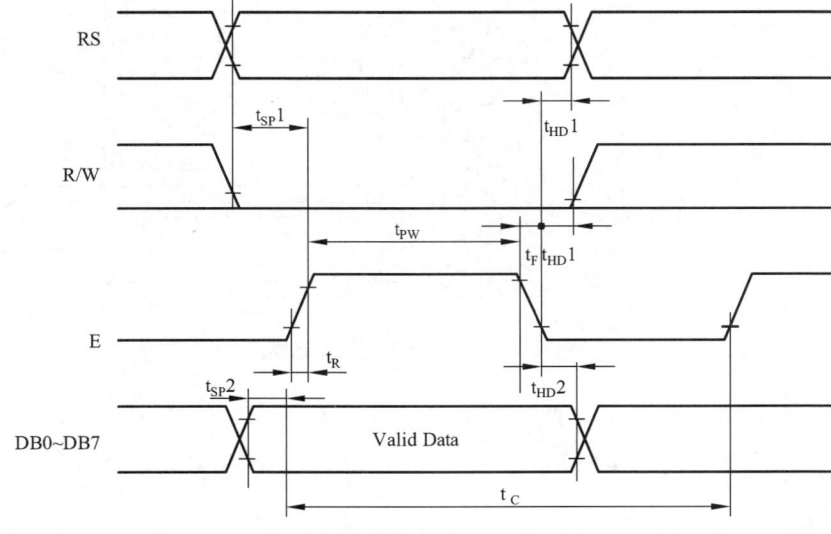

图 5.3　写操作时序

（三）LCD1602 的一般初始化（复位）过程

（1）延时 15 ms。
（2）写指令 38H（不检测忙信号）。
（3）延时 5 ms。
（4）写指令 38H（不检测忙信号）。
（5）延时 5 ms。
（6）写指令 38H（不检测忙信号）。
（7）以后每次写指令、读/写数据操作均需要检测忙信号。
（8）写指令 38H：显示模式设置。
（9）写指令 08H：显示关闭。
（10）写指令 01H：显示清屏。
（11）写指令 06H：显示光标移动设置。
（12）写指令 0CH：显示开及光标设置。

【任务实施】

1. 实施步骤

（1）硬件电路设计。根据本任务的需要，设计任务原理图如图 5.4 所示，单片机 P1.0 口接 LCD1602 的寄存器选择端 RS，P1.1 口接 LCD1602 的读/写控制端 RW，P1.2 口接 LCD1602 的使能端 E，P3 口接 LCD1602 数据口。

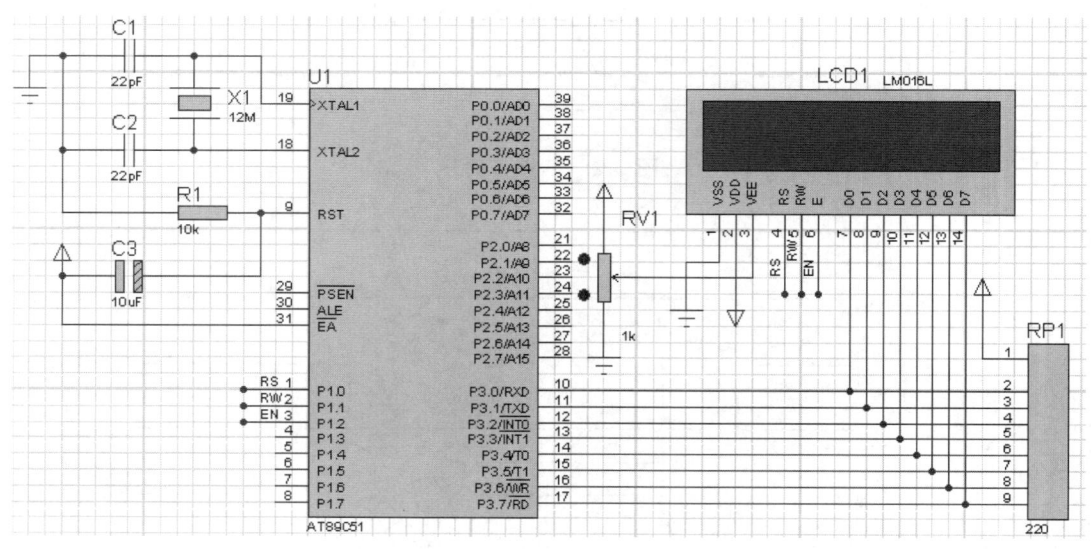

图 5.4　LCD1602 接口电路

（2）软件设计。
示例程序如下：
#include<reg51.h>
#define uchar unsigned char
#define uint unsigned int

```c
uchar code table[]="GOOD GOOD STUDY!";
uchar code table1[]="CQIPC";
sbit lcdrs=P1^0;              //液晶数据命令选择端
sbit lcdrw=P1^1;
sbit lcden=P1^2;              //液晶使能端
uchar num;
void delay(uint z)
{
    uint x,y;
    for(x=z;x>0;x--)
        for(y=120;y>0;y--);
}
void write_com(uchar com)
{
    lcdrs=0;
    lcdrw=0;
    P3=com;
    delay(5);
    lcden=1;
    delay(1);
    lcden=0;
}
void write_data(uchar date)
{
    lcdrs=1;
    lcdrw=0;
    P3=date;
    delay(5);
    lcden=1;
    delay(1);
    lcden=0;
}
void init()
{
    write_com(0x38);          //设置16×2显示，5×7点阵，8位数据接口
    write_com(0x0c);          //设置开显示，不显示光标
    write_com(0x06);          //写一个字符后地址指针加1
    write_com(0x01);          //显示清零，数据指针清零
}
void main()
```

```
{
    init();
    write_com(0x80);
    for(num=0;num<16;num++)
    {
        write_data(table[num]);
        delay(5);
    }
    write_com(0x80+0x40+0x05);
    for(num=0;num<5;num++)
    {
        write_data(table1[num]);
        delay(5);
    }
    while(1);
}
```

（3）编写软件，并进行软件仿真：

① 运用 Keil 建立一个工程，将编好的程序添加到工程中进行调试并产生 hex 文件。

② 进行仿真，将 Keil 生成的 hex 文件在 Proteus 中载入 51 单片机芯片，进行仿真。

（4）装配制作任务要求的通信外围电路板：

① 根据指导老师发放的焊接装配图，参考任务小组设计的电路图，领取相应元器件并识别、测试元器件。

② 工具准备：电烙铁、焊锡丝、金属镊子、尖嘴钳、斜口钳、吸锡器等焊接工具，万用表、示波器、直流稳压电源等测试工具。

③ 按工艺要求安装元器件并焊接。

（5）将两个任务小组各自的实验板 DB9 接口运用电缆线连接起来，将编译好的软件下载分别烧写到两个任务小组各自的实验板上的单片机芯片中，进行软、硬件联合调试，观察实验现象是否正确。

（6）如有故障，测试电路板并查找故障原因。

2. 技术报告及评测

将测试点、测试结果及故障原因分析记录下来。任务完成后，撰写技术报告及效果评测。

【补充实例】 实现 LCD1602 第一行从左侧移入"Hello everyone!"，同时第二行从右侧移入"Welcome to here!"，移入速度自定，然后停留在屏幕上。

分析：根据 LCD1602 的指令时序和显示字符控制方式，可以画出对应的时序图，具体程序流程图与算法描述此处略。

本例的参考程序如下：

```
#include<reg52.h>
#define uchar unsigned char
```

```c
#define uint unsigned int
uchar code table[]="Hello everyone!";
uchar code table1[]="Welcome to here!";
sbit lcdrs=P1^0;                    //液晶数据命令选择端
sbit lcdrw=P1^1;
sbit lcden=P1^2;                    //液晶使能端
uchar num;
void delay(uint z)
{
    uint x,y;
    for(x=z;x>0;x--)
        for(y=110;y>0;y--);
}
void write_com(uchar com)
{
    lcdrs=0;
    lcdrw=0;
    P3=com;
    delay(5);
    lcden=1;
    delay(1);
    lcden=0;
}
void write_data(uchar date)
{
    lcdrs=1;
    lcdrw=0;
    P3=date;
    delay(5);
    lcden=1;
    delay(1);
    lcden=0;
}
void init()
{
    lcden=0;
    write_com(0x38);                //设置16×2显示，5×7点阵，8位数据接口
    write_com(0x0c);                //设置开显示，不显示光标
```

```
        write_com(0x06);                    //写一个字符后地址指针加1
        write_com(0x01);                    //显示清零,数据指针清零
    }
    void main()
    {
        init();
        write_com(0x80+0x10);
        for(num=0;num<15;num++)
        {
            write_data(table[num]);
            delay(5);
        }
        write_com(0x80+0x50);
        for(num=0;num<16;num++)
        {
            write_data(table1[num]);
            delay(5);
        }
        for(num=0;num<16;num++)
        {
            write_com(0x18);
            delay(200);
        }
        while(1);
    }
```

任务二 光照强度检测与控制系统的设计与制作

【任务描述】

设计与制作光照强度检测与控制系统,光照强度检测采用光敏电阻,AD 芯片使用串行 ADC0832 采集光照强度,采用 DAC8512 芯片控制光照强度。

具体任务要求如下:

(1)选出适合本任务的单片机光照强度检测分立元件以及其他元器件。

(2)根据设计要求,设计出光照强度检测接口电路。

(3)能焊接、制作单片机光照强度检测电路的电路板。

(4)能用万用表、示波器等仪器仪表调试单片机光照强度检测电路。

（5）能协作解决设计与制作中遇到的问题。

【相关知识】

一、A/D 转换及其常用芯片的应用

（一）模/数（A/D）转换概述

信号分为模拟信号和数字信号，自然界的信号基本上都是模拟信号。模拟信号分布于自然界的各个角落，如每天温度的高低变化、街道上噪声的大小起伏，等等。电学上的模拟信号主要是指时间和幅度都连续的电信号，模拟信号可以被模拟电路进行各种运算，如放大、相加、相乘等。人们直接感受的信号就是模拟信号，不过模拟信号相对来说不容易存储、处理与传输，且容易失真。而数字信号就比较容易存储与处理，在传输过程中也不易失真。因此，我们常把各种传感器测得的模拟信号，经模/数转换后再送进数字处理系统进行处理。模/数转换也称为 A/D 转换，指的是通过一定的电路将模拟量转变为数字量。模拟量可以是压力、温度、湿度、位移、声音等非电信号，也可以是电压、电流等电信号。但在 A/D 转换前，输入到 A/D 转换器的输入信号必须经过传感器转换的、大小合适的电信号。

A/D 转换过程包括采样、保持、量化和编码四个步骤，一般前两个步骤在采样-保持电路中一次性完成，后两个步骤在 A/D 转换电路中一次性完成。

1. 采样和采样定理

我们知道，要确定表示 1 条曲线，理论上应当采用无穷多个点，但实际中却无法做到。比如 1 条直线，取 2 个点即可；对于曲线，只是多取几个点而已。将连续变化的模拟信号用多个时间点上的信号值来表示称为采样，采样点上的信号值称为样点值，所有样点值统称为原信号的采样信号。采样时间可以是等间隔的，也可以是自适应非等间隔的。问题是：对于频率为 f 的信号，应当取多少个点，或者准确地说应当用多高的频率进行采样？采样定理回答了这个问题。

只要采样频率 f_s 大于等于模拟信号中的最高频率 f_{max} 的 2 倍，利用理想滤波器即可无失真地将采样信号恢复为原来的模拟信号。这就是著名的山农（Shannon）采样定理，用公式表示为：

$$f_s \geq 2f_{max}$$

在工程上，一般取 $f_s \geq (4\sim5)f_{max}$。

2. 采样-保持

采样后的样点值必须保存下来，并在采样脉冲结束之后到下一个采样脉冲到来之前保持不变，以便 A/D 转换电路在此期间内将该样点值转换成数字量，这就是采样-保持过程。

常用的采样-保持电路芯片有 LF198 等，其保持原理主要是使电容器 C 上的电压不突变而实现保持功能。

3. 量化与编码

采样保持后的样点值仍然是连续的模拟信号，为了用数字量表示，必须将其转化成最小数量单位 Δ 的整数倍。比如采样保持后的电压值为 10 V，如果以"1 V"为最小数量单位 Δ，转换成的数字就是 10；如果以"1 mV"为最小数量单位，转换成的数字就是 10 000。这个化模拟

量为数字量的过程称为量化。有只舍不入式量化和有舍有入式量化两种。

转换之后的数字可以用 10 进制表示（如上述的"10"），也可以用 2 进制数表示（如"1010"），或用 BCD 码表示（如"0001 0000"）等，这就是编码。一般多采用二进制码。

（二）模/数（A/D）转换电路的原理

模/数转换方法有直接 ADC 和间接 ADC 两种。直接 ADC 中有并行比较法、反馈计数法和逐次逼近法等；间接 ADC 中有 V/F（电压/频率）转换法和 V/T（电压/时间）转换法等多种。

1. 逐次逼近型 ADC

逐次逼近型 ADC 的工作原理很像人们量体重的过程：假如你的体重不超过 100 kg，你会先加一个 100 kg 的秤砣试试看，如果发现 100 kg 的秤砣太大（比如实际体重是 70 kg），就将此砣去掉；换一个 50 kg 的秤砣再试，发现 50 kg 的秤砣又偏小，故将其保留；然后再加一个 25 kg 的秤砣，发现体重不足 75 kg，再将此 25 kg 的秤砣去掉，换一个更小一点的秤砣……如此进行，逐次逼近，直到满足要求为止。

逐次逼近型 ADC 电路一般由比较器、D/A 转换器、寄存器、控制逻辑电路和时钟脉冲发生器五部分组成。逐次逼近型 A/D 转换器的优点是电路结构简单、构思巧妙、转换速度较快（只需要 $n+2$ 个 CP 周期，n 是位数），所以，它在集成 A/D 芯片中用得最多。

2. 双积分型 ADC

双积分型 ADC 是一种 V/T 型 A/D 转换器，其电路一般由积分器、比较器、计数器和部分控制电路组成。双积分型 A/D 转换器的最大优点是工作稳定、抗干扰能力强，并且它的数字输出与积分电阻 R、积分电容 C、时钟频率 f_{cp} 无关。

双积分型 A/D 转换器的最大缺点是速度较慢，所以主要用于数字电压表等低速测试系统中。双积分型 A/D 转换器的转换精度主要取决于位数、运算放大器和比较器的灵敏度和零点漂移等因素。

（三）常用并行 ADC 芯片

ADC 的性能参数主要有转换精度和转换速度等，转换精度常用分辨率和转换误差来表示。分辨率是 A/D 转换器能够分辨最小信号的能力，一般用输出的二进制位数来表示。比如 ADC0809 的分辨率为 8 位，表明它能分辨满量程输入的 1/256。转换误差是转换结果相对于理论值的误差，常用 LSB 的倍数表示。转换速度是完成 1 次 A/D 转换所需要的时间，故又称为转换时间，它是指从 A/D 转换启动时刻起到输出端输出稳定的数字信号止所经历的时间。

目前，常见的 A/D 转换器的有效位数有 4、6、8、10、12、14、16 位以及 BCD 码输出的 $3\frac{1}{2}$、$4\frac{1}{2}$ 和 $5\frac{1}{2}$ 位等多种；转换速度有低速（≤1 s）、中速（≤1 ms）、高速（≤1 μs）和超高速（≤1 ns）等；就芯片组成而言，有些芯片不但包括 ADC 基本电路，还包括多路转换开关、时钟电路、基准电压源等，功能更加齐全。表 5.4 中所示为部分 ADC 芯片的一些特征参数，从中可以了解当前 ADC 芯片的状况，并可供使用参考。

表 5.4 常见 ADC 芯片的特征参数

型号	位数	电路类型	主要参数	备注
ADC0804	8	CMOS 逐次逼近	单电源供电	1 路 8 位二进制代码输出
ADC0809	8	CMOS 逐次逼近	时钟频率 = 1.26 MHz 转换时间 = 100 μs 转换误差 ≤ ± 1 LSB 内含 8 路数据选择器以便进行 8 路 ADC	8 路 8 位二进制码 LSTTL 电平输出 28 脚封装
ADC0816	8	CMOS 逐次逼近	$VDD = 5\ V$（典型） 转换时间 = 90 ~ 114 μs 时钟频率 = 10 ~ 1200 kHz（典型 640 kHz）	16 路 8 位二进制码 40 脚封装
AD571	10	CMOS 双积分	$VDD(+) = + 5\ V$，$VDD(-) = - 15\ V$ 转换误差 ≤ ± 1/2 LSB	
AD7552	12+1 符号位	CMOS 双积分	时钟频率 = 250 kHz 转换时间 = 160 ms 转换误差 ≤ ± 1 LSB	二进制补码输出
ADC ICL7106/7107 ADC ICL7126/7127	$3\frac{1}{2}$	CMOS 双积分	$VDD = 15\ V$（7106/26） $VDD(+) = + 6\ V$ $VDD(-) = - 9\ V$（7107/27） 内有时钟（时钟可外接，也可外接晶体或 R、C 元件自激产生） 建议时钟频率为 40 kHz、50 kHz、100 kHz、200 kHz 线性度 ± 0.2% ± 1 个字	$3\frac{1}{2}$ 七段译码输出 7106/26 驱动 LCD 7107/27 驱动 LED 40 脚封装
MC14433（CC14433）	$3\frac{1}{2}$	CMOS 双积分	$VDD = 5\ V$（典型），$VEE = - 5\ V$ 线性度 ± 0.05% ± 1 个字 时钟频率 = 30 ~ 300 kHz	BCD 码输出 24 脚封装

市面上 ADC 芯片很多，而 ADC080x 系列仍是学校教学和行业工程师们的最爱。下面以 ADC0809 为例进行介绍。

ADC0809 是带有 8 位 A/D 转换器、8 路多路开关以及和微处理机兼容的控制逻辑芯片。它是逐次逼近式 A/D 转换器，可以和单片机直接接口。图 5.5 所示是 ADC0809 的内部逻辑结构。

ADC0809 由一个 8 路模拟开关、一个地址锁存与译码器、一个 A/D 转换器和一个三态输出锁存器组成。多路开关可选通 8 个模拟通道，允许 8 路模拟量分时输入，共用 A/D 转换器进行转换。三态输出锁存器用于锁存 A/D 转换完的数字量，当 OE 端为高电平时，才可以从三态输出锁存器取走转换完的数据。

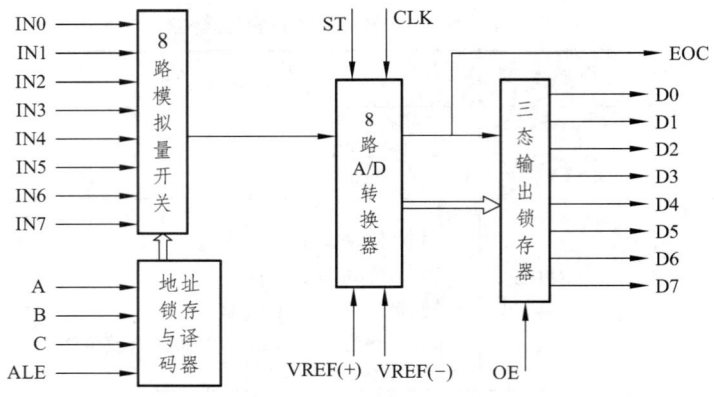

图 5.5 ADC0809 的内部逻辑结构

ADC0809 芯片为 28 个引脚的双列直插式封装，其引脚排列如图 5.6 所示。

ADC0809 主要信号引脚的功能说明如下：

IN0～IN7——模拟量输入通道。

ALE——地址锁存允许信号。ALE 上升沿时，A、B、C 地址状态送入地址锁存器中。

START——转换启动信号。START 上升沿时，复位 ADC0809；START 下降沿时，启动芯片开始进行 A/D 转换；在 A/D 转换期间，START 应保持低电平。

ADD_A、ADD_B、ADD_C——地址线。通道端口选择线，A 为低地址，C 为高地址。其地址状态与通道对应关系见表 5.5。

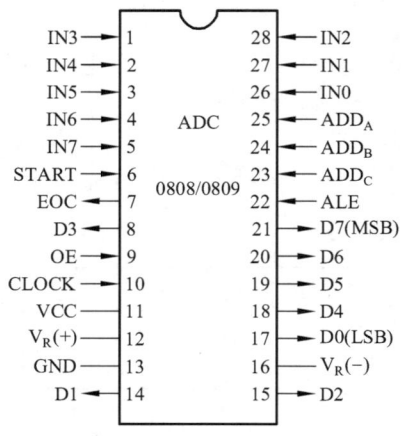

图 5.6 ADC0809 的引脚结构

表 5.5 地址状态与通道的对应关系

ADD_C	ADD_B	ADD_A	被选择的通道
0	0	0	IN0
0	0	1	IN1
0	1	0	IN2
0	1	1	IN3
1	0	0	IN4
1	0	1	IN5
1	1	0	IN6
1	1	1	IN7

CLOCK——时钟信号。ADC0809 的内部没有时钟电路，所需时钟信号由外界提供，时钟信号通常使用频率为 500 kHz 的时钟信号。

EOC——转换结束信号。EOC = 0 表示正在进行转换；EOC = 1 表示转换结束。使用中该状态信号既可作为查询的状态标志，又可作为中断请求信号使用。

D7～D0——数据输出线，为三态缓冲输出形式，可以和单片机的数据线直接相连。

OE——输出允许信号，用于控制三态输出锁存器向单片机输出转换得到的数据。OE = 0，输出数据线呈高阻；OE = 1，输出转换得到的数据。

VCC——+5 V 电源。

$V_R(+)$ 和 $V_R(-)$——参考电源电压，用来与输入的模拟信号进行比较，作为逐次逼近的基准。其典型值为 +5 V [$V_R(+) = +5$ V，$V_R(-) = -5$ V]。

（四）串行 ADC0832 芯片

1. ADC0832 简介

ADC0832 是美国国家半导体公司生产的一种 8 位分辨率、双通道 A/D 转换芯片。由于它体积小、兼容性强、性价比高而深受单片机爱好者及企业的欢迎，目前已经有很高的普及率。ADC083X 是市面上常见的串行 A/D 转换器件系列。ADC0831、ADC0832、ADC0834、ADC0838 是具有多路转换开关的 8 位串行 I/O A/D 转换器，转换速度较高（转换时间为 32 μs），单电源供电，功耗低（15mW），适用于各种便携式智能仪表。本项目以 ADC0832 为例，介绍其使用方法。

ADC0832 是 8 脚双列直插式双通道 A/D 转换器，能分别对两路模拟信号实现 A/D 转换，可以在单端输入方式和差分方式下工作。ADC0832 采用串行通信方式，通过 DI 数据输入端进行通道选择、数据采集及数据传送。8 位分辨率，可以适应一般的模拟量转换要求。其内部电源输入与参考电压复用，使得芯片的模拟电压输入在 0~5 V 之间。具有双数据输出，可作为数据校验，以减少数据误差，转换速度快且稳定性强。独立的芯片使能输入，使多器件挂接和处理器控制变得更加方便。

ADC0832 的性能特点包括：① 8 位分辨率；② 双通道 A/D 转换；③ 输入输出电平与 TTL/CMOS 相兼容；④ 5 V 电源供电时输入电压在 0~5 V 之间；⑤ 工作频率为 250 kHz，转换时间为 32 μs；⑥ 一般功耗仅为 15 mW；⑦ 8P、14P-DIP（双列直插）、PICC 多种封装；⑧ 商用级芯片温宽为 0°~+70 ℃，工业级芯片温宽为 -40 ℃~+85 ℃。

ADC0832 的引脚如图 5.7 所示。

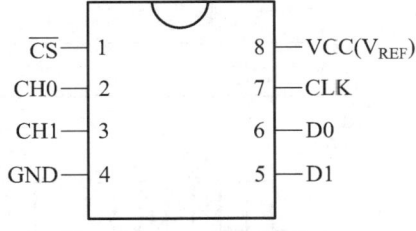

图 5.7 ADC0832 的引脚示意图

ADC0832 芯片的接口说明：

CS——片选使能，低电平芯片使能。

CH0——模拟输入通道 0，或作为 IN+/- 使用。

CH1——模拟输入通道 1，或作为 IN+/- 使用。

GND——芯片参考零电位（地）。

DI——数据信号输入，选择通道控制。

DO——数据信号输出，转换数据输出。

CLK——芯片时钟输入。

VCC/REF——电源输入及参考电压输入（复用）。

2. ADC0832 的工作原理

正常情况下，ADC0832 与单片机的接口应为 4 条数据线，分别是 CS、CLK、DO、DI。由于 DO 端与 DI 端与单片机的接口是双向的，在通信时并未同时使用，所以在 I/O 口资源紧张时，可以将 DO 和 DI 并联在一根数据线上使用。当 ADC0832 未工作时，CS 输入端应为高电平，此时芯片禁用，CLK 和 DO/DI 的电平可任意设置。当要进行 A/D 转换时，必须先将 CS 使能端置于低电平并且保持低电平直到转换完全结束，此时芯片开始转换工作，同时由处理器向芯片时钟（CLK）输入端输入时钟脉冲，DO/DI 端则使用 DI 端输入通道功能选择的数据信号。在第一个时钟脉冲下降之前，DI 端必须是高电平，表示起始信号；在第二、三个脉冲下降之前 DI 端应输入两位数据用于选择通道功能。

通道地址设置如表 5.6 所示。当前两位数据为"1"、"0"时，只对 CH0 进行单通道转换；当前 2 位数据为"1"、"1"时，只对 CH1 进行单通道转换；当两位数据为"0"、"0"时，将 CH0 作为正输入端 IN_+，CH1 作为负输入端 IN_- 进行输入；当两位数据为"0"、"1"时，将 CH0 作为负输入端 IN_-，CH1 作为正输入端 IN_+ 进行输入；到第三个脉冲下降之后，DI 端的输入电平就失去输入作用，此后 DO/DI 端则开始利用数据输出 DO 进行转换数据的读取；从第 4 个脉冲下降沿开始由 DO 端输出转换数据最高位 Data7，随后从每一个脉冲下降沿开始 DO 端输出下一位数据，直到第 11 个脉冲时发出最低位数据 Data0，一个字节的数据输出完成，也正是从此位开始输出下一个相反字节的数据，即从第 11 个字节的下降沿开始输出 Data0，随后输出 8 位数据，到第 19 个脉冲时数据输出完成，也标志着一次 A/D 转换的结束。最后将 CS 置高电平禁用芯片，直接将转换后的数据进行处理就可以了。ADC0832 的工作时序见图 5.8。

表 5.6 通道地址设置

通道地址		通道	
SGL/DIF	ODD/SIGN	0	1
0	0	+	−（差分方式）
0	1	−	+（差分方式）
1	0	+	单端输入方式
1	1	+	单端输入方式

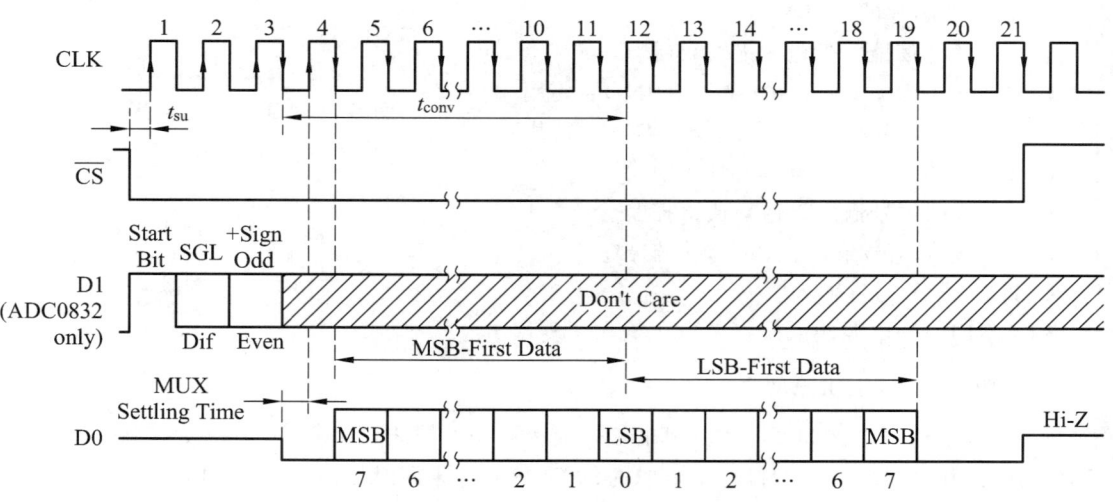

图 5.8 ADC0832 工作时序

作为单通道模拟信号输入时,ADC0832 的输入电压是 0~5 V 且 8 位分辨率时的电压精度为 19.53 mV,即(5/256)V。如果作为由 IN+ 与 IN- 输入的输入时,可是将电压值设定在某一个较大范围之内,从而提高转换的宽度。值得注意的是,在进行 IN+ 与 IN- 的输入时,如果 IN- 的电压大于 IN+ 的电压,则转换后的数据结果始终为 00H。

(五)简易电压表的设计与制作

【例 5.1】 使用 51 单片机控制 ADC0809 进行 A/D 转换,由 ADC0809 通道 3 输入的模拟量转换为数字量后显示在四位数码管的低三位上,如图 5.9 所示,实现简易电压表功能。

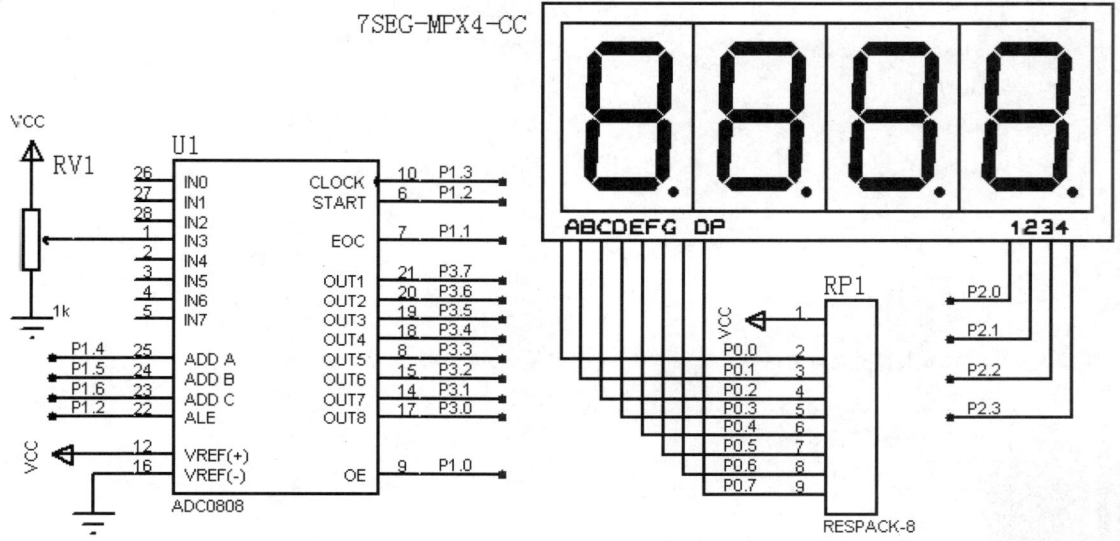

图 5.9 ADC0809 A/D 转换与显示电路

分析:本例由 ADC0809 采样通道 3 输入的模拟量,经 A/D 转换后由单片机将结果显示在数码管上。根据 ADC0809 的转换时序和数码管显示字符的方式,可以画出对应的时序图。具体程序流程图与算法描述此处略。本例的参考程序如下:

```
/******************************************************************
   ADC0809 数模转换与显示程序 1:ADC1_0809.c   ADC 显示程序
******************************************************************/
//==声明区=======================================
#include <reg51.h>                    //包含 51 头文件
#define uchar unsigned char
#define uint unsigned int
uchar code DSY_CODE[]={               //声明数码管段码(共阴)数组
0x3f,0x06,0x5b,0x4f,0x66,             //对应符号"0"、"1"、"2"、"3"、"4"
0x6d,0x7d,0x07,0x7f,0x6f};            //对应符号"5"、"6"、"7"、"8"、"9"
sbit CLK=P1^3;                        //声明时钟信号
sbit ST=P1^2;                         //声明启动信号
sbit EOC=P1^1;                        //声明转换结束信号
```

```c
    sbit OE=P1^0;                        //声明输出使能信号
    void DelayMS(uint);                  //声明延时函数
    void Display_Result(uchar);          //声明显示转换结果函数
//==主程序================================================
    main()                               //主程序开始
    {
        TMOD=0x02;                       //定时器 0 工作模式 2
        TH0=0x14;                        //装载高位初值
        TL0=0x00;                        //装载低位初值
        IE=0x82;                         //允许定时器 0 中断
        TR0=1;                           //启动定时器 0
        P1=0x3f;                         //选择通道 3（0111）（P1.4～P1.6）
        while(1)                         //无穷循环
        {
            ST=0;
            ST=1;
            ST=0;                        //启动转换
            while(EOC==0);               //等待转换结束
            OE=1;                        //允许输出
            Display_Result(P3);          //显示 A/D 转换结果
            OE=0;                        //关闭输出
        }
    }
//==子程序================================================
    void DelayMS(uint ms)                //延时函数
    {
        uchar  i;                        //声明变量
        while(ms--)                      //循环 x 次
            for(i=0;i<120;i++);          //循环 120 次
    }
    void Display_Result(uchar d)         //显示转换结果函数
    {
        P2=0xf7;                         //选择第 4 个数码管
        P0=DSY_CODE[d%10];               //显示个位数
        DelayMS(5);                      //延时 5 ms
        P2=0xfb;                         //选择第 3 个数码管
        P0=DSY_CODE[d%100/10];           //显示十位数
        DelayMS(5);                      //延时 5 ms
        P2=0xfd;                         //选择第 2 个数码管
        P0=DSY_CODE[d/100];              //显示百位数
```

```
        DelayMS(5);                          //延时 5 ms
}
void Timer0_INT()interrupt 1                 //T0 定时器中断子函数
{
        CLK=~CLK;                            //给 ADC0809 提供时钟信号
}
```

【例 5.2】 使用 ADC0832 采集电压,并将电压值使用 LCD1602 显示。
(1)电路原理如图 5.10 所示。

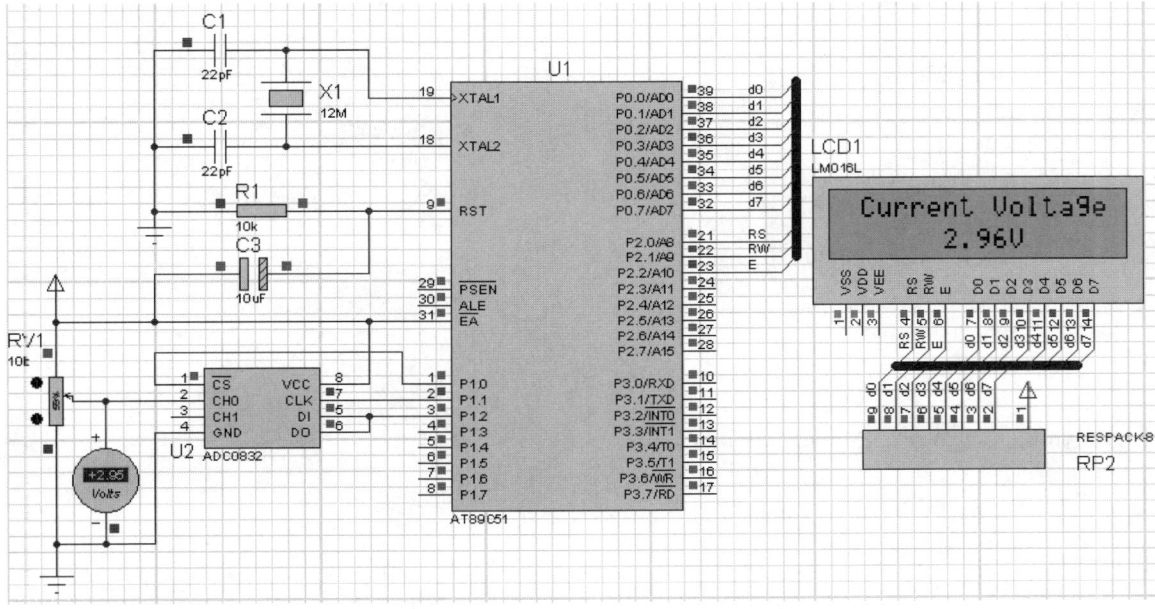

图 5.10 例 5.2 的电路原理图

(2)程序代码:
```
#include <reg52.h>
#include <intrins.h>
#define uint unsigned int
#define uchar unsigned char
#define delay4us() {_nop_();_nop_();_nop_();_nop_();}

sbit RS  = P2^0;
sbit RW  = P2^1;
sbit E   = P2^2;
sbit CS  = P1^0;
sbit CLK = P1^1;
sbit DIO = P1^2;
uchar Display_Buffer[] = "0.00V";
uchar code Line1[] = "Current Voltage:";
void DelayMS(uint ms)
```

```c
{
    uchar i;
    while(ms--)
    {
        for(i=0;i<120;i++);
    }
}

bit LCD_Busy_Check()
{
    bit result;
    RS = 0;
    RW = 1;
    E  = 1;
    delay4us();
    result = (bit)(P0&0x80);
    E  = 0;
    return result;
}

void LCD_Write_Command(uchar cmd)
{
    while(LCD_Busy_Check());
    RS = 0;
    RW = 0;
    E  = 0;
    _nop_();
    _nop_();
    P0 = cmd;
    delay4us();
    E = 1;
    delay4us();
    E = 0;
}

void Set_Disp_Pos(uchar pos)
{
    LCD_Write_Command(pos | 0x80);
}
void LCD_Write_Data(uchar dat)
{
    while(LCD_Busy_Check());
    RS = 1;
```

```
        RW = 0;
        E  = 0;
        P0 = dat;
        delay4us();
        E = 1;
        delay4us();
        E = 0;
}
void LCD_Initialise()
{
        LCD_Write_Command(0x38); DelayMS(1);
        LCD_Write_Command(0x0c); DelayMS(1);
        LCD_Write_Command(0x06); DelayMS(1);
        LCD_Write_Command(0x01); DelayMS(1);
}

uchar Get_AD_Result()
{
        uchar i,dat1=0,dat2=0;
        CS  = 0;
        CLK = 0;
        DIO = 1; _nop_(); _nop_();
        CLK = 1; _nop_(); _nop_();
        CLK = 0;DIO = 1; _nop_(); _nop_();
        CLK = 1; _nop_(); _nop_();
        CLK = 0;DIO = 1; _nop_(); _nop_();
        CLK = 1;DIO = 1; _nop_(); _nop_();
        CLK = 0;DIO = 1; _nop_(); _nop_();
        for(i=0;i<8;i++)
        {
            CLK = 1; _nop_(); _nop_();
            CLK = 0; _nop_(); _nop_();
            dat1 = dat1 << 1 | DIO;
        }
        for(i=0;i<8;i++)
        {
            dat2 = dat2 << ((uchar)(DIO)<<i);
            CLK = 1; _nop_(); _nop_();
            CLK = 0; _nop_(); _nop_();
        }
        CS = 1;
        return (dat1 == dat2) ? dat1:0;
```

```c
}
void main()
{
    uchar i;
    uint d;
    LCD_Initialise();
    DelayMS(10);
    while(1)
    {
        d = Get_AD_Result()*500.0/255;
        Display_Buffer[0]=d/100+'0';
        Display_Buffer[2]=d/10%10+'0';
        Display_Buffer[3]=d%10+'0';
        Set_Disp_Pos(0x01);
        i = 0;
        while(Line1[i]!='\0')
        {
            LCD_Write_Data(Line1[i+1]);
        }
        Set_Disp_Pos(0x46);
        i = 0;
        while(Display_Buffer[i]!='\0')
        {
            LCD_Write_Data(Display_Buffer[i+1]);
        }
    }
}
```

二、D/A 转换及其常用芯片的应用

（一）D/A 转换器概述

D/A 转换器，又称数/模转换器，英文为 Digital to Analog Converter，简称 DAC。D/A 转换器是指能将数字信号转换成模拟信号的电路。D/A 转换器基本上由 4 个部分组成，即权电阻网络、运算放大器、基准电源和模拟开关。

D/A 转换器将输入的数字量转换为模拟量输出，数字量是由若干位数构成的，D/A 转换器把每一位上的代码按照权值转换为对应的模拟量，再把各位所对应的模拟量相加，所得到各位模拟量的和便是数字量所对应的模拟量。

在集成化 D/A 转换器中，通常采用电阻网络将数字量转换为模拟电流，再用运算放大器完成模拟电流到模拟电压的转换。目前 D/A 转换集成电路芯片大都包含了这两个部分，如果 D/A 芯片只包含电阻网络，则需要外接运算放大器才能将模拟电流转换为模拟电压。根据电阻网络的结构形式，D/A 转换器可分为权电阻网络 DAC、T 型电阻网络 DAC、倒 T 型电阻网

络 DAC、权电流 DAC 等。

1. D/A 转换器的技术指标

a. 分辨率

D/A 转换器的分辨率是指 DAC 电路所能分辨的最小输出电压与满量程输出电压之比。最小输出电压是指输入数字量只有最低有效位为 1 时的输出电压，最大输出电压是指输入数字量各位全为 1 时的输出电压。DAC 的分辨率可用下式表示：

$$分辨率 = 1/(2^n - 1)$$

式中，n 表示数字量的二进制位数。

DAC 产生误差的主要原因有：基准电压 V_{REF} 的波动，运放的零点漂移，电组网络中电阻阻值偏差等。

b. 转换误差

转换误差常用满量程 FSR（Full Scale Range）的百分数来表示。有时转换误差用最低有效位 LSB（Least Significant Bit）的倍数来表示。

DAC 的转换误差主要有失调误差和满值误差。

DAC 的分辨率和转换误差共同决定了 DAC 的精度。要使 DAC 的精度高，不仅要选择位数高的 DAC，还要选用稳定度高的参考电压源 V_{REF} 和低漂移的运算放大器与其配合。

c. 建立时间

建立时间（Setting Time）是指输入数字量变化后，输出模拟量稳定到相应数值范围所经历的时间，是描述 DAC 转换速度快慢的一个重要参数。

其他指标还有线性度（Linearity）、转换精度、温度系数、漂移等。

2. D/A 转换器的分类

a. 电压输出型

电压输出型 D/A 转换器虽有直接从电阻阵列输出电压的，但一般采用内置输出放大器以低阻抗输出。直接输出电压的器件仅用于高阻抗负载，由于无输出放大器部分的延迟，故常作为高速 D/A 转换器使用。

b. 电流输出型

电流输出型 D/A 转换器直接输出电流，但在应用中通常外接电流/电压转换电路得到电压输出。可以直接在输出引脚上连接一个负载电阻，实现电流/电压转换，但大多数采用外接运算放大器的形式实现。另外，大部分 CMOS 型 D/A 转换器当输出电压不为零时不能正常工作，所以必须外接运算放大器。由于在 D/A 转换器的电流建立时间上加入了外接运算放大器的延迟，使 D/A 响应变慢。此外，这种电路中的运算放大器因输出引脚的内部电容而容易起振，有时必须作相位补偿。

c. 乘算型

D/A 转换器中有使用恒定基准电压的，也有在基准电压输入端加上交流信号的，后者由于能得到数字输入和基准电压输入相乘的结果而输出，因而称为乘算型 D/A 转换器。乘算型 D/A 转换器一般可以进行乘法运算。

另外，根据建立时间的长短，D/A 转换器可分为以下几种类型：① 低速 D/A 转换器，建立时间 $\geq$ 100 μs；② 中速 D/A 转换器，建立时间为 10 ~ 100 μs；③ 高速 D/A 转换器，建立时间为 1 ~ 10 μs；④ 较高速 D/A 转换器，建立时间为 100 ns ~ 1 μs；⑤ 超高速 D/A 转换器，建立时间 < 100 ns。

3. DAC0832 简介

DAC0832 是 8 位分辨率的 D/A 转换集成芯片。它与微处理器完全兼容。该芯片具有价格低廉、接口简单、转换控制容易等优点，在单片机应用系统中得到广泛应用。DAC0832 由 8 位输入锁存器、8 位 DAC 寄存器、8 位 D/A 转换电路及转换控制电路构成。

a. 主要参数

DAC0832 的主要参数包括：① 分辨率为 8 位；② 电流稳定时间为 1 μs；③ 可单缓冲、双缓冲或直接数字输入；④ 只需在满量程下调整其线性度；⑤ 单一电源供电（+5～+15 V）；⑥ 低功耗，20 mW。

b. 引脚及结构

DAC0832 的引脚及结构见图 5.11。

$DI_0 \sim DI_7$——8 位数据输入线，TTL 电平，有效时间应 > 90 ns（否则锁存器的数据会出错）。

ILE——数据锁存允许控制信号输入线，高电平有效。

$\overline{CS}$——片选信号输入线（选通数据锁存器），低电平有效。

$\overline{WR1}$——数据锁存器写选通输入线，负脉冲（脉宽应 > 500 ns）有效。由 ILE、$\overline{CS}$、$\overline{WR1}$ 的逻辑组合产生 LE1，当 LE1 为高电平时，数据锁存器状态随输入数据线变换，LE1 负跳变时将输入数据锁存。

$\overline{XFER}$——数据传输控制信号输入线，低电平有效，负脉冲（脉宽应 > 500 ns）有效。

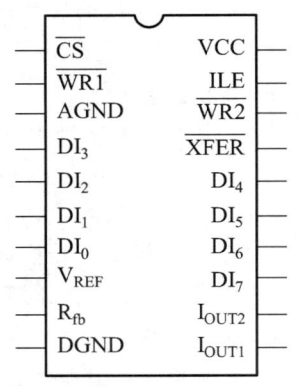

图 5.11 DAC0832 的引脚

$\overline{WR2}$——DAC 寄存器选通输入线，负脉冲（脉宽应 > 500 ns）有效。由 $\overline{WR2}$、$\overline{XFER}$ 的逻辑组合产生 LE2，当 LE2 为高电平时，DAC 寄存器的输出随寄存器的输入而变化，LE2 负跳变时将数据锁存器的内容打入 DAC 寄存器并开始 D/A 转换。

I_{OUT1}——电流输出端 1，其值随 DAC 寄存器的内容线性变化。

I_{OUT2}——电流输出端 2，其值与 I_{OUT1} 值之和为一常数。

R_{fb}——反馈信号输入线，改变 R_{fb} 端外接电阻值可调整转换满量程精度。

VCC——电源输入端，VCC 的范围为 +5～+15 V。

V_{REF}——基准电压输入线，V_{REF} 的范围为 −10～+10 V。

AGND——模拟信号地。

DGND——数字信号地。

c. 工作方式

根据对 DAC0832 的数据锁存器和 DAC 寄存器的不同控制方式，DAC0832 有三种工作方式：直通方式、单缓冲方式和双缓冲方式，DAC0832 的内部结构如图 5.12 所示。

（1）单缓冲方式：控制输入寄存器和 DAC 寄存器同时接收数据，或者只用输入寄存器而把 DAC 寄存器接成直通方式。此方式适用于只有一路模拟量输出或几路模拟量异步输出的工作方式。

（2）双缓冲方式：先使输入寄存器接收数据，再控制输入寄存器的输出数据到 DAC 寄存器，即分两次锁存输入数据。此方式适用于多个 D/A 转换同步输出的工作方式。

（3）直通方式：数据不经两级锁存器锁存，即 $\overline{CS}$、$\overline{XFER}$、$\overline{WR1}$、$\overline{WR2}$ 均接地，ILE 接高电平。此方式适用于连续反馈控制线路和不带微机的控制系统，不过在使用时，必须通过另加 I/O 接口与 CPU 连接，以匹配 CPU 与 D/A 转换。

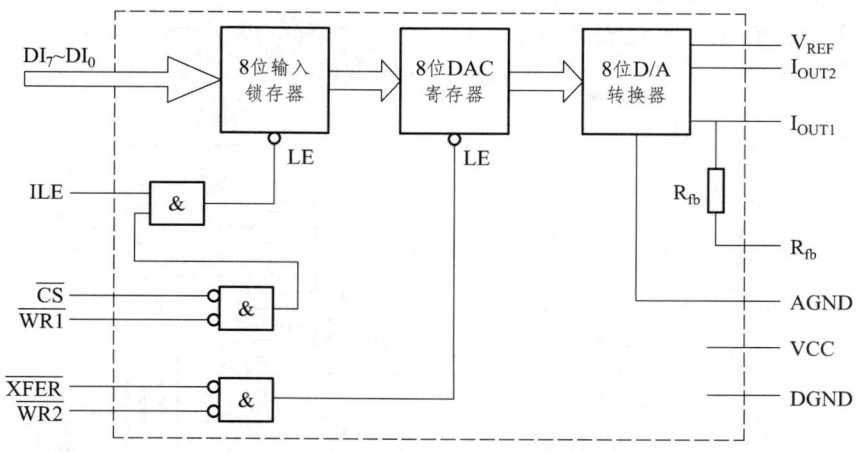

图 5.12　DAC0832 的内部结构

4. DAC8512 简介

DAC8512 是一款有完整的串行输入、12 位电压输出的 D/A 转换器，采用+5 V 单电源供电，它内置 DAC、输入移位寄存器和锁存器、基准电压源以及一个轨到轨输出放大器。这些单芯片 DAC 采用 CMOS 工艺制造，适合仅有+5 V 电源的系统，具有成本低、易于使用的特点。

DAC8512 的编码方式为标准二进制，MSB 先加载。输出运算放大器的摆幅可以达到任一供电轨，设置为 0～+4.095 V 范围，分辨率为每位 1 mV。它能够提供 5 mA 吸电流和源电流。片内基准电压源经过激光调整，可提供 4.095 V 的精密满量程输出电压。

高速、三线式串行接口与 SPI 接口兼容，提供数据输入（SDI）、时钟（CLK）和负载选通（$\overline{LD}$）三个引脚。还有一个芯片选择引脚，用于连接多个 DAC。

上电时或用户要求时，CLR 输入可将输出设置为零电平。

DAC8512 的额定温度范围为 –40～+85 ℃ 工业温度范围，提供塑封 DIP 和 SO-8 表贴两种封装。内部结构如图 5.13 所示，外形引脚如图 5.14 所示。

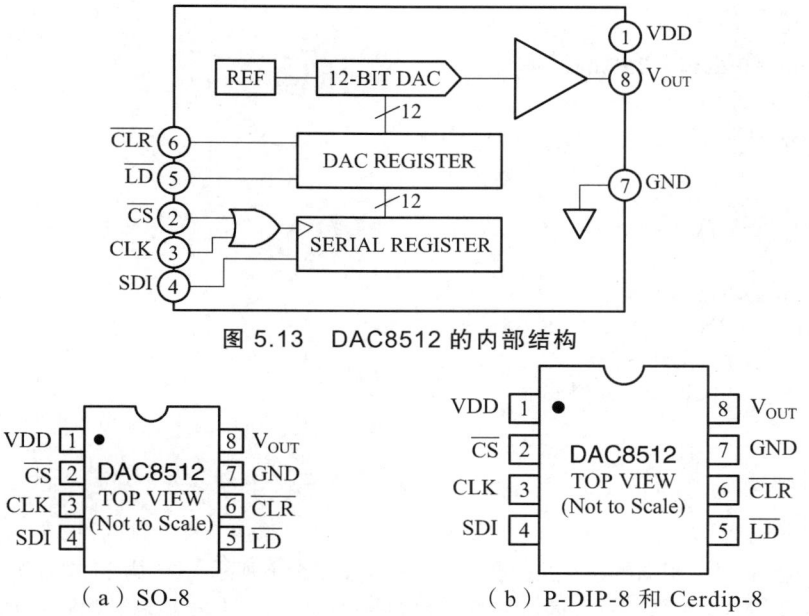

图 5.13　DAC8512 的内部结构

（a）SO-8　　　　　　　　　　（b）P-DIP-8 和 Cerdip-8

图 5.14　DAC8512 的引脚

【例 5.3】 使用 DAC0832 设计制作一个锯齿波发生器，设计原理图并编写程序。电路原理如图 5.15 所示，D/A 转换数据从 P2 口输出。

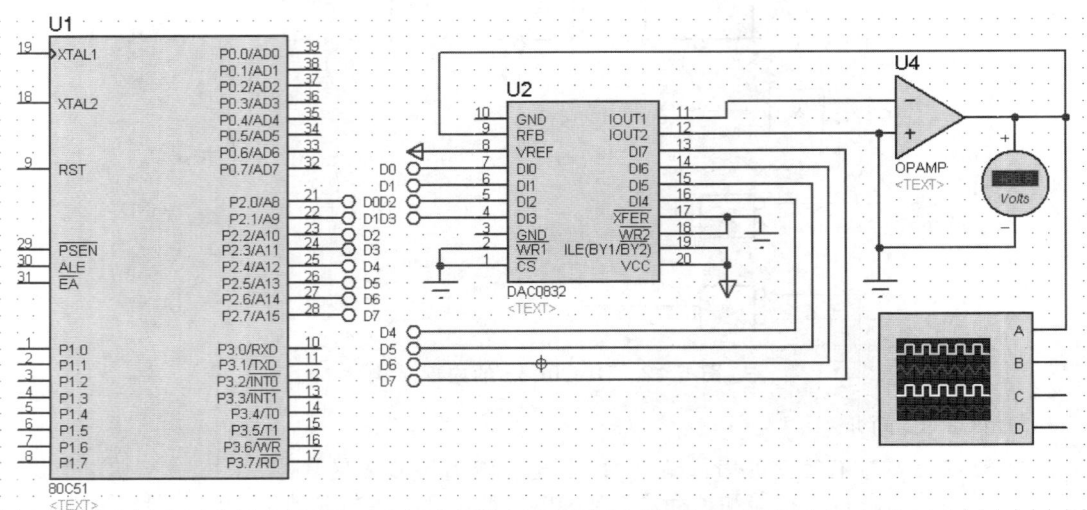

图 5-15 锯齿波发生器的原理图

参考程序如下：
```c
#include<reg51.h>
#include<absacc.h>
#define DAC0832 XBYTE[0xfeff]
#define unchar unsigned char
void delay( unchar x);
void main( )
{unchar num,flag=0;
  while(1)
    {
      for(num=0;num<=255;num++)
       { P0=num;
           delay( 5);
       }
}}
  void delay( unchar x)
{
    unsigned char j,k;
      for ( ;x>0;x--)
         for (j=4;j>0;j--)
            for (k=20;k>0;k--);
}
```

【任务实施】

1. 实施步骤

（1）硬件电路设计。根据本任务的要求，电路原理如图 5.16 所示，U1 为 51 单片机，U2 为 A/D 转换芯片 ADC0832，U3 为电源芯片（提供 A/D 转换的参考电压），U4 为 D/A 转换芯片 DAC8512；K1、K2 和 K3 为独立按键，设置温室的光照强度，LCD 显示器采用 LCD1602，显示光照强度设置值和实时值。

项目五 温室控制系统的设计与制作

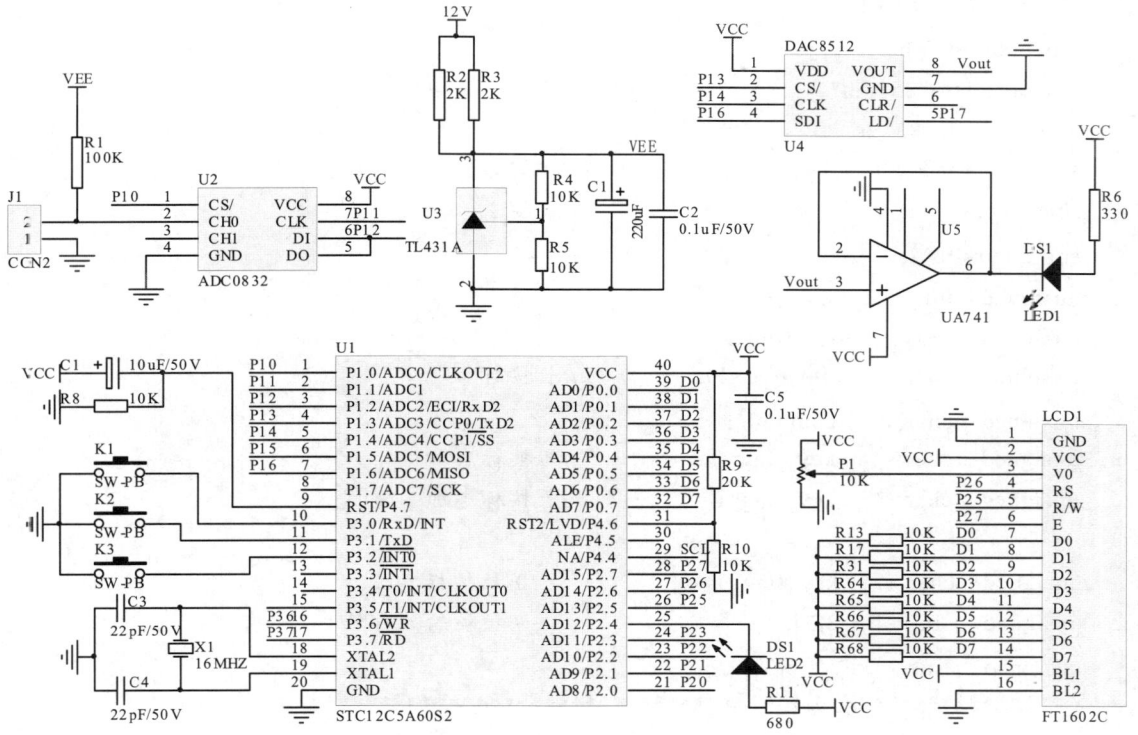

图 5.16 本任务的电路原理图

（2）软件设计。

① 本任务的软件设计流程如图 5.17 所示。

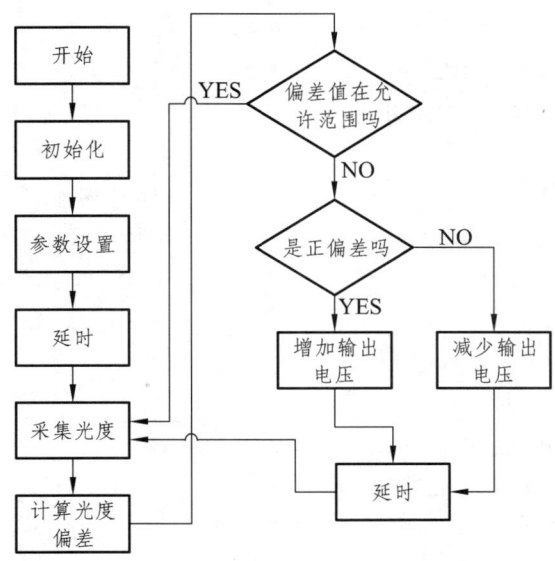

图 5.17 本任务的软件设计流程

② 任务主程序如下:
```c
#include"1602.h"
#include"DAC8512.h"
#include"adc0832.h"
sbit    key1=P3^0;                  //按键加
sbit    key2=P3^1;                  //按键2
sbit    led=P2^2;
unsigned  int   dat_num;
unsigned  char     count50ms;
unsigned  char      timer_T=20;     //长按时长
unsigned  char      count50ms_F=0 ;
unsigned  char      key_flag=0 ;    //短按标志加
unsigned  char      key_flag_L=0 ;  //长按标志加

unsigned  char      key_flag_1=0 ;  //短按标志减
unsigned  int   flg_3[3];           //按键输入存值
unsigned  int   key_flg[3];
//**************主函数******************************
//*************************************************
 void    main(void)
  {
        EA=1;
        TMOD=0x01;
        ET0=1;
        TH0=(65536-50000)/256;
        TL0=(65536-50000)%256;
        TR0=1;
        L1602_init();               //1602 初始化
        adc0832_1();                //adc0832 初始化
        dac8512_inti();             //dac8512 初始化
    while(1)
    {//*****按键输入值送给 da
            wcmd(0xc0);
            hzkdis("Key input:");
            dac8512_send(flg_3[3]*16);
//ad 采样回来显示的值 1602 显示值************
            wcmd(0x80);
            hzkdis( "AD samping:");
```

```
                    write_lcd1602(0x8b,adval % 1000 / 100+'0');
                    write_lcd1602(0x8c,adval % 100 / 10+'0' );
                    write_lcd1602(0x8d,adval % 10+'0');
      if(flg_3[3]>=adval)                          //作差值
       {



            dac8512_send(adval*16);
       }
//*********按键输入部分*********************************
    if(key1==0)
     {
            if(key_flag==0)
             {
                 dat_num++;
                 dislay_number(dat_num);
                 flg_3[3]=dat_num++;            //按键每按一下就存入数组里
                 key_flag=1;
             }
      }
       else
              key_flag=0;
     if(key2==0)
       {
         if(key_flag_1==0)
             {
                 dat_num--;
                 dislay_number(dat_num);
                 flg_3[3]=dat_num--;
                 key_flag_1=1;
             }
        }
        else
             key_flag_1=0;
      }
    }
     void  time0_int()   interrupt    1
      {
```

```
            TH0=(65536-50000)/256;
            TL0=(65536-50000)%256;
            count50ms++;
         if(count50ms==20)
           {
               count50ms=0;


           }
//***********按键加**************//
              if(key_flag==0)                  //按键未按下  复位内容
              {
                  count50ms_F=0;
                  timer_T=20;
                  key_flag_L=0;
              }
         if(key_flag_L)                        //如果为长按状态
              timer_T=2;                       //改变定时的时长 100 ms
     if(key_flag==1 )                          //如果为按下状态
              count50ms_F++;
           if(count50ms_F==timer_T)            //按下时间为 1 s  则判断为连续
           {
             key_flag_L=1;                     //设置为连续状态
             count50ms_F=0;                    //计数清零
             key_flag=0;                       //设置为松开状态，按下解锁按下执行的内容
           }
   }
```

③ LCD 显示程序如下：

```c
#include"1602.h"
//   unsigned    int    flg[4] ;
//   unsigned char    dat_num=0;
//**************延时程序*****************************
void delay()
{
    _nop_();
    _nop_();
    _nop_();
    _nop_();
```

```
    _nop_();
}
//*****************************************************************
* 名称: Delay_1ms()
* 功能: 延时子程序，延时时间为 1ms * x
* 输入: x (延时一毫秒的个数)
* 输出: 无
** ****************************************************************/
void Delay(uint i)
{
    uint x,j;
    for(j=0;j<i;j++)
    for(x=0;x<=148;x++);
}
//********检测忙状态--------------------------------------------
bit Busy(void)
{
    bit busy_flag = 0;
    RS = 0;
    RW = 1;
    E = 1;
    delay();
    busy_flag = (bit)(P0 & 0x80);
    E = 0;
    return busy_flag;
}
//*********写命令------------------------------
void wcmd(unsigned int    del)
{
    while(Busy());
    RS = 0;
    RW = 0;
    E = 0;
    delay();
    P0 = del;
    delay();
    E = 1;
    delay();
```

```c
        E = 0;
}
//*******写一个字节的数据--------------------------------------
void wdata(unsigned int    del)
{
    while(Busy());
    RS = 1;
    RW = 0;
    E = 0;
    delay();
    P0 = del;
    delay();
    E = 1;
    delay();
    E = 0;
}
 //*******读一个字节的数据-----------------------------------------------
unsigned int    rdata(void)
{
    RS = 1;
    RW = 1;
    E = 1;
    delay();
    return P0;
}
//*****初始化***------------------------------
void L1602_init(void)
{
    wcmd(0x38);
    Delay(5);
    wcmd(0x38);
    Delay(5);
    wcmd(0x38);
    Delay(5);
    wcmd(0x38);
        Delay(5);
    wcmd(0x0c);
        Delay(5);
```

```c
        wcmd(0x06);
        Delay(5);
        wcmd(0x01);
        Delay(5);
}
//*****显示字符串*****--------------------------------
void hzkdis(unsigned char code *s)
{
    while(*s>0)
    {
            wdata(*s);
            Delay(10);
            s++;
    }
}
//****显示位置*************----------------------------
void   L1602_char(uchar y,uchar x,unsigned    char    *s)
{
        if(y==1)
        wcmd(0x80+x);
        else if(y==2)
        wcmd(0xc0+x);
        hzkdis(s);


}
//**********显示数字***************-------------------
void    dislay_number(unsigned int datc)           //定义两个字节的寄存器
 {  unsigned    int   tab[4]={0,0,0,0};
unsigned    int    i=0;
tab[0]=datc%1000/100+'0';
tab[1]=datc%100/10+'0';
tab[2]=datc%10/1+'0';
for(i=0;i<3;i++)
       {
         wcmd(0xcb);
         wdata(tab[i]);
           }
}
```

```c
void write_lcd1602(unsigned int addr,unsigned int dat)
{
    wcmd(addr);
    wdata(dat);
}
```

④ A/D 采样程序如下：

```c
#include"ADC0832.h"
unsigned char adval;
unsigned char adval_2;
void adc0832_1()
{
    uchar i ;
    adval=0;
    adval_2=0;
    cs=0;                    //启动 adc0832
    dio=1;
    _nop_();
    clk=0;
    _nop_();
    clk=1;
    _nop_();
    dio=1;
    _nop_();
    clk=0;
    _nop_();
    clk=1;
    _nop_();
    dio=0;
    _nop_();
    clk=0;
    _nop_();
    clk=1;
    _nop_();
    clk=0;
    _nop_();
    _nop_();
    dio=1;
```

```c
        _nop_();
        _nop_();
    for(i=0;i<8;i++)                    //采集的一次数据
    {       adval=adval<<1;
            clk=1;
            _nop_();
            _nop_();
              clk=0;
            _nop_();
            _nop_();
            if(dio)
                        adval|=0x01;
            else
                        adval|=0x00;
    }
    for(i=0;i<8;i++)                    //采集第二次数据
    {
            adval_2=adval_2<<1;
            clk=1;
            _nop_();
            _nop_();
            clk=0;
            _nop_();
            _nop_();
            if(dio)
                        adval_2|=0x80;          //adval=adval|0x80
            else
                        adval_2|=0x00;          //dval=adval|0x00
    }
            _nop_();
            clk=1;
            _nop_();
            clk=0;
            _nop_();
            _nop_();
            _nop_();
            cs=1;
}
```

⑤ DA 转换程序

```c
#include"dac8512.h"
void delay_3(unsigned char  x)
{
    unsigned char i,j;
    for(i=0;i<x;i++)
        for(j=0;j<100;j++);
}
//------------------------------------------------------------
//------初始化-------------------------------------------------
//------------------------------------------------------------
void   dac8512_inti()
{
    clk_1=1;
    cs_1=1;
    delay_3(5);
    ld=0;
}
//------------------------------------------------------------
//------发送一个字节-------------------------------------------
//------------------------------------------------------------

 void dac8512_send(unsigned int  send_data)
{
  unsigned int i;
  unsigned int s,temp;
   cs_1=0;
   delay_3(1);
   ld=1;
   temp=send_data;
   for(i=0;i<12;i++)
    {
    clk_1=0;
    s=temp&0x800;
    if(s==0x800)
            sdi=1;
    else
            sdi=0;
```

```
            delay_3(10);
            clk_1=1;
            temp=temp<<1;
        }
        delay_3(1);
        cs_1=0;
        ld=0;
        delay_3(1);
        ld=1;
        delay_3(1);
    }
```

2. 技术报告及评测

将测试点、测试结果及故障原因分析记录下来。任务完成后，撰写技术报告及效果评测。

任务三　温度检测电路的设计与制作

【任务要求】

根据给出的 51 单片机实验板的硬件元件，设计与制作出温度检测与液晶显示电路，单片机通过 P3.4 引脚连接温度传感器 DS18B20 的数据引脚 DQ，通过 P3.5、P3.6 和 P3.7 分别连接 LCD1602 的 RS、RW 和 E 引脚，LCD1602 的 D0～D7 数据引脚连接单片机的 P0 端口，并运用单片机的相关理论知识对温度检测与液晶显示电路进行编程调试与检测。

具体任务要求如下：
（1）实现单片机通过数字式温度传感器对环境温度的检测和显示功能。
（2）选出适合本任务的单片机外围温度传感器元件以及其他元器件。
（3）根据设计要求，设计出温度检测与液晶显示接口电路。
（4）能焊接、制作单片机温度检测与液晶显示电路的电路板。
（5）能用仪器仪表检测相关元器件，会调试单片机温度检测与液晶显示电路。
（6）能协作解决设计与制作中遇到的问题。

【相关知识】

一、数字化温度传感器 DS18B20 简介

现实生活中，小到测量体温的温度计，大到航天飞机的温控系统，处处都离不开温度测量。工业生产中的三大指标（流量、压力、温度）之一就是温度，温度测量可以说是无处不在，体现在人们生活、生产的各个方面。

DS18B20 温度传感器是美国 DALLAS 半导体公司生产的数字化温度传感器，目前使用最普遍的 DS18B20 温度传感器是三脚 TO-92 直插式封装，这种封装的 DS18B20 实物如图 5.18

（a）所示。DS18B20 的体积很小，只有三只管脚，外形与一般的三极管极其相似。图 5.18（b）所示是其三脚 TO-92 直插式封装图。

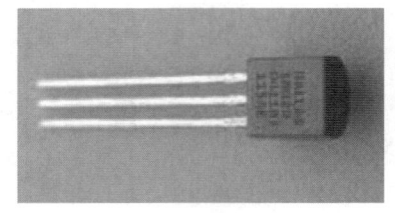 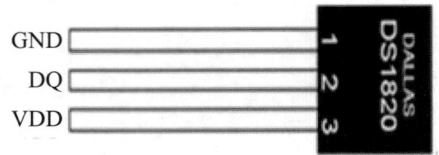

（a）DS18B20 实物　　　　　　　　（b）三脚 TO-92 封装引脚排列

图 5.18　DS18B20 实物及引脚排列图

DS18B20 与以往模拟量温度传感器不同，数字化是其一大特点，它能将被测环境温度直接转化为数字量，并以串行数据流的形式传输给单片机等微处理器去处理。DS18B20 温度传感器的另一个特点是，它是单总线的，即它与单片机等微处理器连接时，只需占用一个 I/O 管脚，并且不再需要其他任何外部元器件，这大大简化了它与单片机之间的接口电路。表 5.7 列出了 DS18B20 各个引脚的定义。

DS18B20 的核心功能就是测量被测环境温度并直接转换为数字量。我们使用 DS18B20 测温，就是要将 DS18B20 转换成的数字量温度值从 DS18B20 内部读出，送入单片机进行处理，所以，了解 DS18B20 内部存储器的结构和组成是必要的。另外，了解 DS18B20 测温和读取温度值的通信规则也是必不可少的。以下就从这两个方面进行说明。

表 5.7　DS18B20 各个引脚的定义

引脚号	名称	功能定义
1	GND	接地端
2	DQ	数据输入输出端
3	VDD	电源端

二、DS18B20 内部的存储器

DS18B20 内部有三个存储器：一个是 64 位光刻 ROM，另一个是中间结果暂存 RAM，第三个是 E^2RAM。

（一）64 位光刻 ROM

每片 DS18B20 都有一个独一无二的号码，用于唯一标识这片 DS18B20。这个号码是 DS18B20 的生产厂家 DALLAS 公司在生产该芯片时固化在其内部 ROM 中的，共有 64 位，所以称为 64 位光刻 ROM 号码。这 64 位号码由三部分组成，分别是 64 位号码中的最低 8 位、中间 48 位和最高 8 位。其中 64 位号码中的最低 8 位对每片 DS18B20 而言都相同，其值是 0x28H，称为家族代码。这个值是专门分配给 DS18B20 家族的，用以区别不同的单总线设备家族。64 位号码中的中间 48 位是唯一标识这片 DS18B20 的产品序列号。任意两片 DS18B20 的家族代码都是 0x28H，但它们的 48 位产品序列号是绝对不同的，这 48 位一般称为 48 位序列号。64 位号码中的最高 8 位是前面的 56 位（8 位+48 位 = 56 位）计算出来的 CRC 码，这 8 位一般不大使用，可以忽略。

（二）中间结果暂存 RAM

中间结果暂存 RAM 共有 8 个字节，其中字节地址 0 是所测温度数值的低 8 位，字节地址

1 是所测温度数值的高 8 位,字节地址 2 是设定温度的上限值,字节地址 3 是设定温度的下限值,字节地址 4 是配置寄存器字节。字节地址 5、6、7 保留。这 8 个字节中,除字节地址 0、1、4 以外的 5 个字节几乎不使用,可以忽略。

(三) E²RAM

E²RAM 是中间结果暂存 RAM 中字节地址位 2、3、4 的三个字节内容的拷贝或者说是备份,以供数据的完备性需要。这个存储器一般不使用,故可以不予考虑。

三、DS18B20 的通信规则

仅用一条线通信的 DS18B20 的系统,在与单片机通信时,其数据的传输规则不同于一般芯片,其数据传输规则的特殊性表现在每次操作都要按部就班地执行以下四个步骤:

第一步,初始化 DS18B20。
第二步,向 DS18B20 发送与 64 位光刻 ROM 相关的指令。
第三步,执行与中间结果暂存 RAM 相关指令(包括控制温度转换指令)。
第四步,数据处理。

以下介绍主要的三个操作:读取 64 位光刻 ROM 号码操作,启动 DS18B20 温度转换操作,读取温度操作。

(一) 读取 64 位光刻 ROM 号码操作

第一步:初始化 DS18B20。
第二步:单片机向 DS18B20 发送读 64 位光刻 ROM 号码指令 0x33H。
第三步:由于读取 64 位光刻 ROM 号码操作不涉及中间结果暂存 RAM,此步骤就什么都不做。
第四步:单片机从单总线上一位接着一位地读取,共 64 位,得到 64 位光刻 ROM 号码(注意:低位在前)。

(二) 启动 DS18B20 温度转换操作

第一步:初始化 DS18B20。
第二步:单片机向 DS18B20 发送跳过 64 位光刻 ROM 号码匹配指令 0xCCH(假设只有一片 DS18B20 挂接在总线上)。
第三步:单片机向 DS18B20 发送启动温度转换指令 0x44H。
第四步:本操作只启动温度转换,无数据处理,故本步骤什么都不做。

(三) 读取温度操作

第一步:初始化 DS18B20。
第二步:单片机向 DS18B20 发送跳过 64 位光刻 ROM 号码匹配指令 0xCCH(假设只有一片 DS18B20 挂接在总线上)。
第三步:单片机向 DS18B20 发送读中间结果暂存 RAM 指令 0xBEH。
第四步:单片机从单总线上一位接着一位地读取,连续读取两个字节的数据(低字节在前,高位在前),得到温度值的低字节和高字节数据。

【任务实施】

1. 实验步骤

（1）DS18B20 测温电路的硬件设计。根据本任务的需要，设计的测温原理图如图 5.19 所示，单片机通过 P3.4 引脚连接温度传感器 DS18B20 的数据引脚 DQ，通过 P3.5、P3.6 和 P3.7 分别连接 LCD1602 的 RS、RW 和 E 引脚，LCD1602 的 D0～D7 数据引脚连接单片机的 P0 端口。要求编写单片机程序实现单片机检测 DS18B20 温度传感器状态，读取 DS18B20 监测的实时温度，并把温度显示在实验板的 1602 液晶模块上。

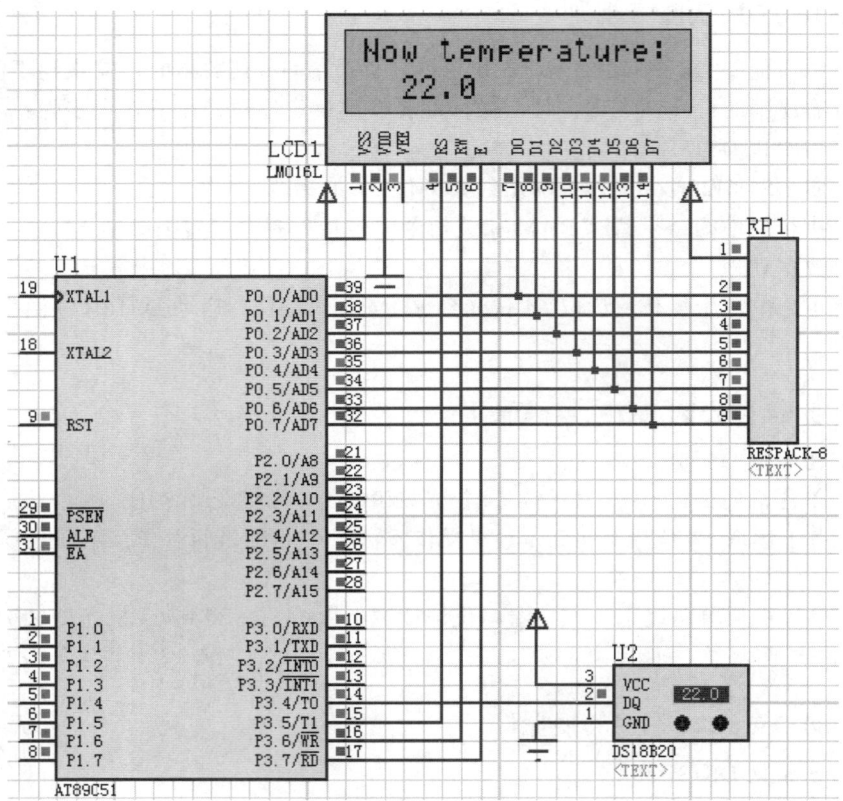

图 5.19　温度检测模块电路仿真图

（2）DS18B20 测温电路的软件设计。

参考源程序如下：

```
//==声明区================================
#include <reg51.h>                          //包含 51 头文件
#define uchar unsigned char
#define uint unsigned int
sbit DQ=P3^4;                               //声明 ds18b20 数据位
sbit RS=P3^5;                               //声明 1602 的 RS 位
sbit RW=P3^6;                               //声明 1602 的 RW 位
sbit EN=P3^7;                               //声明 1602 的 EN 位
unsigned char code str1[ ]={"Now temperature: "};  //声明 1602 第一行内容字符串
```

```c
unsigned char code str2[ ]={"                "};   //声明1602第一行内容字符串
uchar data disdata[5];                              //声明显示变量
uint tvalue;                                        //声明温度值变量
uchar tflag;                                        //声明温度正负标志变量

/***********************lcd1602子程序************************/
 void delay1ms(unsigned int ms)                     //延时1ms函数
 {
    unsigned int i,j;
    for(i=0;i<ms;i++)
        for(j=0;j<100;j++);
 }
void wr_com(unsigned char com)                      //写指令
{
    delay1ms(1);
    RS=0;
    RW=0;
    EN=0;
    P0=com;
    delay1ms(1);
    EN=1;
    delay1ms(1);
    EN=0;
}
void wr_dat(unsigned char dat)                      //写数据
{
    delay1ms(1);;
    RS=1;
    RW=0;
    EN=0;
    P0=dat;
    delay1ms(1);
    EN=1;
    delay1ms(1);
    EN=0;
}
void lcd_init()                                     //初始化设置函数
{
    delay1ms(15);
    wr_com(0x38);delay1ms(5);
    wr_com(0x08);delay1ms(5);
    wr_com(0x01);delay1ms(5);
    wr_com(0x06);delay1ms(5);
```

```c
        wr_com(0x0c);delay1ms(5);
    }
    void display(unsigned char *p)                  //显示函数
    {
        while(*p!='\0')
        {
            wr_dat(*p);
            p++;
            delay1ms(1);
        }
    }
    init_play()                                     //初始化显示函数
    {
        lcd_init();
        wr_com(0x80);
        display(str1);
        wr_com(0xc0);
        display(str2);
    }
    /*****************ds18b20 程序******************************/
    void delay_18B20(unsigned int i)                //延时 1 μs 函数
    {
        while(i--);
    }
    void ds1820rst()                                //ds1820 复位函数
    {
        unsigned char x=0;
        DQ = 1;                                     //DQ 复位
        delay_18B20(4);                             //延时
        DQ = 0;                                     //DQ 拉低
        delay_18B20(100);                           //精确延时大于 480 μs
         DQ = 1;                                    //DQ 拉高
        delay_18B20(40);
    }
    uchar ds1820rd()                                //读数据函数
    {
        unsigned char i=0;
        unsigned char dat = 0;
        for (i=8;i>0;i--)
        {
            DQ = 0;                                 //给脉冲信号
            dat>>=1;
            DQ = 1;                                 //给脉冲信号
```

```c
            if(DQ)
                dat|=0x80;
            delay_18B20(10);
        }
        return(dat);
    }
    void ds1820wr(uchar wdata)                    //写数据函数
    {
        unsigned char i=0;
        for (i=8;i>0;i--)
        {
            DQ = 0;
            DQ = wdata&0x01;
            delay_18B20(10);
            DQ = 1;
            wdata>>=1;
        }
    }
    read_temp()                                   //读取温度值并转换函数
    {
        uchar a,b;
        ds1820rst();
        ds1820wr(0xcc);                           //*跳过读序列号*/
        ds1820wr(0x44);                           //*启动温度转换*/
        ds1820rst();
        ds1820wr(0xcc);                           //*跳过读序列号*/
        ds1820wr(0xbe);                           //*读取温度*/
        a=ds1820rd();
        b=ds1820rd();
        tvalue=b;
        tvalue<<=8;
        tvalue=tvalue|a;
        if(tvalue<0x0fff)
        tflag=0;
        else
        {
            tvalue=~tvalue+1;
            tflag=1;
        }
        tvalue=tvalue*(0.625);                    //温度值扩大10倍，精确到1位小数
        return(tvalue);
    }
    /*************************************************************/
    void ds1820disp()                             //温度值显示函数
```

```c
{
    uchar flagdat;
    disdata[0]=tvalue/1000+0x30;              //百位数
    disdata[1]=tvalue%1000/100+0x30;          //十位数
    disdata[2]=tvalue%100/10+0x30;            //个位数
    disdata[3]=tvalue%10+0x30;                //小数位
    if(tflag==0)
    flagdat=0x20;                             //正温度不显示符号
    else
        flagdat=0x2d;                         //负温度显示负号:-
    if(disdata[0]==0x30)
    {
        disdata[0]=0x20;                      //如果百位为0,不显示
        if(disdata[1]==0x30)
        {
            disdata[1]=0x20;                  //如果百位为0,十位为0也不显示
        }
    }
    wr_com(0xc0);
    wr_dat(flagdat);                          //显示符号位
    wr_com(0xc1);
    wr_dat(disdata[0]);                       //显示百位
    wr_com(0xc2);
    wr_dat(disdata[1]);                       //显示十位
    wr_com(0xc3);
    wr_dat(disdata[2]);                       //显示个位
    wr_com(0xc4);
    wr_dat(0x2e);                             //显示小数点
    wr_com(0xc5);
    wr_dat(disdata[3]);                       //显示小数位
}
/*********************主程序********************************/
void main()
{
    init_play();                              //初始化显示
    while(1)
    {
        read_temp();                          //读取温度
        ds1820disp();                         //显示
    }
}
```

2. 技术报告及评测

将测试点、测试结果及故障原因分析记录下来。任务完成后撰写技术报告及效果评测。

任务四　湿度检测与控制系统的设计与制作

【任务要求】

设计与制作湿度检测与控制系统，湿度采集使用 DHT11 数字温湿度传感器，LCD 显示湿度值，湿度初始值可以手动设置。

具体任务要求如下：

（1）选出适合本任务的单片机湿度检测分立元件以及其他元器件。
（2）根据设计要求，设计出湿度检测接口电路。
（3）能焊接、制作单片机湿度检测电路的电路板。
（4）能用万用表、示波器等仪器仪表调试单片机光照强度检测电路。
（5）能协作解决设计与制作中遇到的问题。

【相关知识】

DHT11 数字温湿度传感器是一款含有已校准数字信号输出的温湿度复合传感器。它应用专用的数字模块采集技术和温湿度传感技术，确保产品具有极高的可靠性与卓越的长期稳定性；传感器包括一个电阻式感湿元件和一个 NTC 测温元件，并与一个高性能 8 位单片机相连接，因此该产品具有品质卓越、超快响应、抗干扰能力强、性价比极高等优点。每个 DHT11 传感器都在极为精确的湿度校验室中进行过校准，校准系数以程序的形式储存在 OTP 内存中，传感器内部在检测信号的处理过程中要调用这些校准系数；单线制串行接口使系统集成变得简易快捷；超小的体积，极低的功耗，信号传输距离可达 20 m 以上，使其成为各类应用甚至最为苛刻的应用场合的最佳选择。DHT11 为 4 针单排引脚封装，连接方便，特殊封装形式可根据用户需求而提供。

1. DHT11 芯片的接口说明

单片机与 DHT11 的连接图如图 5.20 所示，连接线长度短于 20 m 时用 5 kΩ 上拉电阻，大于 20 m 时根据实际情况使用合适的上拉电阻。

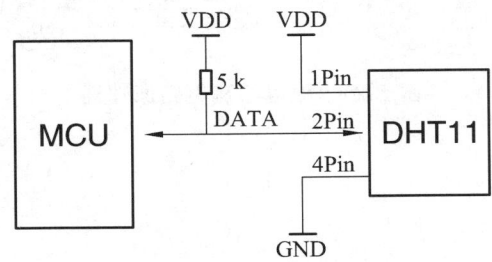

图 5.20　单片机与 DHT11 的连接图

2. 电源引脚

DHT11 的供电电压为 3~5.5 V。传感器上电后，要等待 1 s 以越过不稳定状态，在此期间无须发送任何指令。电源引脚（VDD，GND）之间可增加一个 100 nF 的电容，用以去耦、滤波。

3. 串行接口（单线双向）

单片机与 DHT11 之间的数据传输采用单总线数据格式，一次通信时间为 4 ms 左右，数据分小数部分和整数部分，一次完整的数据传输为 40 bit，高位先出，数据传送正确时校验和数据等于"8 bit 湿度整数数据+8bit 湿度小数数据+8 bit 温度整数数据+8 bit 温度小数数据"所得结果的末 8 位。数据格式如表 5.8 所示，当前小数部分用于以后扩展，现读出为零。读写流程如下：当单片机发送一次开始信号后，DHT11 从低功耗模式转换到高速模式，等待主机开始信号结束后，DHT11 发送响应信号，送出 40 bit 的数据，并触发一次信号采集，用户可选择读取部分数据，该模式下，DHT11 接收到开始信号触发一次温湿度采集，如果没有接收到主机发送开始信号，DHT11 不会主动进行温湿度采集，采集数据后转换到低速模式。

表 5.8　单总线数据格式

1	2	3	4	5
8 bit 湿度整数数据	8 bit 湿度小数数据	8 bit 温度整数数据	8 bit 温度小数数据	8 bit 校验和

【任务实施】

1. 实施步骤

（1）硬件电路设计。根据本任务的需要，设计电路原理如图 5.21 所示，K1、K2、K3 为按键开关，设置湿度参数；LED0 模拟湿度超限指示；U2 为湿度传感器，LCD1 为 LCD1602 液晶显示，显示湿度参数。

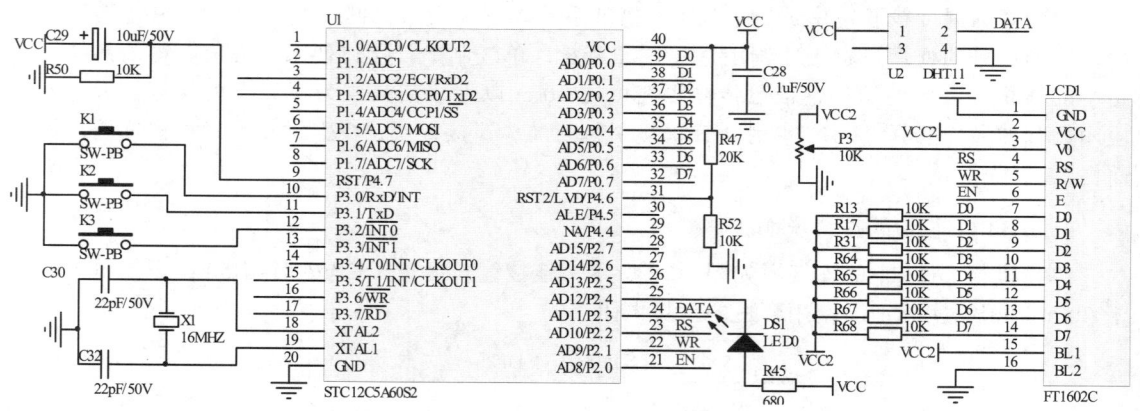

图 5.21　温度检测电路原理图

（2）软件设计：

① 主程序如下：

```
#include"main.h"
#include"1602.h"
#include"dht11.h"
sbit    key1=P3^0;                              //按键加
sbit    key2=P3^1;                              //按键 2
sbit    key3=P3^3;                              //按键切换
sbit    led2=P2^4;                              //湿度变量
        unsigned    char    high_byte,low_byte;
        unsigned    char    count50ms;
```

```c
    unsigned    char     timer_T=20;              //长按时长
    unsigned    char     count50ms_F=0 ;
    unsigned    char     key_flag=0 ;             //短按标志加
    unsigned    char     key_flag_L=0 ;           //长按标志加
    unsigned    char     count50ms_1;
    unsigned    char     key_flag_1=0 ;           //短按标志减
    unsigned    char     key_flag_H=0 ;           //长按标志减
    unsigned    char     timer_T_1=30;            //长按时长
    unsigned    char     count50ms_H=0 ;
    unsigned    int      dat_num;
    unsigned    int      flg[4];                  //温度缓存值
    unsigned    char     datas_1[5];              //温度读出来存值
    unsigned    char     datas[5] ;               //湿度读出来存值
    unsigned    int      flg_1[3];                //湿度缓存值
    unsigned    char     flag3;                   //切换标志

void       main(void)
{      unsigned int temp2;
        EA=1;
      TMOD=0x01;
        ET0=1;
      TH0=(65536-50000)/256;
      TL0=(65536-50000)%256;
      TR0=1;
      L1602_init();                               //1602初始化
      while(1)
        {
//*******湿度部分*****************************

            wcmd(0x01);                           //1602清零指令
              wcmd(0xc0);
              hzkdis("Key input:");
              wcmd(0xcd);
              hzkdis("%rh");
              wcmd(0x80);
              hzkdis("humidity   :");
              wcmd(0x8d);
              hzkdis("%rh");
              temp2=   DHT11_Hum();               //读取湿度值
              num[0]=temp2 % 100 / 10;
              num[1]=temp2 % 10;
              write_lcd1602(0x8b,num[0]+'0' );
```

```c
                    write_lcd1602(0x8c,num[1]+'0' );
                    if(temp2>flg_1[2])                    //判断湿度是否大于设定的某一
                                                          //  湿度值
                  led2=0;
                    else
                        led2=1;

//******按键输入部分***********************************
    if(key1==0)
    {    if(key_flag==0)
         {       dat_num++;
                 dislay_number(dat_num);
                   flg_1[2]=dat_num;                      //每按一次按键对应保存一次值
                 key_flag=1;
             }
    }
      else    key_flag=0;
  if(key2==0)
     { if(key_flag_1==0)
         {   dat_num--;
              dislay_number(dat_num);
                flg_1[2]=dat_num;                         //每按一次按键对应保存一次值
              key_flag_1=1;
           }
         }
     else key_flag_1=0;
    }
}


 void   time0_int()   interrupt 1
 {    TH0=(65536-50000)/256;
      TL0=(65536-50000)%256;
         count50ms++;
          if(count50ms==20)
         {   count50ms=0;

         }
//***********按键加***************//
              if(key_flag==0)                        //按键未按下，复位内容
         {
              count50ms_F=0;
              timer_T=20;
```

```c
                    key_flag_L=0;
            }

        if(key_flag_L)                              //如果为长按状态
                timer_T=2;                          //改变定时的时长（100 ms）
        if(key_flag==1 )                            //如果为按下状态
                count50ms_F++;
            if(count50ms_F==timer_T)                //按下时间为 1 s,则判断为连续
            {
            key_flag_L=1;                           //设置为连续状态
                count50ms_F=0;                      //计数清零
                key_flag=0;                         //设置为松开状态,按下解锁(按下执行的内容)
            }
    }
}
```

② 湿度模块程序如下：

```c
#include"dht11.h"
unsigned char hum;
unsigned char   wen;
unsigned char num[5];
unsigned char num_1[5];
void delays10ms()                                   //@11.0592 MHz
{
    unsigned char i, j;

    i = 108;
    j = 145;
    do
    {
        while (--j);
    } while (--i);
}
    void Delay1us()                                 //@11.0592 MHz
{
    _nop_();
}
void Delay30us()                                    //@11.0592 MHz
{
    unsigned char i;

    i = 80;
    while (--i);
}
```

```c
void Delay40us()                        //@11.0592 MHz
{
    unsigned char i;
    _nop_();
    _nop_();
    i = 107;
    while (--i);
}
//开始状态
  void dht11_start(void)
  {
    dht11=0;
    delays10ms();                       //拉低至少 18 ms
    delays10ms();
    dht11=1;
    Delay30us();                        //主机拉高 20~40 μs
  }
 //等待 DHT11 的回应
//返回 1:未检测到 DHT11 的存在
//返回 0:存在

unsigned char    dht11_check(void)
{
    unsigned char   num=0;
    while(dht11&&num<100)               //DHT11 会拉低 40~80 μs
    {
     num++;
    Delay1us();
    };
     if(num>=100) return 1;
     else num=0;
    while(!dht11&&num<100)              //DHT11 拉低后会再次拉高 40~80 μs
    {
    num++;
    Delay1us();
    };
      if(num>=100) return 1;
      return   0;

}
```

```c
//从 DHT11 读取一个位
//返回值：1/0
  unsigned char dht11_read_bit(void)
 {
     unsigned char   num=0;
     while(dht11&&num<100)                  //等待变为低电平
     {
         num++;
         Delay1us();
     }
     num=0;
     while(!dht11&&num<100)                 //等待变为高电平
     {
         num++;
         Delay1us();
     }
     Delay40us();                           //等待 40 μs
     if(dht11)return 1;
     else return 0;
 }
//从 DHT11 读取一个字节
//返回值：读到的数据
 unsigned char dht11_read_byte(void)
 {  unsigned char i,dat;
    dat=0;
    for(i=0;i<8;i++)
    {
       dat=dat<<1;                          //左移一位
       dat=dat|dht11_read_bit();
    }
   return   dat;
 }

//从 DHT11 读取一次数据
 void dht11_read_data(void)
 {
   unsigned char buf[5];
   unsigned char i;
   unsigned char s,w;                       //s 代表湿度，w 代表温度
   dht11_start();
   if(dht11_check()==0)
   {
```

```c
        for(i=0;i<5;i++)
        {
            buf[i]=dht11_read_byte();        //读取40位数据保存在数组里面
        }
        if(buf[0]+buf[1]+buf[2]+buf[3]==buf[4])
        {
            s=buf[0];                        //s 代表湿度
            w=buf[2];                        //w 代表温度
            hum=s/16*10+s%16;                //读湿度
            wen=w/16*10+w%16;                //读温度
        }
    }
}


unsigned char DHT11_Hum()                    //返回湿度整数
{       unsigned char Get_back_num_1;
        dht11_read_data();
        Get_back_num_1 = hum ;
    return Get_back_num_1;
}
```

③ 湿度头文件如下：

```c
#include"main.h"
sbit    dht11=P2^3;
extern      unsigned char num[5];
extern      unsigned char num_1[5];
extern        unsigned char hum;          //湿度量
extern        unsigned char   wen;        //温度量
void delays10ms();
void Delay1us();
void Delay30us();
void Delay40us();
void dht11_start(void);
extern          unsigned char   dht11_check(void);
extern          unsigned char dht11_read_bit(void);
extern          unsigned char dht11_read_byte(void);
extern          void dht11_read_data(void);
extern          unsigned char DHT11_Hum();        //返回湿度整数
extern          unsigned char DHT11_Tem();
```

2. 技术报告及评

将测试点、测试结果及故障原因分析记录下来。任务完成后撰写技术报告及效果评测。

任务五 温室控制系统的设计与制作

【任务描述】

设计与制作温室控制系统，温室的温度、湿度和光照强度可以手动设置；设置值可以在 LCD1602 液晶显示器显示；温室的温度、湿度和光照强度可以根据设置值自动调整。

具体任务要求如下：

（1）选出适合本任务的单片机温度、湿度和光照强度检测器件。
（2）根据设计要求，设计出温度、湿度和光照强度检测接口电路。
（3）能焊接、制作单片机温度、湿度和光照强度检测电路的电路板。
（4）能用万用表、示波器等仪器仪表调试单片机温度、湿度和光照强度检测电路。
（5）能协作解决设计与制作中遇到的问题。

【任务实施】

1. 实验步骤

（1）硬件电路设计。根据本任务的要求，设计电路原理如图 5.22 所示，U1 为 51 单片机；U2 为 AD 转换芯片 ADC0832；U3 为电源芯片，提供 A/D 转换的参考电压；U4 为 D/A 转换芯片 DAC7571；U6 为 DHT11 湿度传感器；U7 为 DS18B20 温度传感器；K1、K2 和 K3 为独立按键，设置温室的光照强度、温度和湿度初始参数值，K1 为模式键，K2 和 K3 为加减键；LCD 显示器采用 LCD1602，循环显示光照强度、温度和湿度设置值与实时值。

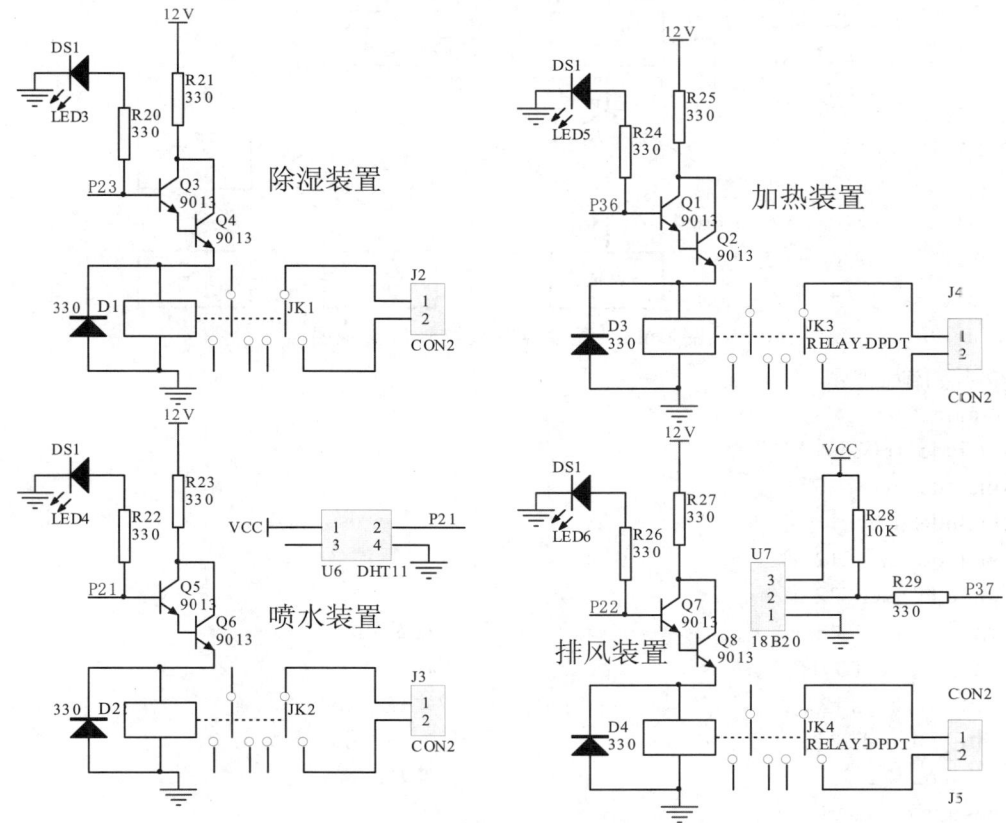

图 5.22 温室控制系统电路原理图

（2）软件设计。

软件设计流程如图 5.23 所示。

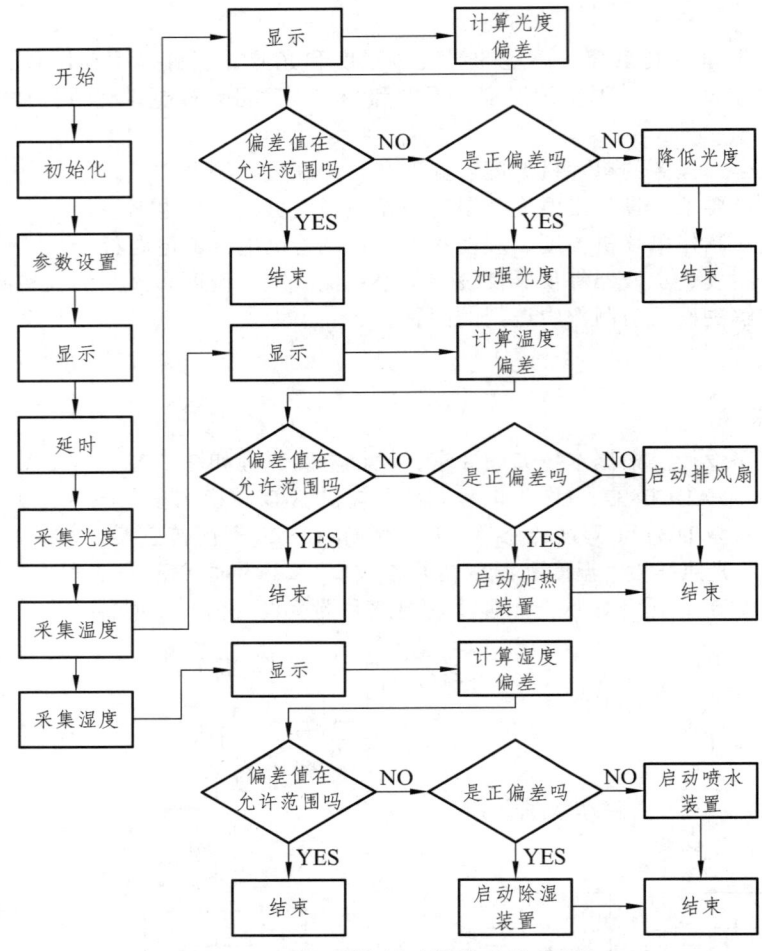

图 5.23 温室控制系统软件流程图

参考程序如下：
```
#include"main.h"
#include"1602.h"
#include"ds18b20.h"
#include"dht11.h"
#include"dac8512.h"
#include"adc0832.h"
sbit    key1=P3^0;                  //按键加
sbit    key2=P3^1;                  //按键 2
 sbit    key3=P3^3;                 //按键切换
 sbit    led=P2^1;                  //led 灯端口温度变量
 sbitled2=P2^2;                     //湿度变量
unsigned  char   high_byte,low_byte;
unsigned  char    count50ms;
```

```c
unsigned    char     timer_T=20;              //长按时长
unsigned    char     count50ms_F=0 ;
unsigned    char     key_flag=0 ;             //短按标志加
unsigned    char     key_flag_L=0 ;           //长按标志加
unsigned    char     count50ms_1;
unsigned    int      key_flag_2 ;             //短按标志减
unsigned    char     key_flag_H=0 ;           //长按标志减
unsigned    char     timer_T_1=30;            //长按时长
unsigned    char     count50ms_H=0 ;
unsigned    int      dat_num;
unsigned    int      flg[4];                  //温度缓存值
unsigned char        datas_1[5];              //温度读出来存值
unsigned    char     datas[5] ;               //湿度读出来存值
unsigned    int      flg_1[4];                //湿度缓存值
unsigned    char     flag3;                   //切换标志（三种状态）
unsigned    int      flg_3[4];                //按键输入 da 存值
unsigned    int      da_value ;               //da 存变量值
void    main(void)
{
 unsigned int temp2;
 unsigned int temp;
 Ds18b20ChangTemp();                          //温度初始化
 L1602_init();                                //1602 初始化
 adc0832_1();                                 //adc0832 初始化
 dac8512_inti();                              //dac8512 初始化
 EA=1;
 TMOD=0x01;
 ET0=1;
 TH0=(65536-50000)/256;
 TL0=(65536-50000)%256;
 TR0=1;
    while(1)
     {
        float tt=0;
        temp=Ds18b20ReadTemp();
        tt=temp;
        temp=tt*0.0625*10+0.5;                //测得显示的温度值精确到小数点一位
        Delay240us();
        if(key3==0)
         {
            delay();
            if(key3==0)
             {
```

```
                wcmd(0x01);
                flag3++;
                if(flag3==3)
                flag3=0;
                  }
            }
//***************温度部分****************************//
        if(flag3==1)
              {
                wcmd(0xc0);
                hzkdis("Key input :");
                wcmd(0xcf);
                hzkdis("C");
                datas[0] = temp % 1000 / 100;
                datas[1] = temp % 100 / 10;
                datas[2] = temp % 10;
                wcmd(0x80);
                hzkdis("temprature:");
                wcmd(0x8f);
                hzkdis("C");
                write_lcd1602(0x8B,datas[0]+'0' );
                write_lcd1602(0x8C,datas[1]+'0' );
                write_lcd1602(0x8D,'.');
                write_lcd1602(0x8E,datas[2] +'0');
                datas_1[3]=datas[0]*100+datas[1]*10.+datas[2];
                if(datas_1[3]> flg[3])            //判断温度是否大于某一个设定温度值
                led=0;
                else led =1;
            }
//*******湿度部分******************************


            if(flag3==0)
              {
                wcmd(0xc0);
                hzkdis("Key input:");
                wcmd(0xcf);
                hzkdis("h");
                wcmd(0x80);
                hzkdis("humidity    :");
                wcmd(0x8d);
                hzkdis("%rh");
                temp2=   DHT11_Hum();            //读取湿度值
                num[0]=temp2 % 100 / 10;
```

项目五 温室控制系统的设计与制作

```
                num[1]=temp2 % 10;
                write_lcd1602(0x8b,num[0]+'0' );
                write_lcd1602(0x8c,num[1]+'0'    );
                if(temp2>flg_1[3])               //判断湿度是否大于设定的某个湿度值
                led2=0;
                else
                 led2=1;
            }
      if(flag3==2)
         {
//********ad——da 部分********************
//*****按键输入值送给 da
        wcmd(0xc0);
        hzkdis("Key input:");
        da_value=flg_3[3]*10*16  ;
        dac8512_send(da_value);                  //送给 da 值
//ad 采样回来显示的值 1602 显示值************
        wcmd(0x80);
        hzkdis( "AD samping:");
        write_lcd1602(0x8b,adval % 1000 / 100+'0');
        write_lcd1602(0x8c,adval % 100 / 10+'0' );
        write_lcd1602(0x8d,adval % 10+'0');
        if(flg_3[4]>=adval)                      //作差值
            {
             dac8512_send(adval*16);
            }
      }

//******按键输入部分******************************
    if(key1==0)
      {    if(key_flag==0)
            {
               dat_num++;
               dislay_number(dat_num);
               flg[3]=dat_num++;                 //按键每按一下就存入数组里（温度）
               flg_1[3]=dat_num++;               //按键每按一下就存入数组里（湿度）
               flg_3[3]=dat_num++;               //按键每按一下就存入数组里
               key_flag=1;
            }
      }
       else    key_flag=0;
      if(key2==0)
        {
          if(key_flag_2==0)
            {
```

```
                dat_num--;
                dislay_number(dat_num);
                flg[3]=dat_num--;
                flg_1[3]=dat_num--;
                flg_3[3]=dat_num--;
                key_flag_2=1;
            }
        }
        else
            key_flag_2=0;
    }
}

void time0_int()   interrupt    1
{
        TH0=(65536-50000)/256;
        TL0=(65536-50000)%256;
        count50ms++;
        if(count50ms==20)
        {
            count50ms=0;
        }
//***********按键加***************//
            if(key_flag==0)                         //按键未按下，复位内容
            {
                count50ms_F=0;
                timer_T=20;
                key_flag_L=0;
            }

            if(key_flag_L)                          //如果为长按状态
                timer_T=2;                          //改变定时的时长（100 ms）
            if(key_flag==1 )                        //如果为按下状态
                count50ms_F++;
            if(count50ms_F==timer_T)                //按下时间为 1 s，则判断为连续
            {
                key_flag_L=1;                       //设置为连续状态
                count50ms_F=0;                      //计数清零
                key_flag=0;                         //设置为松开状态，按下解锁（按下执行的内容）
            }
    }
```

2. 技术报告及评测

将测试点、测试结果及故障原因分析记录下来。任务完成后撰写技术报告及效果评测。

附录一　实验开发板与元器件清单

一、实验开发板

二、元器件清单

名　　称	数　量	参　数
单片机 STC89C52	1 个	DIP40
共阳数码管	2 个	4 位一体
共阴数码管	8 个	2 位一体
底座	3 个	DIP40、DIP16、DIP24
晶振	2 个	12 MHz
发光二极管	39 个	ϕ5 mm 红色、黄色、蓝色各 13 个
双排插座	9 个	2×8（2.54mm 针间距）
蜂鸣器	1 个	电压 5 V，有源电磁式（ϕ12 mm）
按键	19 个	A 型轻触按键开关
排阻	3 个	330、1 kΩ、10 kΩ 各 1 个
温度传感器 DS18B20	1 个	TO-92
自锁开关	1 个	8×8 mm
电阻	1 个	200 Ω（0805）
电阻	1 个	4.7 kΩ（0805）
电阻	3 个	1 kΩ（0805）
电阻	24 个	470 Ω（0805）
铝电解电容	2 个	22 μF（16 V）
瓷片电容	4 个	33 pF
短路帽	64 个	2.54 mm 针间距
LCD1602 液晶屏	1 块	带背光（16 针插装）
AT24C04 存储芯片	1 个	DIP8
MAX3232 芯片	1 个	DIP16
MAX7219	1 个	DIP24
USB 转串口芯片 PL2303	1 个	TSSOP28
ADC0809	1 个	DIP
LM35 芯片	1 个	TO-92
电源母座	1 个	USB-B 方口
杜邦线	1 排	40 线一排
铜柱（带螺母）	4 个	ϕ3 mm
PCB 印制电路板	1 块	交通灯实验板（配套）

附录二　单片机常用 Proteus 元件库

AND　"与"门
BATTERY　直流电源
BELL　铃，钟
BUFFER　缓冲器
BUTTON　触发开关
BUZZER　蜂鸣器
CAP　电容
CAPACITOR　电容
CAPACITOR POL　有极性电容
CAPVAR　可调电容
CRYSTAL　晶体振荡器
DB　并行插口
DIODE　二极管
DIODE SCHOTTKY　稳压二极管
DIODE VARACTOR　变容二极管
DPY_3-SEG　三段 LED
DPY_7-SEG　七段 LED
DPY_7-SEG_DP　七段 LED（带小数点）
ELECTRO　电解电容
FUSE　熔断器、保险丝
INDUCTOR　电感
INDUCTOR IRON　带铁芯电感
INDUCTOR3　可调电感
JFET N　N 沟道场效应管
JFET P　P 沟道场效应管
LAMP　灯泡
LAMP NEDN　起辉器
LED　发光二极管
METER　仪表
MICROPHONE　麦克风
MOSFET　MOS 管
MOTOR AC　交流电机
MOTOR SERVO　伺服电机
NAND　"与非"门
NOR　"或非"门
NOT　"非"门
NPN NPN　三极管
NPN-PHOTO　感光三极管
OPAMP　运放
OR　"或"门
PHOTO　感光二极管
PNP　三极管
NPN DAR NPN　三极管
PNP DAR PNP　三极管
POT　滑线变阻器
PELAY-DPDT　双刀双掷继电器
RES1.2　电阻
RES3.4　可变电阻
RESPACK-8　电阻排
SCR　晶闸管
SOURCE CURRENT　电流源
SOURCE VOLTAGE　电压源
SPEAKER　扬声器
SW-PB　按钮
74LS00　"与非"门
74LS04　"非"门
74LS08　"与"门
BCD-7SEG　转换电路
GROUND　地
LED-RED　红色发光二极管
LOGIC ANALYSER　逻辑分析器
LOGICPROBE　逻辑探针
LOGICTOGGLE　逻辑触发
MOTOR　马达
OR　"或"门
POWER　电源
RES　电阻
RESISTOR　电阻器
SWITCH　按钮，手动按一下一个状态
SWITCH-SPDT　二选通一按钮

参 考 文 献

[1] 刘松，曹金玲. 单片机技术与应用[M]. 2版. 北京：机械工业出版社，2014.
[2] 杨欣等. 实例解读51单片机完全学习与应用[M]. 北京：电子工业出版社，2011.
[3] 谭浩强. C程序设计[M]. 3版. 北京：清华大学出版社，2005.
[4] 赵宏，等. C程序设计[M]. 北京：机械工业出版社，2013.
[5] 杜洋. 爱上单片机[M]. 3版. 北京：人民邮电大学出版社，2014.
[6] 王东峰，等. 单片机C语言应用100例[M]. 北京：电子工业出版社，2009.
[7] 张晓琴，等. 数字电子技术应用及项目训练[M]. 2版. 成都：西南交通大学出版社，2016.
[8] 王东锋，等. 单片机C语言应用100例[M]. 2版. 北京：电子工业出版社，2013.
[9] 肖前军，等. 电子产品调试与检测[M]. 北京：高等教育出版社，2013.
[10] 朱蓉. 单片机技术与应用[M]. 北京：机械工业出版社，2011.
[11] 瓮嘉民，等. 单片机典型系统设计与制作实例解析[M]. 北京：电子工业出版社，2014.
[12] 曹华，等. 单片机技术与应用项目式教程[M]. 北京：机械工业出版社，2017.
[13] 朱大奇，等. 单片机原理·接口及应用[M]. 南京：南京大学出版社，2003.
[14] 易浩民. 传感器与单片机技术应用[M]. 北京：华南理工大学出版社，2016.
[15] 王静霞. 单片机应用技术（C语言版）[M]. 3版. 北京：电子工业出版社，2015.
[16] 尹宝林. C程序设计思想与方法[M]. 北京：机械工业出版社，2011.
[17] 陈海松，等. 单片机应用技能项目化教程[M]. 北京：电子工业出版社，2012.
[18] 王静霞. 单片机基础与应用（C语言版）[M]. 北京：高等教育出版社，2016.
[19] 刘娟. 智能电子产品设计与制作[M]. 北京：机械工业出版社，2011.
[20] 戴娟. 单片机技术与应用[M]. 2版. 北京：高等教育出版社，2017.